조슈아와 노아에게

나이는 겁쟁이에게나 중요한 것이라는 사실을
끊임없이 상기시켜 주는 나의 아들들에게 고마움을 전하며.

윌리엄 H. 페인은 이렇게 말했다.
"심리학과 교육의 관계는 사실, 해부학과 의학의 관계와 같다."
나는 그것을 다음과 같이 바꿔 말하고 싶다.
"두뇌과학과 교육의 관계는 해부학과 의학의 관계와 같다."

— 본문 중에서

．．

_____ 님께

_____ 드림

이 책을 먼저 읽은 분들의 찬사

디지털 기반과 아날로그 정서가 융합하는 이 시대, 삶은 곧 '두뇌의 연장'이다. 세대와 직업을 가로질러 우리의 좌표를 확인하고 새로운 패러다임을 논하는 것은 이제 학문 간의 경계 파괴, 통섭의 즐거움 없이는 힘들다. 운동, 생존에서 기억과 탐구에 이르는 12가지 법칙은 두뇌과학을 중심으로 심리학과 교육학, 넓게는 조직 경영에 이르기까지 여러 영역을 아우르는 데 유효한 징검돌이다. 그것을 하나하나 디디면서 우리는 다시 태곳적 나그네가 되어 위대한 여정을 시작한다. 박제된 지식의 경계를 넘어 미지의 영역에 들어서는 데서 얻는 즐거움을 절대로 포기하지 마라.

― 이어령 | 전 문화부 장관, 중앙일보 고문, 《디지로그》 저자

TV에서 한 연예인이 말썽꾸러기 어린 아들이 한 말을 웃으며 전했다. "난 말을 듣고 싶은데, 내 뇌가 말을 안 들어!" 나는 아이의 본능적인 통찰, 그리고 그것을 어른과 협상에 활용하는 능력에 감탄했다. 존 메디나 박사는 확신에 차서 단언한다. 두뇌에 관해 지금까지 드러난 사실만이라도 최선을 다해 이해하는 것이 곧 효율적이고도 행복하게 사는 길이며, "뇌를 만족시키면 세상이 달라진다"고.

― 송현주 | 연세대학교 심리학과 교수

온 세계가 불황의 늪에서 허우적거리는 이 순간에도 경쟁우위를 향한 차별화 전쟁은 계속된다. 그 한가운데 있는 것이 바로 인간 스스로를 이해하려는 욕구가 결집하는 분야, 바로 '두뇌'의 연구개발이다. 구글, 도요타 등 세계 굴지의 기업들이 투자를 아끼지 않고, 세계 유수의 대학들이 앞다퉈 융합형 두뇌를 지닌 인재들을 키워내려고 애쓰는 것을 보라. 뇌 연구는 국민의 삶의 질 향상과 인간능력 개발을 위한 핵심 분야다. 이 책은 우리의 미래를 짊어질 많은 기업인과 학자, 대학생들을 뇌라는 신개척 영역으로 이끄는 매력적인 지침서다.

― 권영설 | 한경아카데미 원장, 《심플의 시대》 저자, 《경영의 미래》 역자

뇌를 둘러싼 여러 가지 참신하고 실용적인 이론들이 실생활이나 교육 현장에서 빛을 발하지 못하는 현실이 늘 안타까웠다. 《브레인 룰스》는 교육학과 심리학을 어떻게 실제 생활이나 강의 현장과 접목시킬 것인가 하는 나의 해묵은 고민을 풀어나가는데 중요한 실마리를 제시한다. 막연한 호기심 또는 단편적인 지식으로 점철된 '두뇌'라는 실체를 실생활로 불러들이는 순간, 우리의 소우주는 경이롭고도 친근한 진면목을 드러낼 것이다.

― 박현주 | 동국대학교 교육학과 교수

끝없는 가능성의 영역으로 인도하는 책

이 책은 두뇌과학을 중심으로 많은 것을 한데 엮어내려는 저자의 의도를 담았는데도 쉽고 명쾌하며 게다가 재밌다. 그러면서도 신중하다. 최신 연구 성과를 충실히 담아내면서도, 결과를 도출하려고 논란의 여지가 있는 연구들을 쉽사리 끌어들이는 우를 범하지 않는다. 저자가 개념화한 두뇌의 12가지 법칙은 궁극적으로 자신과 타인을 이해하고 성찰하는 데 있어 출발점으로 삼을 만하다. 관련 분야 전문가부터 일반인까지 만족시킬 수 있는 진일보한 대중 과학서로 이 책은 시금석이 될 것이다.

_ 진범수 | 정신과의사, 용인정신병원 진료과장

저자는 길에서 우연히 만난 이웃집 아저씨가 어제 겪은 일들을 재미있게 얘기해 주듯이, 이론과 실제의 단순 나열식 구성을 넘어 정교한 통합의 스토리텔링을 시도한다. 호기심 왕성한 학생들에게는 과학과 마음, 세상을 보는 균형 잡힌 시각을 전해 주고, 두뇌 친화적이지 못한 일상에 빠진 어른들에게는 두뇌야말로 인간의 은밀한 소망인 '창조'의 욕구를 자극하고 나와 이웃을 이해하는 휴머니즘의 뿌리임을 알려 줄 책이다.

_ 권혜련, 김정석 | 중화고등학교, 민족사관고등학교 과학 교사, 《찰스 다윈의 비글호 항해기》 공동 역자

심리치료사가 마음의 원리를 가지고 사람들을 대하듯, 저자는 두뇌의 작동 원리를 통해 세상을 바라보며 속단하지 않고 친절하게 얘기를 건넨다. '잠은 생각과 학습의 필수 전제조건이다' 같은 법칙은 상식적으로 들리기 쉽지만, 일상과 사회 속에서 현실화할 때 그것은 완전히 새로운 상식이 된다. 책에서 소개하는 아이디어들을 통해 사리에 맞는 세상을 꿈꾸는 많은 사람들이 자극받기를 바란다.

_ 김환 | 서울임상심리연구소 공동소장, 《아이마음 부모생각》 저자

역설적이게도 뇌가 만들어낸 기술 덕분에 뇌를 이루는 '사실'들이 하나하나 드러나고 있다. 그렇다 해도 뇌가 지닌 신성한 아우라는 조금도 손상되지 않는다. 인간이 달에 도착했다 해서 달의 아름다움에 흠이 가지 않았듯이. 그래서 두뇌는 인류에게 알아갈수록 더 값진 선물이다. 이 책에서 가장 눈여겨볼 것은 우리의 뇌가 '각자'의 뇌라는 명제다. 사람들의 뇌는 다 다르며, 그 다름이 바로 각자를 이룬다. 하지만 우리는 획일적이지 않은 뇌를 가진 아이들을 여전히 획일적으로 대하며 뇌의 본질을 거스르고 있다. 그러니 이 전언 하나만으로도 이 책은 가치가 있다.

_ 박종성 | KBS 피디, 《생각의 탄생》 역자

의식의 등장에서 생각의 실현까지
브레인 룰스

Brain Rules

Copyright © 2008 John Medina
Korean Translation Copyright © 2009 by Korea Economic Daily & Business Publications

First published in the United States by Pear Press.
Korean edition is published by arrangement with Pear Press c/o Perseus Books Group, Boston through Duran Kim Agency, Seoul.

이 책의 한국어판 저작권은 듀란킴 에이전시를 통한 Pear Press c/o Perseus Books Group과의 독점계약으로 프런티어(한경BP)에 있습니다. 저작권법에 의하여 한국 내에서 보호를 받는 저작물이므로 무단 전재와 무단 복제를 금합니다.

의식의 등장에서 생각의 실현까지

브레인 룰스

존 메디나 지음 | 정재승 감수 | 서영조 옮김

brain rules

프런티어

옮긴이 **서영조**

한국외국어대학교 영어과와 동국대학교 대학원 영화과를 졸업했다. 다양한 영어권 도서들과 부산국제영화제를 비롯한 여러 국제영화제 상영작들을 번역하는 일을 하고 있다. 주요 번역서로 《탁월한 아이디어는 어디서 오는가》《브레인 룰스》《리와이어!》《철학을 권하다》《지식의 책》《대립의 기술》《걱정 활용법》《세계 여행 사전》《줄스와 제이미 올리버의 맛있게 사는 이야기》《우리는 개보다 행복할까?》 등이 있다.

브레인 룰스

제1판 1쇄 발행 | 2009년 3월 20일
제1판 25쇄 발행 | 2025년 8월 29일

지은이 | 존 J. 메디나
펴낸이 | 하영춘
펴낸곳 | 한국경제신문 한경BP
출판본부장 | 이선정
편집주간 | 김동욱

주　소 | 서울특별시 중구 청파로 463
기획편집부 | 02-360-4556, 4584
홍보마케팅부 | 02-360-4595, 4562　FAX | 02-360-4837
H | http://bp.hankyung.com　E | bp@hankyung.com
F | www.facebook.com/hankyungbp
등록 | 제 2-315(1967. 5. 15)

ISBN 978-89-475-2697-5　03180

프런티어는 한국경제신문 출판사의 인문 브랜드입니다.
책값은 뒤표지에 있습니다.
잘못 만들어진 책은 구입처에서 바꿔드립니다.

■ 감수의 글

뇌를 지배하는 사람이 세상을 지배한다

인간의 기억은 때론 과장되고 종종 왜곡되며 대부분 잊힌다. 그래서 심리학자 다우베 드라이스마는 기억이 '마음 내키는 곳에 드러눕는 개'와 같다고 하지 않았던가. 인간의 기억은 왜 이토록 불안정한 것일까?

최근 과학자들은 기억상실증 환자들이 미래를 상상하는 데 어려움을 겪는다는 연구 결과를 통해 기억의 존재 이유를 새롭게 해석한다. 기억은 과거에 일어난 사건을 기록해 두는 대뇌 활동이 아니라, 매순간 변하는 현재와 다가올 미래에 대비하기 위한 '경험의 질료'라는 것이 신경과학자들의 주장이다. 그러니 상황이 바뀔 때마다 기억도 얼마든지 바뀔 수 있다는 것이다. 다시 말해 기억은 과거를 위해서가 아니라 미래를 위해 존재하는 것이다. 내일에 대비하고 모레를 준비하기 위해서는 '기억'을 제대로 이해하고 활용할 줄 알아야 한다.

'주의 집중'은 또 어떤가? 매 순간 내 상황을 모니터링하고 내 앞에 놓인 수많은 자극들 중에서 중요한 것을 선택해 정보를 처리하는 주의력이야말로 세상을 살아가는 가장 중요한 능력 아닌가. 매우 주의가 산만한 사람이 빈틈없는 일처리를 통해 기업에서 성공할 가능성은 '세 살짜리 장난꾸러기를 데리고 극장에 간 엄마가 영화를 보고 감동의 눈물을 흘리길 기대하는 것만큼이나' 확률이 낮다. 자신의 주의력을 조절할 줄 알고 기억력을 증가시킬 수 있는 사람이 삶도 근사하게 디자인하는 법이다.

사람 좋은 동네 아저씨처럼 생긴 미국의 분자생물학자이자 신경공학자인 존 메디나 박사가 쓴 《브레인 룰스 : 의식의 등장에서 생각의 실현까지》는 일상을 디자인하고 기업을 경영하는 이들이라면 반드시 알아야 할 '12가지 두뇌 법칙'을 소개하는 책이다. 간결한 문체로 정리된 이 책은 우리 뇌가 어떻게 작동하고 매 순간 나의 행동을 어떤 방식으로 결정하는지에 대해 폭넓은 신경과학 지식으로 설명하고 있다. 아울러, 두뇌에 대한 지식을 어떻게 활용해 내 생활 방식과 기업 경영에 적용해 볼 수 있는지도 소개하고 있다는 점에서 '과학적인 자기계발서'라고도 할 수 있겠다.

이 책은 과학과 심리학, 넓게는 교육학과 경영학까지 아우르는 독특한 위치에서 신선한 접근을 시도한다. 대다수 교양서나 자기계발서들이 위인이나 성공한 사람들의 경험에서 지혜를 빌려오는 것이라면, 이 책의 매력은 인간의 뇌가 어떤 과정을 거쳐 과거를 기억하고, 주의를 집중하며, 감각정보들을 통합하는지, 그리고 그런 과정들을 통해 최종 의사결정은 어떻게 이루어지는지를 생물학적인 연구 결과를 바탕으로 제시한다는 점에 있다. 또한 잠이 왜 중요하며 운동이 왜 중요한지, 업무 효율을 향상시키기 위해 그것들을 어떻게 적용할 수 있는지를 신경과학적인 근거와 풍부한 기업 사례를 설득력 있게 제시함으로써 내 삶의 방향을 제시해 준다.

'시간을 지배하는 사람이 세상을 지배한다'라는 서양 속담이 있던가. 이 책을 읽고 나면 '시간을 지배하는 것도 인간의 뇌'라는 결론에 자연스레 도달할 것이다. "나는 '나의 뇌' 그 자체다. 다른 기관은 부속품에 지나지 않는다."라고 말했던 명탐정 셜록 홈스의 독백에 동의하지 않더라도, 당신은 '새롭게 태어나기 위해서 반드시 알아야 할 12가지 규칙'에 매료될 것이다. 뇌에 지배되지 말고, 이 책을 통해 뇌를 지배하는 현명한 독자가 되시기를 바란다.

정 재 승

카이스트 바이오및뇌공학과 교수
《정재승의 과학콘서트》 저자

■ 들어가는 글

두뇌 친화적인 세상을 향하여

8,388,628 곱하기 2를 암산해 보라. 몇 초 안에 계산해 낼 수 있는가? 단 몇 초 만에 이런 암산을 24번이나 해내는 젊은이가 있다. 물론 답은 번번이 맞았다. 또 언제라도 그 순간이 몇 시 몇 분인지 정확히 맞히는 아이가 있다. 심지어 잠을 자면서도 누가 시간을 물어보면 대답을 한다! 6미터나 떨어져 있는 물체의 크기를 정확하게 알아맞히는 소녀도 있다. 실물과 똑같이 그림을 그려서 뉴욕 매디슨애버뉴에서 전시회를 연 여섯 살짜리 아이도 있다. 그러나 이들 중 운동화 끈을 맬 줄 아는 사람은 단 한 명도 없다. 사실, 이들 중 IQ가 50이 넘는 사람은 하나도 없다.

두뇌란 실로 놀라운 존재다.

여러분의 두뇌는 위에서 말한 경우처럼 특이하지는 않을지 몰라도 상당히 비범하다. 두뇌는 지구상에 존재하는 가장 정교한 정보처리 시스템으로, 하얀 종이 위에 휘갈겨 쓴 작은 검은색 글자를 보고 의미를 끄집어낼 수 있다. 여러분의 두뇌는 그런 기적을 보여주기 위해 길이가 몇백 킬로미터나 되는 회로로 전기를 보낸다. 그 회로는 우리가 흔히 '뉴런neuron'이라고 부르는 신경세포들로 이루어져 있다. 신경세포들은 얼마나 작은지 수천 개가 모여도 이 문장 끝의 마침표 하나를 간신히 채울까 말까 할 정도이며, 기적을 보여주는 과정은 눈 깜짝할 사이보다도 짧은 시간에 이루어진다. 사실, 방금도 여러분의 뇌는 그 일을 했다. 우리가 두뇌와 이토록 밀접한 관계를 맺고 있다는 사실을 생각하다 보면, 우리 대부분이 우리 두뇌가 어떤 기능을 하는지 모르고 있다는 사실이 놀랍기만 하다.

두뇌의 기능을 잘 모르기 때문에 우리는 다음과 같이 이상한 행동들을 한다. 우리는 운전을 하면서 휴대전화로 통화를 한다. 두뇌는 집중이 필요한 두 가지 행동을 동시에 해내는 것이 사실상 불가능한데도 말이다. 그리고 우리는 심한 스트레스를 유발하는 사무실 환경을 조성한다. 두뇌가 스트레스를 받으면 생산성이 무척 떨어지는데도 말이다. 학교 교과과정은 대개 '진정한 학습'을 학교가 아닌 가정에서 마무리짓도록 짜여 있다. 이런 일들이 그렇게 해롭지는 않다고 말할지 몰라도, 우스운 일인 것은 분명하다. 이런 현상이 일어나는 것은 두뇌를 연구하는 학자들이 교사나 사업가, 교육계 인사, 회계사, 관리자, CEO들과 대화를 거의 나누지 않는 탓이다. 여러분의 집에 있는 탁자 위에 《신경과학 저널Journal of Neuroscience》이 놓여 있지 않다면 여러분 역시 두뇌에 관한 정보 공유 집단에서 소외되어 있는 것이다. 그리고 나는 무엇보다도 여러분을 그 집단으로 끌어들이기 위해 이 책을 썼다.

12가지 브레인 룰스

내가 이 책을 쓰는 목적은 두뇌가 작동하는 방법에 대해 지금껏 밝혀진 12가지 사실을 사람들에게 소개하는 것이다. 나는 그것들을 '브레인 룰스Brain Rules', 즉 '두뇌 법칙'이라고 부른다. 각 법칙에 대해 우선 과학적 내용을 소개한 다음, 그 법칙이 우리의 일상생활, 특히 직장과 학교에 어떻게 적용되는지를 소개할 것이다. 두뇌는 대단히 복잡하다. 이 책에서는 각 주제에 관해 모든 것을 다루기보다는 여러분이 이해할 수 있을 정도의 정보만을 제시할 것이다. 이 책의 특별부록 동영상과 www.brainrules.net은 이 프로젝트에서 없어서는 안 될 중요한 부분이다. 책을 읽기 전에 준비운동 삼아 동영상을 먼저 봐도 좋고, 각 장들을 내키는 순서대로 읽으면서 웹사이트에 실린 그림들을 보아도 좋을 것이다.

  이 책에서 만나게 될 아이디어의 예를 몇 가지만 들어보면 다음과 같다.

- 첫째로, 사람은 하루에 여덟 시간을 책상머리에 앉아 있는 데 익숙하지 않다. 진화론적 관점에서 보면 사람의 두뇌는 하루에 20킬로미터 정도 걷는 운동을 하면서 발달했다. 따라서 두뇌는 여전히 그런 경험을 갈망한다. 특히 주로 앉아서 생활하는 현대 도시인들의 경우는 더 그렇다. 그렇기 때문에 그런 사람들의 경우에는 몸을 움직이면 생각도 움직인다(브레인 룰스 1). 운동을 하는 사람들이 소파에서 뒹구는 사람들보다 장기기억, 추론, 주

의력, 문제해결 능력 등이 뛰어나다. 따라서 우리가 직장이나 학교에서 보내는 여덟 시간에 운동을 곁들이는 것은 지극히 당연한 일이라고 나는 확신한다.

- 파워포인트로 프레젠테이션을 하는 자리에 있어봤다면 알겠지만, 사람들은 따분한 것에 집중하지 못한다(브레인 룰스 4). 누군가의 주의를 끄는 데는 몇 초가 걸리지만 그의 주의를 계속 잡아둘 수 있는 시간은 10분 정도밖에 안 된다. 9분 59초쯤 지나면 어떻게든 상대방의 주의를 다시 끌어서 타임워치의 버튼을 다시 눌러야 한다. 주의를 끌려면 뭔가 그의 감정에 호소하면서도 맥락에 적절한 것이 필요하다. 또한 두뇌에도 휴식이 필요하다. 그래서 나는 이 책에서 내 주장을 관철하기 위해 여러 가지 흥미로운 이야기들을 이용할 것이다.

- 오후 3시쯤 피로를 느낀 적이 있는가? 있다면, 여러분의 두뇌가 낮잠을 자고 싶은 것이다. 그런 경우 낮잠을 잠깐만 자도 생산성은 훨씬 올라간다. 미 항공우주국(NASA)에서 진행한 연구 결과, 조종사가 26분간 낮잠을 자자 업무 수행 능력이 34퍼센트 향상되었다. 그리고 당연한 얘기처럼 들리겠지만, 밤에 휴식을 충분히 취할수록 그 다음 날 정신이 맑아진다. 잠은 생각과 학습의 필수 전제조건이다(브레인 룰스 7).

- 이 책에는 책의 펼침면을 동시에 읽는 사람 이야기가 나온다.

그 사람은 오른쪽 눈으로 오른쪽 페이지를, 왼쪽 눈으로 왼쪽 페이지를 읽으며, 그 내용을 영원히 기억한다. 그러나 대다수 사람들은 기억하는 것보다 잊어버리는 것이 더 많다. 따라서 기억을 남기려면 반복해야 한다(브레인 룰스 5). 기억에 관한 두뇌 법칙을 이해하면 내가 왜 학교에서 내주는 '숙제'라는 개념을 없애고자 하는지 알 것이다.

- '미운 세 살'들은 그저 반항하는 것처럼 보이지만, 사실은 강한 모험심과 탐구욕을 드러내는 것뿐이다. 아기들은 이 세상에 대해 아는 것은 별로 없지만 이 세상에 접근하는 방법은 썩 많이 안다. 우리는 평생 타고난 탐구자로 살아간다(브레인 룰스 12). 그리고 인공적인 환경이 우리를 아무리 두텁게 둘러싸더라도 그 탐구심은 사라지지 않는다.

처방을 넘어선 제안

이 책의 각 장 끝에 제시하는 '두뇌 부활 아이디어'들은 명령하듯 '처방'을 내린 것이 아니라 실생활에서 연구하고 적용해 보라는 '제안'이다. 그런 제안을 하는 것은 내 직업 탓이다. 내가 전문으로 연구하는 분야는 '정신장애의 분자적 토대'이지만, 내가 정말 관심 있는 분야는 특정 유전자가 어떤 특정 행동에 이르게 하는지 그 흥미진진한 여정을 이해하는 것이다. 그리고 그런 분야를 전문으로 하는 발달분자생물학자가 필요한 연구 프로젝트에 컨설턴트로 참여해 왔다. 덕분에 염색체와 정신 기능에 관련된 수많은 연구를 지켜보는 특권을 누릴 수 있었다.

이런 프로젝트에 참여하다 보면, 두뇌과학 분야의 '최신 발전상'에 바탕을 두고 사람을 가르치는 방식, 사람들이 일하는 방식을 바꾸는 방법에 관해 놀라운 주장을 하는 책들을 종종 만난다. 그럴 때면 그 저자들이 나는 알지도 못하는 연구논문들을 남모르게 읽고 있는 게 아닌가 하는 의구심에 공포감마저 든다. 나는 두뇌과학에 관해 조금은 알지만, 교육과 비즈니스 부문에서 최선의 해결책을 내놓을 수 있는 두뇌과학 분야에 관해서는 전혀 모른다. 사실, 인간의 두뇌가 어떻게 해서 물잔을 집어들 줄 아는지를 완전히 이해할 수 있다면, 그것만 해도 엄청난 업적일 것이다.

사실 공포에 떨 필요는 없었다. 누군가 두뇌 연구를 통해 더 좋은 스승, 부모, 사업가, 학생이 되는 방법을 알 수 있다고 딱 잘라 주장한다 해도, 우리는 분별 있게 의심을 가지고 그것을 볼 줄 알아야 한다. 이 책이 말하는 요점은 우리가 무언가를 규정하고 처방을 내리기에는 아는 것이 너무 적으므로 연구가 필요하다는 것이다. 그리고 '모차르트 효과'라든가 좌뇌형/우뇌형 성격, 또는 '아이가 뱃속에 있을 때부터 어학 테이프를 들려줘서 하버드대학교에 들어가게 만드는 법'같이 근거 없는 생각들에 대한 예방접종이기도 하다.

빌딩 숲에서 다시 정글로

우리가 두뇌에 대해 알고 있는 것은 두뇌조직을 연구하는 생물학자들, 행동을 연구하는 실험심리학자들, 두뇌조직과 행동의 관계를 연구하는 인지신경과학자들, 그리고 진화생물학자들이 밝혀낸 사실들이다. 두뇌가 작동하는 방식에 대한 우리의 지식은 참으로 보잘것없지만, 인류의 진화사로부터 한 가지만은 알 수 있다. 바로, 두뇌는 불안정한 외부 환경에서 살아남기 위해 끊임없이 '움직이면서' 문제점들을 해결하게끔 만들어진 것 같다는 얘기다. 나는 이것을 두뇌의 '성능범위performance envelope'라고 부른다.

이 책에서 다루는 각 주제―운동, 생존, 두뇌회로, 주의, 기억, 잠, 스트레스, 감각, 시각, 성별, 탐구―는 이 성능범위와 연관되어 있다. 움직임이 바뀌다 보면 운동이 된다. 사람의 두뇌는 불안정한 환경에 적응하느라 매우 융통성 있는 방식으로 신경회로를 갖추게 되었고, 덕분에 우리는 탐구를 통해 문제를 해결할 수 있었다. 실수로부터 무언가를 익힘으로써 거대한 자연 속에서 살아남았다는 것은 특정한 것에 주의를 기울이고 나머지는 무시했다는 얘기고, 이는 곧 사람의 기억이 뭔가 독특한 방식으로 만들어진다는 의미였다. 우리는 비록 두뇌를 수십 년 동안 교실과 사무실 칸막이 안에 가둬왔지만, 두뇌는 사실 정글과 초원에서 살아남게끔 만들어졌다. 우리는 절대로 그 사실을 외면하고 살아갈 수 없다.

나는 한편으로는 사람 좋다는 소리도 종종 듣는 평범한 아저씨지만 다른 한편으로는 까다로운 축에 드는 과학자이기도 하다. 그래서 이 책에 실은 모든 연구 결과는 보잉 사(나는 이 회사의 컨설팅을 맡은 적이 있다)에서 MGF^{Medina Grump Factor}라고 부르는 테스트를 통과하게 했다. 우선 학계의 학술지에 실려 평가를 받고, 그 뒤로 여러 차례 반복실험을 거쳐 확인된 것이다. 이 책에서 소개하는 연구들 중 다수는 열 번 이상 실험을 반복한 뒤 확인된 것들이다. (독자 친화적인 구성을 위해 방대한 양의 참고자료는 이 책에 포함시키지 않았다. 자세한 사항은 www.brainrules.net에서 찾아볼 수 있다.)

그 연구들이 전반적으로 보여주고자 하는 것은 무엇일까? 간단히 말하면, 주로 이런 것들이다. 두뇌가 잘하는 것이라면 대놓고 방해하는 교육 환경을 조성해 보자. 그러면 지금의 교실과 비슷한 결과가 나올 것이다. 또 두뇌가 잘하는 것을 노골적으로 저해하는 업무 환경을 만들어보자. 그 결과는 지금 여러분이 일하는 사무실과 꼭 닮은 것이 될 것이다. 이 모든 상황을 바꾸고 싶다면 어떻게 해야 할까? 교실과 사무실을 모두 버리고 처음부터 새롭게 시작하라!

어느 모로 보나, 이 책은 온통 '새출발'에 관한 책이라고 해도 과언이 아니다!

차 례

감수의 글 뇌를 지배하는 자가 세상을 지배한다 __9
들어가는 글 두뇌 친화적인 세상을 향하여 __12
12가지 브레인 룰스 | 처방을 넘어선 제안 | 빌딩 숲에서 다시 정글로

 **1 생각의 엔진 | 운동** __25
몸을 움직이면 생각도 움직인다

적자생존 : 움직이는 자가 살아남았다 28 | 짐처럼 늙어가겠는가, 프랭크처럼 늙어가겠는가? 30 | 도로 건설과 운동은 닮은 꼴 39 | 우리는 되돌아갈 수 있다 45 | 닥터 메디나의 두뇌 부활 아이디어! 48

 **2 생각의 진화 | 생존** __55
이해과 협력은 두뇌의 생존전략이다

다목적 도구 '상징추론' 60 | 생존의 법칙은 늘 변화한다 63 | 제대로 된 재즈 기타리스트처럼 살아남기 65 | 두 발로 서서 보는 세상 67 | 인간 두뇌의 이력서 70 | 다른 사람의 마음 예측하기 75 | 관계가 생존을 판가름한다 77

 3 생각의 개인차 | 두뇌회로 __81
사람의 두뇌회로는 모두 서로 다르다

달걀 프라이로 시작하는 생물학 84 | 세포의 세계로 떠나는 수중 탐험 88 | 극단적 변신 90 | '조립해서 사용하세요' 93 | 내 머릿속에 '제니퍼 애니스톤 뉴런'이? 95 | 두뇌의 개별성과 지능의 범주 98 | 두뇌 지도 만들기 101 | 닥터 메디나의 두뇌 부활 아이디어! 105

4 생각의 흐름 | 주의 __111
따분한 것들은 관심을 끌지 못한다

여기 좀 주목해 주세요! 115 | 적색경보 119 | 닥터 메디나의 두뇌 부활 아이디어! 137

5 생각의 저장 | 단기기억 __145
기억을 남기려면 반복해야 한다

기억 그리고 무의미 철자 148 | 기억은 어디로 가는가 152 | 두뇌, 잘라보고 다져보기 155 | 자동 전환이냐 수동 전환이냐 158 | 암호를 풀다 164 | 닥터 메디나의 두뇌 부활 아이디어! 170

6 생각의 형성 | 장기기억 __177
기억은 다시 반복을 낳는다

기억의 형성 181 | 기억의 인출 184 | 기억의 빈틈 메우기 186 | 반복으로 기억을 붙잡다 188 | 끊임없이 움직이는 기억 200 | 망각, 생존의 우선순위를 정하다 205 | 닥터 메디나의 두뇌 부활 아이디어! 207

7 생각의 처리 | 잠 __213
잠은 생각과 학습의 필수 전제조건이다

글쎄, 이게 휴식이라고? 216 | 종달새냐 올빼미냐 221 | 자유 세계에서 낮잠 자기 224 | 잠깐 '자면서' 생각해 봐 227 | '불면'은 곧 '두뇌 유출'이다 229 | 닥터 메디나의 두뇌 부활 아이디어! 235

8 생각의 와해 | 스트레스 __241
뇌는 스트레스를 받으면 일탈한다

공포와 짜릿함의 차이 244 | 스트레스가 머릿속에서 넘쳐흐르면 247 | 코감기는 물론 건망증까지 249 | 나쁜 놈, 좋은 놈 253 | 희망은 있다 : 유전적 완충장치 256 | 균형이 허물어지는 지점 257 | 가정 내 스트레스가 아이에게 끼치는 영향 260 | 스트레스가 직장생활에 끼치는 영향 263 | 내 아이를 위한 '부부 사랑'의 기술 268 | 닥터 메디나의 두뇌 부활 아이디어! 271

9 생각의 강화 | 감각 __279
자극이 다양할수록 생각이 뚜렷해진다

감각이 기적을 일으키다 : 토요일 밤의 열기 281 | 감각통합 시나리오 284 | 감각통합의 대단원: 하향식, 상향식 처리 286 | 팀워크를 통한 생존전략 290 | 다중감각과 학습의 관계 293 | 뭔가 냄새가 나는데! 297 | 닥터 메디나의 두뇌 부활 아이디어! 302

10 생각의 포착 | 시각 __311
시각은 다른 어느 감각보다 우선한다

시각은 거대한 멀티플렉스다 314 | 의식의 흐름 316 | 맹점 : 채우거나 속이거나 319 | 눈에 '밟히다' 324 | 백문이 불여일견 326 | 코를 한 대 얻어맞다 329 | 닥터 메디나의 두뇌 부활 아이디어! 332

11 생각의 대결 | 남과 여 __339
남자와 여자는 다르게 생각하고 느낀다

미지의 요인을 찾아서 342 | 클수록 더 좋은가? 346 | 남과 여, 끝나지 않은 대결 347 | 타고나는 것이냐 길러지는 것이냐 359 | 닥터 메디나의 두뇌 부활 아이디어! 360

12 생각의 재발견 | 탐구 __367
우리는 평생 타고난 탐구자로 살아간다

아기들은 백지상태로 태어날까? 370 | 혀를 내밀어봅시다 372 | '유아신경'이 흔들리는 순간 375 | 따라하기 신동 : 거울 뉴런의 존재 377 | 평생 계속되는 여행 379 | 공룡과 무신론을 넘어 : 마법은 계속되어야 한다 381 | 닥터 메디나의 두뇌 부활 아이디어! 386

찾아보기 __395

생각의 엔진 | 운동

브레인 룰스 1
몸을 움직이면 생각도 움직인다

카메라가 돌아가고 각종 언론 매체가 생방송으로 떠들썩하게 보도하지 않았던들, 다음 이야기를 과연 누가 믿기나 했을까?

한 남자가 수갑과 족쇄를 찬 채 캘리포니아의 롱비치 항구로 끌려와서는 순식간에 바닷물에 떠 있는 밧줄에 묶인다. 그 밧줄은 물 위에 떠 있는 보트 70대와 연결되어 있고, 각 보트에는 사람이 한 명씩 타고 있다. 강한 바람과 거센 물살과 싸우면서 그 남자는 보트 70대를 끌고 2.4킬로미터를 헤엄쳐서 퀸즈웨이 다리까지 간다. 잭 라란느Jack LaLanne라고 하는 그 남자는 그날 70세 생일을 맞았다.

1914년에 태어난 잭 라란느는 미국 피트니스 운동의 대부로 불려왔다. 그는 어느 민영 TV 방송에서 방영하는 한 장수 스포츠 프로그램에 출연했다. 발명가이기도 한 라란느는 레그 익스텐션 머신leg extension machine(기구에 발을 끼우고 종아리를 올렸다 내렸다 하면서 운동하는 기구―옮긴이)을 비롯해서 오늘날 어느 헬스클럽에서나 볼 수 있는 운동기구들을 여럿 발명했다. 그는 심지어 자신의 이름을 따서 '점핑 잭'이라고 부르는 운동을 개발하기도 했다. 라란느는 지금 90대 중반이다. 그리고 이런 업적들이 대단하고 흥미롭긴 하지만, 이 유명한 보디빌더가 지닌 가장 흥미로운 점은 따로 있다.

라란느의 인터뷰를 들어보면, 그의 근육보다는 그의 강한 **정신**이 더 인상적일 것이다. 라란느는 도저히 믿을 수 없을 정도로 대단히 기민한 정신력의 소유자이며, 매우 순발력 있는 유머감각까지 갖췄다.

"나는 죽을 형편이 못 돼요. 그러면 내 이미지가 무너지니까!"

그가 래리킹 쇼에 나와서 외친 말이다. 그는 인터뷰 중간중간에 카메라에 대고 푸념을 한다.

"나는 대체 왜 이렇게 강한 거야! 버터와 치즈와 아이스크림의 칼로리가 얼마나 되는지 알아요? 여러분이라면 사랑하는 애완견에게 아침으로 커피와 도넛을 주겠습니까?"

그는 1929년 이후로 디저트를 먹은 적이 없다고 한다. 그는 에너지가 넘치고 완고하며, 운동선수였던 20대 시절에 지녔던 지적인 활기를 여전히 유지하고 있다.

그러니 이런 질문이 나올 수밖에. '과연 운동과 기민한 정신력 사이에 모종의 관계가 있는가?' 답은 '그렇다'이다.

적자생존 : 움직이는 자가 살아남았다

인류 진화의 역사는 많은 부분 논쟁에 휩싸여 있지만, 지구상의 모든 고인류학자들이 인정하는 한 가지 사실은 다음 두 단어로 요약할 수 있다.

우리는 움직였다.

그것도 꽤 많이. 풍부하던 열대우림이 줄어들기 시작하여 가까이에서 식량을 조달하기가 어려워지자, 인류는 점점 황량해져 가는 들판을 방황하며 식량이 되어줄 나무들을 찾아야만 했다. 기후가 점점 더 건조해짐에 따라 이런 '식물성 자판기'는 모두 사라졌다. 복잡한 나무를 오르내리는 민첩성이 요구되는 3차원적 활동 대신, 인류는 메마른 초원 위를 이리저리 걸어다니며 2차원적으로 움직이기 시작했다. 체력이 엄청나게 필요한 일이었다.

그 당시 인류가 하루에 움직였던 거리는 "남자들은 10에서 20킬로미터, 여자들은 그 절반 정도였다." 유명한 인류학자 리처드 랭험Richard Wrangham의 말이다. 이는 우리의 두뇌는 우리가 빈둥거릴 때가 아니라 움직일 때 발달했다는 뜻이다.

인류 최초의 마라톤 주자는 호모 에렉투스라고 알려진 잔인한 포식동물이었다. 2백만 년쯤 전 지구상에 나타난 호모 에렉투스는 마을 밖으로 진출하기 시작했다. 우리의 직계 조상인 호모 사피엔스는 똑같은 일을 좀 더 빠르게 해냈다. 그들은 10만 년 전에 아프리카에서 출발하여 1만 2천 년 전에 아르헨티나에 도착했다. 일부 학자들은 호모 사피엔스가 연간 이동거리를 전례 없이 40킬로미터까지 늘렸다고 주장하기도 한다.

이는 우리 조상들이 살던 환경의 특성을 고려할 때 무척 뛰어난 업적이다. 그들은 지도도 없이 도구도 거의 사용하지 않은 채 강을 건너고 사막을 횡단했으며, 산을 넘고 밀림을 통과했다. 바퀴나 야금술도 이용하지 못하던 그들은 마침내 바다를 건너는 배를 만들었고, 조악한 항해술을 써서 태평양을 건넜다. 우리 조상들은 끊임없이 새로운 식량 자원, 새로운 포식동물, 새로운 물리적 위협과 마주쳤다. 그 과정에서 그들은 계속해서 부상을 당하고, 알 수 없는 질병에 걸리고, 아이들을 낳아 길렀다. 책이나 현대의학의 도움도 없이.

동물의 왕국에서 인간이 상대적으로 나약한 존재임을 생각할 때 (우리 몸에 있는 털은 그저 조금 쌀쌀한 밤을 견디게 해줄 만큼도 못 된다), 위와 같은 데이터에서 알 수 있는 것은 우리가 진화하면서 최상의 신체 조건을 갖추었거나, 그게 아니면 아예 진화하지 않았다는 사실이다. 그리고 인간의 두뇌는 끊임없이 움직인다는 조건하에 세상에서 가장 강력한 두뇌로 발전했다는 사실이다.

인류 고유의 인지능력이 신체 활동이라는 용광로 속에서 만들어졌다면, 신체 활동은 여전히 인간의 인지능력에 영향을 끼칠 수 있을까? 건강한 사람의 인지능력은 그렇지 않은 사람의 인지능력과 다를까? 건강이 형편없는 사람이 운동을 해서 건강 상태를 개선한다면 어떻게 될까? 모두 과학적으로 실험해 볼 만한 질문들이다. 이 질문들에 대한 답은 잭 라란느가 **90대라는 나이에도 불구하고** 여전히 디저트를 놓고 농담을 던질 수 있는 이유와 연관이 있다.

짐처럼 늙어가겠는가, 프랭크처럼 늙어가겠는가?

우리는 사람들이 어떻게 나이 들어가는지를 관찰하면서 운동이 두뇌에 끼치는 이로운 효과들을 발견했다. 나는 짐이라는 익명의 남성과 프랭크라는 유명인을 보면서 그 사실을 절실하게 느꼈다. 나는 그 두 사람을 모두 텔레비전에서 만났다. 한 프로그램은 미국의 양로원을 다룬 다큐멘터리였는데, 80대 중반쯤 돼 보이는 노인들이 희미하게 불이 밝혀진 양로원 복도에서 휠체어에 앉아 있었다. 아무것도 하지 않고 앉아 있는 모습이 마치 죽을 날이라도 받아놓고 기다리는 사람들 같았다. 그중 한 사람의 이름이 짐이었다. 그의 눈은 공허하고 쓸쓸하고 고독해 보였고 금방이라도 눈물을 흘릴 것 같은 눈빛이었다. 그는 생의 말년 대부분을 허공을 바라보며 보냈다. 나는 채널을 돌리던 중에 아주 젊어 보이는 저널리스트 마이크 월레스 Mike Wallace와 마주쳤다. 월레스는 80대 후반으로 보이는 건축가 프랭크 로이드 라이트 Frank Lloyd Wright와 대단히 가슴 설레는 인터뷰를 하고 있었다.

"저는 이곳 뉴욕에 와서 성 패트릭 대성당으로 걸어 들어갈 때면 경외감에 휩싸입니다."

월레스가 담뱃재를 털면서 말했다. 노년의 건축가는 월레스를 유심히 보며 이렇게 말했다.

"설마 열등감 때문은 아니겠지요?"

"건물은 크고 저는 작아서요?"

"네."

"그건 아닌 것 같습니다."

"아니길 바랍니다."

"성 패트릭 대성당에 들어가실 때 아무 기분이 안 드십니까?"

프랭크는 질문이 떨어지기가 무섭게 대답했다.

"안타깝죠. 문화적 건물에 나타나야 하는 독립심과 개인의 주권이 그 건물에는 제대로 표현되지 못했거든요."

나는 그의 재치있고 날카로운 답변에 말문이 막혔다. 말 한마디 한마디에서 그가 정신이 얼마나 맑으며 발군의 사고력을 지녔는지 느낄 수 있었다. 인터뷰의 나머지 부분도 그 자신의 삶처럼 존경하지 않을 수 없는 내용이었다. 1957년 그는 90세의 나이로 자신의 마지막 작품인 구겐하임 미술관 설계를 완성했다.

그러나 내가 놀란 이유는 또 있었다. 프랭크의 대답을 곰곰이 생각해 보면서 나는 양로원의 짐이 떠올랐다. **그는 프랭크와 동갑이었다.** 사실, 그 양로원에 있는 사람들 대부분이 그 또래였다. 늙어가는 사람들의 두 가지 유형이 한눈에 들어왔다. 짐과 프랭크는 거의 같은 시대를 살았다. 그러나 한 사람은 거의 시들어버린 반면에 나머지 한 사람은 여전히 전구처럼 빛을 내고 있었다. 짐 같은 사람들과 그 유명 건축가는 노화 과정에서 어떤 차이가 있었던 걸까? 이 질문은 학계를 오랫동안 고민에 빠뜨렸다. 학자들은 80대, 90대까지도 에너지와 활기를 잃지 않고 생산적으로 살아가는 사람들이 있다는 사실을 오래전부터 알아왔다. 반면에 어떤 사람들은 늙어갈수록 지치고 쇠약해지며, 70대를 넘기지 못하고 세상을 떠나는 경우도 많다. 이런 차이를 해명하려는 노력을 통해 많은 사실을 알아낼 수 있었다. 그 사실들은 다음의 여섯 가지 질문으로 정리할 수 있다.

1. 어떻게 늙어갈지 예측할 수 있는 요인이 있는가?

이는 학자들도 쉽게 답할 수 있는 문제가 아니다. 우아하게 늙어가는 능력에는 타고난 특성에서부터 후천적 요인에 이르기까지 다양한 요인이 영향을 끼치기 때문이다. 그래서 과학계는 환경의 영향이 강력하다는 것을 밝혀낸 일군의 과학자들에게 갈채와 동시에 의심의 눈초리를 보냈다. 잭 라란느가 들었다면 미소를 지었을 법한 한 연구 결과에 따르면, 성공적으로 늙어갈 수 있을지를 점칠 때 가장 큰 기준은 생활 방식이 정적인가 동적인가였다. 간단히 말해서, 당신이 '카우치 포테이토'라면 짐처럼 늙을 가능성이 높다. 그나마 80대까지 산다면 말이다. 그러나 활동적인 생활 습관을 가지고 있다면 프랭크 로이드 라이트처럼 늙을 가능성과 90대까지 살 확률이 높다.

이런 차이를 낳는 가장 주요한 이유는 운동이 심장혈관의 건강을 향상시켜, 심장마비나 뇌졸중 같은 발작의 위험성을 줄여주기 때문인 것으로 보였다. 그러나 과학자들은 '성공적으로' 나이를 먹는 사람들의 정신이 그렇지 않은 사람들보다 맑은 이유가 무엇인지 궁금했다. 그런 궁금증이 다음과 같은 질문으로 이어졌다.

2. 운동을 해서 지능이 향상되었나?

가능한 모든 지능검사를 시행했다. 아무리 측정을 해도 답은 계속 '그렇다'였다. 평생 운동을 한 사람은 그렇지 않은 사람에 비해 때로 놀라울 정도로 인지능력이 향상되었다. 운동하는 사람들은 장기기억, 추론, 주의력, 문제해결 능력, 심지어 유동적 지능 fluid intelligence(경험이나 지식의 축적에 영향을 받지 않는 지적 능력으로, 새로운 상황에 직면했을 때 발휘되는 능력—옮긴이)을 이용해야 하는 과제에서도 카우치 포테이토 족들을 능가했다. 이런 과제들은 새로운 문제를 해결하기 위해 예전에 배운 것을 즉각 활용하여 재빨리 추론하고 추상적으로 사고하는 능력을 테스트한다. 결국 본질적으로 운동은 교실과 일터에서 중시되는 능력들을 향상시킨다고 할 수 있다.

인지능력이라는 무기고에 들어 있는 모든 무기가 운동으로 개선되는 것은 아니다. 예를 들어 단기기억 능력이라든가 특정 유형의 반응시간 reaction time 같은 것은 신체 활동과 무관해 보인다. 그리고 거의 모든 사람들이 신체 활동을 통해 인지능력이 향상되기는 했지만, 개인에 따라 차이가 컸다. 무엇보다 중요한 사실은 이 데이터들이 의미는 크지만 원인이 아니라 연관 관계만을 보여준다는 것이다. 직접적 연관성을 보이려면 좀 더 깊이 있는 실험이 필요하다. 그러면 과학자들은 다음과 같은 질문을 해야 한다.

3. 짐이 프랭크처럼 될 수 있을까?

그 실험들은 사뭇 '변신 쇼'를 연상시킨다. 과학자들은 한 무리의 카우치 포테이토를 찾아내서 그들의 지능을 측정하고 일정 기간 운동을 시킨 뒤 지능을 다시 측정했다. 그 결과 유산소 운동을 할 때 모든 종류의 지적 능력이 회복된다는 사실이 밝혀졌다. 그리고 운동을 4개월 정도 지속하자 그 효과는 더욱 뚜렷해졌다. 취학연령이 된 아이들에게서도 마찬가지 결과가 나타났다. 최근의 한 연구에서는 아이들을 하루에 30분씩 일주일에 두세 번 달리게 했다. 그러자 12주가 지난 뒤 그들의 인지능력은 달리기를 하기 전에 비해 눈에 띄게 높아졌다. 그리고 운동 프로그램을 그만두자 운동하기 전 수준으로 돌아갔다. 과학자들은 여기서 직접적 연관성을 발견했다. 적당하게 운동을 하면 짐을 프랭크로 바꿀 수 있거나, 아니면 적어도 짐을 '조금 더 샤프한 짐'으로 바꿀 수 있을 것이다.

운동을 하면 인지능력이 좋아진다는 사실이 명백해지면서 과학자들은 질문을 조금 정교하게 바꾸기 시작했다. 그 가운데 가장 큰 질문, 특히 카우치 포테이토들에게는 가장 중요한 질문 중 하나는 '어떤 종류의 운동을, 얼마나 해야 할까?'이다. 이 질문에 대한 답으로는 기쁜 소식과 조금 덜 기쁜 소식이 있다.

4. 기쁜 소식, 그리고 조금 골치 아픈 소식

노령인구를 대상으로 오랫동안 연구한 결과, 운동을 얼마나 해야 하는가 하는 질문에 대한 대답은 놀랍게도 '그렇게 많이 하지 않아도 된다!'였다. 일주일에 몇 번 걷기만 해도 두뇌의 기능은 향상된다. 조금이라도 몸을 움직인 카우치 포테이토들조차 몸을 전혀 움직이지 않은 사람들에 비해 지적 능력이 향상되었다. 사람의 몸은 지나치게 활동적이던 세렝게티 초원 시절로 돌아가고 싶어서 아우성치는 것 같다. 연구실에서 밝혀낸 바에 따르면, 하루에 30분씩 일주일에 두세 번 유산소 운동을 하는 것이 인지능력을 향상시키기에 적절한 운동량이다. 여기에 인지능력을 강화하는 훈련을 추가하면 더욱 효과적이다. 물론 개인에 따라 결과는 다르다.

의사와 상담하지 않고 격렬한 운동을 시작해서는 안 된다. 운동을 너무 많이 해서 지치면 오히려 인지능력을 떨어뜨릴 수 있다. 위의 데이터는 운동을 시작해야 한다는 필요성을 보여줄 뿐이다. 운동이 두뇌에 좋다는 것은 수백만 년 동안 인류가 숲에서 어슬렁거렸던 세월이 증명해 준다. 운동이 얼마나 우리 두뇌에 좋은지를 알면 모두들 놀랄 것이다. 다음 질문에 답해 보자.

5. 운동을 하면 뇌질환도 나을 수 있을까?

운동이 인지능력을 높여준다는 사실이 명백해지자, 학자들은 운동으로 비정상적인 인지능력까지 치유할 수 있는지도 알고 싶었다. 노인성 치매라든가 그 일종인 알츠하이머병처럼 노화와 관련 있는 질병은 어떨까? 우울증 같은 정서질환은 어떨까? 학자들은 예방과 치료 두 가지 측면을 모두 살펴보았다. 전 세계에서 수천 명을 대상으로 몇십 년간 실험해서 얻은 결과는 명백했다. 여가 시간에 신체 활동을 한다면 치매에 걸릴 확률은 절반으로 줄어든다. 유산소 운동이 그 열쇠로 보인다. 알츠하이머병의 경우 효과는 훨씬 더 커서 운동으로 발병 가능성을 60퍼센트 이상 낮출 수 있다.

그렇다면 운동을 얼마나 해야 할까? 다시 한 번 말하지만, 조금씩 오랫동안 해야 한다. 연구에 따르면, 어떤 형태로든 일주일에 두 번만 운동을 하면 충분하다. 하루에 20분씩 걸으면 노인들의 지적 장애를 일으키는 중요한 원인 가운데 하나인 뇌졸중 같은 발작을 일으킬 위험이 57퍼센트 낮아진다.

이런 일련의 연구에 활력을 불어넣은 사람은 처음부터 과학자가 되고 싶었던 사람은 아니다. 스티븐 블레어 박사$^{Dr.\ Steven\ Blair}$는 운동 코치가 되고 싶었다. 그는 TV 시트콤 〈사인펠드^{Seinfeld}〉에서 조지 코스탄자 역할을 맡았던 배우 제이슨 알렉산더와 꼭 닮았다. 고등학교 시절 블레어의 운동 코치였던 진 비셀$^{Gene\ Bissell}$은 심판이 판정을 잘못 내렸다는 사실을 알고 난 뒤 자진해서 축구 경기의 승리를 반납했다. 리그 사무실에서 난색을 표했지만, 비셀은 용기 있게 자신의 팀이 패했다고 선언했다. 어린 스티븐 블레어는 그 사건을 영영 잊지 못했다. 그는 어느 글에서 이와 같은 진실성이 뒷날 유행병을 연구할 때 통계에 기초를 두고 정밀하고 실제적으로 분석할 수 있는 원동력이 되었다고 썼다. 건강과 죽음에 대한 그의 독창적인 논문은 이 분야에서 일관성을 가지고 엄격하게 연구하는 방법을 보여주는 기념비적인 사례다. 그의 연구에서 영감을 얻은 다른 학자들은 우울증과 불안장애 같은 정신장애를 치유하려면 운동을 예방책으로만이 아니라 치료책으로 사용하는 것이 어떻겠냐는 질문을 던졌다.

그것은 방향을 아주 잘 잡은 질문이었다. 신체 활동이 알츠하이머병에 걸릴 확률을 크게 줄여주는 이유는 운동이 정신건강을 유지해 주는 세 가지 신경전달물질neurotransmitter, 즉 세로토닌, 도파민, 노르에피네프린의 배출을 조절하기 때문이다. 운동이 정신치료법을 대체할 수는 없지만, 운동이 기분에 끼치는 영향은 너무나 명백해서 많은 정신과의사들이 치료 과정에 운동 처방을 추가하기 시작했다. 우울증을 앓는 개인들을 대상으로 실시한 어느 실험의 경우, 혹독한 운동이 사실상 항우울제를 대체하기도 했다. 약물을 사용해 조절하는 경우와 비교해도 치료 결과는 놀라우리만치 성공적이었다. 운동은 우울증과 불안장애 모두에 곧바로 효과가 나타나며, 장기적으로도 도움이 된다. 남성과 여성 모두에게 똑같이 효과가 있고, 운동 프로그램을 더 오래할수록 효과는 더 커진다. 운동은 나이 든 사람들과 병이 심각한 경우에 특히 도움이 된다.

우리가 살펴본 자료들 대부분은 나이가 든 사람들을 대상으로 한 것이다. 그렇다면 다음과 같은 질문이 자연스럽게 따라 나온다.

6. 운동이 인지능력에 내리는 축복은 노인들만을 위한 것일까?

연령이 낮아질수록 운동이 인지능력에 끼치는 영향은 애매해진다. 가장 큰 이유는 해당 연구가 어린 사람들을 대상으로는 별로 이루어지지 않았기 때문이다. 최근에 와서야 과학자들은 젊은 사람들에게도 눈길을 주기 시작했다. 영국에서는 35세에서 55세까지 공무원 1만 명을 대상으로 운동 습관을 관찰하고 상, 중, 하로 등급을 매겼다. 그 결과 신체 활동이 '하'에 해당하는 사람들은 인지능력도 떨어졌다. 빠른 문제해결 능력이 필요한 유동적 지능은 특히 움직이지 않는 생활 습관을 가질수록 낮은 것으로 나타났다. 다른 국가들에서 이루어진 연구들도 이같은 사실을 뒷받침했다.

중년층을 대상으로 한 연구는 조금이나마 이루어지고 있지만, 아동에 관한 연구는 아예 없다시피 하다. 그만큼 많은 연구가 필요하지만, 그나마 지금까지 얻은 자료들은 노년층을 대상으로 한 연구와 같은 방향을 가리키고 있다. 그 근거는 서로 다를지 몰라도 말이다.

운동이 주는 효과가 연령에 따라 어떻게 달라지는지 이야기하기에 앞서 앙트로네트 얀시 박사Dr. Antronette Yancey를 소개하겠다. 키가 190센티미터에 가까운 전직 모델 얀시 박사는 아이들에게 애정이 깊은 의사이자 과학자다. 얀시 박사는 또한 실력이 대단한 농구 선수이며 시집을 출간한 적이 있는 시인이고, 퍼포먼스 아트를 하는 몇 안 되는 과학자들 중 하나이기도 하다. 이렇게 다재다능한 얀시 박사는 신체 활동이 두뇌와 정신의 발달에 끼치는 영향을 연구하도록 타고났다. 박사는 다른 사람들이 알아낸 사실, 즉 운동이 어린아이들의 두뇌 활동을 활발하게 한다는 사실을 확실히 증명해 냈다. 신체가 건강한 아이들은 운동을 하지 않는 아이들보다 훨씬 빠르게 시각적 자극을 알아차렸으며 집중력도 더 뛰어났다. 두뇌의 활성화에 대한 연구에서는 운동을 하는 건강한 아이들과 청년들이 특정 과제에 필요한 인지적 수단을 더 효율적으로 할당하여 활용하며, 더 끈기 있게 과제에 매달린다는 사실이 밝혀졌다.

"신체 활동을 꾸준히 해온 아이들은 그렇지 않은 아이들에 비해 주제에 더 잘 집중합니다. ······교실에서 파괴적인 행동도 훨씬 덜 합니다. 그리고 자신에 대해서도 더 긍정적으로 생각하며, 자존감도 높고, 우울감이나 불안감도 덜 느낍니다. 우울감과 불안감은 학업 성적과 주의력을 떨어뜨릴 수 있죠."

얀시 박사의 말이다.

물론, 학업 성적을 결정하는 요인은 여러 가지다. 그중 무엇이 가장 중요한지를 알아내기란 대단히 어려운 일이며, 운동이 과연 그중 하나인지 알아내는 것 역시 어렵다. 그러나 지금껏 알아낸 사실만으로도 운동이 장기적으로 좋은 결과를 가져온다는 사실을 인정할 만한 이유로 충분하다.

도로 건설과 운동은 닮은꼴

운동이 두뇌에 좋은 영향을 주는 이유는 음식 많이 먹기 시합에 참가하는 사람들을 가지고 설명할 수 있다. 정해진 시간 안에 음식을 얼마나 많이 먹는지 겨루는 사람들을 대표하는 단체로 '국제먹기대회연합회International Federation of Competitive Eating'가 있다. 그 협회의 슬로건 '인 보로 베리타In Voro Verita'는 말 그대로 '게걸스럽게 먹어치우는 데 진리가 있다'라는 뜻이다.

여느 스포츠와 마찬가지로, 먹기 대회 참가자들 사이에도 영웅이 있다. 그중 신처럼 여겨지는 사람은 고바야시 다케루로, 그의 별명은 '쓰나미'다. 몇 가지만 예를 들면, 그는 야채만두 먹기 대회(8분 동안 83개), 군만두 먹기 대회(12분에 100개), 햄버거 먹기 대회(8분에 97개) 등 여러 먹기 대회에서 우승을 차지했으며, 핫도그 먹기 세계 챔피언이기도 하다. 그가 대회에 참가하여 우승을 놓친 경우는 몇 번 되지 않는데, 그중 하나는 몸무게가 493킬로그램인 곰에게 진 것이었다. 2003년에 폭스 텔레비전에서 방영한 〈인간 대 짐승 Man vs. Beast〉이라는 특집 프로그램에서 고바야시는 2분 30초 만에 핫도그 소시지를 31개나 먹었는데, 같은 시간에 곰은 50개를 먹어치웠다. 다른 사례는 2007년에 열린 핫도그 먹기 대회에서 세계 챔피언 자리를 12분 동안 66개를 먹은 조이 체스트넛에게 빼앗긴 것이다(고바야시는 63개밖에 먹지 못했다).

그러나 여기서 내가 얘기하려는 것은 먹는 속도가 아니라 고바야시의 목구멍을 통해 들어간 핫도그들이 그 뒤로 어떻게 되느냐다. 그의 몸은 여느 사람들의 몸과 마찬가지로 치아와 위산과 장을 이용해서 음식물을 분해하고, 필요한 경우 형태도 바꾼다.

이런 작업은 얼마간은 한 가지 이유 때문에 이루어진다. 바로 음식물을 포도당으로 바꾸기 위해서다. 포도당은 당의 한 종류로, 인체가 가장 좋아하는 에너지원 중 하나다. 포도당과 기타 신진대사의 부산물은 소장을 거쳐 혈관 속으로 들어간다. 영양분은 신체의 모든 부분으로 전해져 다양한 신체조직을 구성하는 세포 속으로 들어간다. 세포는 상어들이 먹이에게 달려드는 것처럼 단것들을 빨아들인다. 세포 속 화학물질들은 탐욕스럽게 포도당의 분자 구조를 찢어서 당 에너지를 뽑아낸다. 이렇게 에너지를 추출하는 과정은 너무나 격렬하여 분자들은 말 그대로 갈기갈기 찢긴다.

공장에서 공산품을 제조할 때와 마찬가지로, 이렇게 맹렬한 작용 뒤에는 상당량의 유독성 폐기물이 나온다. 음식물의 경우, 그 폐기물은 포도당 분자 속 원자에서 떨어져 나온 여분의 전자 더미로 이루어져 있다. 이 전자들은 세포 속의 다른 분자에 세게 부딪치면서 분자를 인간이 아는 가장 유독한 물질로 변화시킨다. 이것을 '활성산소 free radicals'라고 부른다. 재빨리 붙잡아 제거하지 않으면 이것들은 우선 세포 내부를, 더 나아가 신체의 나머지 부분을 엉망진창으로 만든다. 예를 들어 이 전자들은 바로 여러분의 DNA에 돌연변이를 일으킬 수도 있다.

우리가 전자 과다복용으로 죽지 않는 이유는 다행히도 대기가 산소로 가득하기 때문이다. 산소는 전자를 빨아들이는 스펀지 역할을 한다. 혈액은 체내 조직으로 음식을 배달하는 동시에 이 산소 스펀지를 전달하기도 한다. 산소는 여분의 전자들을 빨아들여서, 분자 수준에서 약간의 연금술을 거친 뒤 위험하기는 마찬가지지만 다른 데로 옮길 수는 있는 이산화탄소로 변형시킨다. 혈액이 다시 폐로 들어가면, 이산화탄소는 혈액에서 빠져나와서 우리가 내쉬는 호흡을 통해 몸 밖으로 배출된다. 그러므로 먹기 대회 출전자든 보통 사람이든, 산소가 풍부한 공기를 들이마셔야 우리가 섭취한 음식 때문에 우리가 죽는 것을 막을 수 있다.

음식물을 신체조직 속에 집어넣고 유독한 전자를 꺼낼 때 중요한 것은 '얼마나 효율적으로 접근하느냐'다. 그렇기 때문에 혈액이 우리 몸의 모든 부위에 있어야 한다. 혈액은 음식을 날라주는 웨이터 역할과 독극물 처리반 역할을 동시에 하기 때문에, 혈액이 충분히 공급되지 않는 조직은 굶어죽는다. 물론 여러분의 두뇌도 예외가 아니다! 두뇌에 필요한 에너지가 엄청나다 보니 이는 만만한 일이 아니다. 대다수 사람들의 경우 두뇌의 무게는 몸무게의 2퍼센트 정도밖에 되지 않지만, 에너지 사용량은 몸 전체가 사용하는 양의 20퍼센트 정도를 차지한다. 자기 무게의 10배에 해당하는 에너지가 필요한 것이다. 두뇌가 최대한으로 작동할 때 사용하는 조직 무게당 에너지의 양은 우리가 있는 한껏 운동할 때 허벅지 앞쪽 근육이 쓰는 에너지보다 많다. 사실, 우리의 뇌는 한 번에 전체 뉴런의 2퍼센트 이상을 동시에 활용하지 못한다. 그 이상을 쓰면 몸속에서 공급되는 포도당을 너무나 빨리 소진해 버려서 실신하고 만다.

여기까지 읽고, 사람의 두뇌는 많은 양의 포도당을 필요로 하고 그만큼 많은 유독성 폐기물을 만들어내는구나, 하는 생각이 들었다면, 정확하다. 이 말은 두뇌에는 산소를 머금은 혈액이 많이 필요하다는 얘기다. 두뇌는 몇 분 안에 얼마만큼의 양분과 폐기물을 만들어낼까? 다음 통계치를 놓고 생각해 보자. 인간이 생명을 유지하려면 음식, 물, 신선한 공기, 이렇게 세 가지가 필요하다. 그러나 그 세 가지가 생존에 끼치는 영향력은 각기 다르다. 사람은 음식물을 섭취하지 않고 30일 정도를 생존한다. 물을 마시지 않고는 일주일 정도를 버틴다. 그러나 두뇌는 산소를 공급받지 못하면 5분을 넘기지 못하고 심각한 영구적 손상을 입는다. 혈액이 산소 스펀지를 충분히 배달하지 못해서 몸속에 유독한 전자가 너무 많이 쌓이기 때문이다.

건강한 두뇌라도 혈액 배달 시스템을 더 향상시킬 수 있다. 바로 운동을 통해서다. 이와 관련해서 한 가지 평범하고 작은 통찰이 이 세계의 역사를 바꿔놓았다. 그 장본인은 존 루든 머캐덤[John Loudon McAdam]이다. 1800년대 초에 잉글랜드에서 살던 스코틀랜드 출신 엔지니어 머캐덤은 여기저기 구멍이 패고 진흙투성이라 걸어 다니기도 힘든 길로 물건을 옮기느라 사람들이 몹시 애를 먹는다는 사실을 알아챘다. 그래서 그는 바위와 자갈을 깔아서 도로면을 높이자는 아이디어를 냈다. 공사를 끝내자 도로는 빗물로 넘치지 않았고 덜 질척거렸으며 훨씬 안전해졌다. 머캐덤이 개발한 공법을 채택하는 지역이 점점 늘어나면서 놀라운 변화가 일어났다. 도로 사정이 좋아지면서 사람들이 다른 지역의 재화와 서비스를 훨씬 쉽게 이용하게 된 것이다. 주된 도로에서 길이 여러 갈래로 뻗어나왔고, 교통망이 안정되니 먼 지역까지 가기도 쉬워졌다. 그 결과 교역이 발달했고, 사람들은 이전보다 더 많은 부를 쌓을 수 있다. 머캐덤은 물건을 수송하는 방법을 바꿔서 인류의 삶의 방식까지 바꿔놓았다.

이것이 운동과 무슨 관계가 있느냐고? 머캐덤의 아이디어에서 핵심은 재화와 서비스를 개선하는 것이 아니라, 재화와 서비스에 접근하는 방식을 개선하는 것이었다. 운동을 해서 우리 몸속에 있는 도로, 즉 혈관을 증가시키면 두뇌에서도 똑같은 효과를 볼 수 있다. 운동이 직접 산소와 음식물을 공급하는 건 아니지만 운동을 하면 몸이 산소와 음식물을 더 잘 이용하게 된다. 그 원리는 그리 어렵지 않다.

운동을 하면 우리 몸속의 조직에 공급되는 혈류량이 증가한다. 운동이 혈액의 흐름을 조절하는 산화질소라는 분자를 만들어내서 혈관을 자극하기 때문이다. 혈액의 흐름이 좋아질수록 우리 몸은 새로운 혈관을 만들어내고, 혈관은 조직 속으로 더욱 더 깊이 침투한다. 이로써 혈류가 재화와 서비스를 얻는 일, 즉 음식물을 배달하고 폐기물을 처리하는 일은 더 쉬워진다. 운동을 많이 하면 할수록 더 많은 조직에 음식물을 공급하고 더 많은 유독성 폐기물을 제거할 수 있다. 이런 현상은 몸 전체에서 일어나며, 그래서 운동이 대부분의 기능을 향상시키는 것이다. 도로를 만드는 머캐덤 공법처럼, 이미 있던 수송 체계는 더욱 안정되고 새로운 수송 체계가 생겨난다. 그 결과 사람이 더욱 건강해지는 것이다.

똑같은 현상이 두뇌에서도 일어난다. 연구 결과에 따르면, 운동은 치아이랑dentate gyrus이라는 두뇌의 한 부분에서 혈액의 양을 증가시킨다. 이는 보통 일이 아니다. 치아이랑은 기억의 형성과 연관이 깊은 해마hippocampus라는 두뇌조직에 반드시 필요한 구성 요소다. 혈액의 양이 증가하면 더 많은 뉴런이 혈액이 공급하는 음식물을 받아먹을 수 있다.

최근 운동이 두뇌에 끼치는 영향 한 가지가 새로 밝혀졌는데, 그 얘기를 들으면 앞서 빗댄 도로보다는 '비료'가 떠오른다. 바로 분자 단위에서 보면, 운동이 두뇌의 가장 강력한 성장 요인들 중 하나인 BDNF를 자극한다는 사실이다. BDNF는 '뇌유래 향신경성 인자Brain Derived Neurotrophic Factor'의 준말로, 건강한 조직을 만들어내는 것을 돕는다. BDNF는 비료처럼 두뇌 속 특정 뉴런의 성장을 촉진하는 역할을 한다. 단백질은 기존 뉴런을 젊고 건강하게 유지하고, 서로 더 잘 결합시킨다. 또한 두뇌 속에서 새로운 세포를 만들어내는 신경형성neurogenesis을 촉진시키기도 한다. 여기에 가장 민감한 세포는 인간의 인지와 깊이 연관된 부위 안에 자리잡은 해마 속에 있다. 운동은 그 세포들 속의 BDNF 수치를 증가시킨다. 운동을 많이 하면 할수록 비료를 더 많이 만들어낸다고 보면 된다. 적어도 실험실 속 동물들에게는 그러하다. 그리고 이제 사람 몸의 메커니즘도 동일하다는 주장이 나오고 있다.

우리는 되돌아갈 수 있다

지금까지 살펴본 모든 증거는 신체 활동이 인지능력을 높여주는 사탕과 같은 역할을 한다는 한 방향을 가리킨다. 우리 인간은 다 함께 원래의 그 강건한 모습으로 되돌아갈 수 있다. 그러기 위해서는 **움직이기만** 하면 된다. 극적으로 재기한 위대한 사람들, 하면 랜스 암스트롱Lance Armstrong(세계적인 사이클 선수로 암을 이겨냈다—옮긴이)이나 폴 햄Paul Hamm 같은 운동선수들이 떠오른다. 그러나 역사상 가장 위대한 재기는 이 두 사람이 태어나기도 전인 1949년에 일어났다. 그 주인공은 바로 전설적인 골프선수 벤 호건[Ben Hogan]이다.

듣는 사람이 불쾌할 정도로 독설을 내뱉곤 하던 벤 호건은 경쟁자에 대해 "그 사람 어깨 위에 머리를 하나 더 박아넣었다면 역사상 가장 위대한 골퍼가 될 수 있었을지 모르죠."라고 말하기도 했다. 하지만 그의 거친 품행은 그의 강인한 결단력을 더욱 돋보이게 했다. 그는 1946년과 1948년에 PGA 우승을 차지했고, 1948년에는 PGA 올해의 선수로 선정되기도 했다. 그러나 승승장구하던 그의 운명은 하루 아침에 뒤바뀌고 말았다. 1949년 겨울 어느 안개 낀 밤, 텍사스 주에서 아내와 함께 타고 가던 차가 버스와 정면충돌했다. 이 사고로 호건은 쇄골, 골반뼈, 발목뼈, 갈비뼈가 부러져 골퍼로서의 생명이 끝나는 듯했다. 의사들은 그가 골프는커녕 다시는 걷지도 못할 거라고 말했다. 그러나 호건은 의사들의 예상을 무색하게 만들었다. 사고를 당하고 1년 뒤, U.S. 오픈에서 우승을 차지한 것이다. 그리고 3년 뒤, 호건은 프로골퍼로서 가장 훌륭한 성적을 거두는 시즌을 펼쳤다. 그는 토너먼트 경기 6개에 참가하여 5개에서 우승을 거두었으며, 그 가운데 3개는 메이저 대회였다(그 뒤로 3개 대회에서 우승하는 경우, 그의 이름을 따서 '호건 슬램'이라고 부른다). 스포츠 역사상 가장 위대한 재기 가운데 하나인 자신의 사례를 가리켜 그는 특유의 말투로 이렇게 말했다.

"사람들은 늘 내가 뭘 할 수 없는지만 얘기해 왔죠."

그는 1971년에 은퇴했다.

운동이 인지능력에 어떤 영향을 끼치는지, 운동에서 유익한 결과를 얻는 방법은 무엇인지 생각하다가 그런 극적인 이야기들이 떠올랐다. 문명은 우리 인류에게 현대의학을 비롯하여 많은 진보를 가져다주었지만, 동시에 부작용도 많았다. 문명은 우리에게 가만히 앉아 있을 기회를 더 많이 주었다. 공부할 때든 일할 때든 조상들이 움직였던 활동량과는 거리가 멀어졌다. 그 결과는 마치 대형 교통사고를 당한 것과도 같다.

먼 옛날 우리 조상들은 **하루에** 20킬로미터 정도를 걸었다는 사실을 생각해 보자. 이것은 올림픽 경기에 참가할 수 있을 정도의 신체 덕분에 우리 두뇌가 진화를 거듭해 왔다는 뜻이다. 우리 조상들의 몸은 사무실이나 교실에서 하루 8시간이 넘게 앉아 있는데 익숙하지 않았다. 지금과 같은 몸으로 세렝게티 초원에 8시간 동안, 아니 8분만 앉아 있어보라. 곧장 다른 포식동물한테 먹혀버릴 것이다. 우리는 몇백만 년에 걸쳐 지금과 같이 움직이지 않는 생활 습관에 적응한 것이 아니다. 그러니 되돌아갈 수 있다는 얘기다. 움직이지 않는 생활 습관을 버리는 것이 첫 번째 단계다. 학교나 직장에서 앉은 채로 보내는 일과시간에 운동 시간을 끼워넣는다고 해서 우리가 **더 똑똑해지지는 않을 것**이다. 그저 **정상**으로 되돌아올 뿐이다.

닥터 메디나의
두뇌 부활 아이디어!

지금 지구에 비만이라는 유행병이 돌고 있다는 사실에는 의심의 여지가 없다. 운동해서 좋은 점을 늘어놓자면 끝이 없다. 운동의 효과가 온몸 구석구석에 전달되어 신체조직 대부분에 영향을 끼치기 때문이다. 운동을 하면 근육과 뼈가 튼튼해지고 힘과 균형감각이 좋아진다. 그리고 식욕을 조절하게 되고, 혈액 내 지방 농도가 내려가고, 12가지가 넘는 암의 발병률이 낮아지고, 면역체계가 개선되고, 스트레스가 주는 나쁜 영향에(8장 참고) 맞서 싸울 수 있게 된다. 그리고 심혈관 조직이 강화되어서 심장병과 심장발작, 당뇨병의 발생 위험 또한 낮아진다. 운동이 주는 이점들을 손에 넣는 사람은 인간의 건강을 향상시키려고 현대의학이 내놓는 것들만큼이나 '마법의 총알'(부작용 없이 병원균이나 암세포 등만 파괴하는 약을 가리켜 이렇게 부른다—옮긴이)에 가까운 해결책을 거머쥐는 셈이다. 교육과 비즈니스 같은 실생활에서도 운동의 효과를 이용할 방법들이 분명 있을 것이다.

아이들에게 하루 두 번씩 뛰어노는 시간을 줘라!

시험 점수로 학생의 능력과 성과를 평가하는 풍조가 만연해 있기 때문에, 많은 학교들이 체육 수업과 휴식시간을 줄이고 있다. 신체 활동이 인지능력에 얼마나 크게 영향을 주는지 생각할 때, 이는 말도 안 되는 조처다. 앞서 소개한 얀시 박사는 자신이 한 실험 결과를 다음과 같이 설명했다.

"그들은 다른 학과목에 할당된 시간을 빼서 체육 수업에 투자했다. …… 그리고 체육 수업이 아이들의 학업 성적에 피해를 입히지 않는다는 사실을 발견했다 …… 훈련받은 교사들이 체육 수업을 실시했을 때 아이들은 실제로 언어와 읽기에서 더 좋은 성적을 냈다."

시험 점수를 더 잘 받으려고 신체적 운동, 즉 인지능력을 향상시킬 가능성이 가장 높은 행동을 줄이는 것은 굶으면서 살찌려는 것과 마찬가지다. 교과과정에 운동을 규칙적으로, 하루에 두 번 정도 배치하면 어떻게 될까? 한 실험에서 아이들의 건강 상태를 진단한 뒤, 날마다 아침에는 20~30분씩 유산소 운동을, 오후에는 20~30분씩 근력 강화 운동을 하게 했다. 일주일에 두세 번만 그렇게 해도 아이들 대다수가 효과를 보았다. 그렇다면 여러 가지 다른 변화들도 시도할 수 있지 않겠는가? 예를 들면, 아이들이 입는 교복도 다시 생각해 볼 수 있다. 하루 종일 활동하기 편하게 체육복 같은 것을 교복으로 삼는다면 환상적이지 않을까?

교실과 사무실에서도 러닝머신을!

아이들이 유산소 운동을 하면 두뇌 활동이 활발해졌고, 운동을 그만두면 향상되었던 인지능력이 제자리로 돌아갔던 실험 결과가 기억나는가? 이 실험 결과는 두뇌에 공급되는 산소량을 꾸준히 늘려주는 데 운동의 강도는 그리 중요하지 않다는 사실을 알려주었다(그렇지 않다면 향상되었던 지력이 그렇게 빨리 떨어지지 않았을 것이다). 그래서 학자들은 다른 실험을 실시했고, 그 결과 젊고 건강한 성인들이 산소만 더 공급받아도 운동을 한 것과 비슷하게 인지능력이 향상된다는 사실을 알게 되었다.

이런 실험 결과를 통해 교실에서 재미있는 시도를 해보자는 생각이 들었다(성적을 올리기 위해 아이들에게 산소를 들이마시게 하자는 것은 아니니 염려 마시길). 아이들이 책상이 아니라 러닝머신 위에서 수업을 받는다면 어떨까? 한 시간에 1.5~3킬로미터 정도로 천천히 걸으면서 수업을 받는 것이다. 러닝머신을 한다면 자연히 두뇌로 들어가는 산소량이 늘어날 것이고, 동시에 규칙적인 운동이 주는 다른 효과도 볼 수 있을 것이다. 1년 동안 그런 방법을 쓴다면 성적에 변화가 생길까? 두뇌과학자들과 교육학자들이 함께 실험해 보지 않는 한 그 대답은 '아무도 모른다'일 것이다.

마찬가지 아이디어를 직장에도 적용할 수 있다. 사무실에 러닝머신을 설치해 두고 아침과 점심에 운동을 하는 것이다. 시속 3킬로미터 정도로 산책하듯 걸으면서 회의를 할 수도 있을 것이다. 그렇게 하면 문제해결 능력이 향상될까? 실험실에서 나온 결과와 마찬가지로 기억력을 향상시키고 창의력을 증진시킬까?

일과 운동을 결합한다는 말은 낯설게 들릴지는 몰라도 어려운 일은 아니다. 나는 내 사무실에 러닝머신을 들여놓았고, 휴식시간에는 예전처럼 커피만 마시지 않고 운동을 한다. 러닝머신 위에 작은 받침대를 덧붙여서 노트북 컴퓨터를 올려놓고 운동을 하면서 이메일을 쓸 수도 있게 해놓았다. 처음에는 그렇게 두 가지 활동을 한꺼번에 하는 데 적응하기가 어려웠다. 시속 3킬로미터의 속도로 걸으면서 익숙하게 노트북에 타이핑을 하는 데는 **무려** 15분이나 걸렸다, 세상에!

나만 이런 생각을 하지는 않을 것이다. 예를 들어 보잉 사에서는 리더십 훈련 프로그램에 운동을 포함하는 것을 진지하게 고려하기 시작했다. 보잉 사의 문제해결팀들은 예전에는 밤늦게까지 일하곤 했지만, 이제는 낮에 모든 일을 끝내고 잠을 자고 운동할 시간을 갖게 한다. 그랬더니 더 많은 팀들이 목표를 달성하고 있다. 보잉 사의 리더십 담당 부사장도 사무실에 러닝머신을 들여놓았고, 운동을 하면 정신이 맑아지고 일할 때도 집중이 더 잘된다고 말한다. 기업의 지도자들은 이제 어떻게 하면 일과 운동을 결합할 수 있을지 고민하고 있다.

비즈니스 측면에서 이렇게 급진적인 아이디어들이 나오는 이유는 두 가지가 있다. 비즈니스 리더들은 직원들이 규칙적으로 운동을 하면 의료비가 줄어든다는 것을 안다. 그리고 심장발작이나 알츠하이머병 등의 발병 위험을 반으로 줄이는 것은 대단히 인도주의적인 일이기도 하다. 무엇보다 운동은 한 조직 전체의 지적 능력을 향상시킬 수 있다. 건강한 직원들이 운동하지 않는 직원들보다 타고난 지능을 더 잘 활용하기 때문이다. 회사의 경쟁력이 직원들의 창의적이고 지적인 능력에 달린 회사라면, 그런 방법을 동원해 전략적 이점을 얻을 수 있다. 실험 결과, 규칙적 운동은 때로 문제해결 능력과 기억력을 놀라울 정도로 향상시킨다. 비즈니스 환경에서도 마찬가지 결과가 나올까? 어떤 유형의 운동을 얼마나 자주 해야 할까? 우리가 충분히 연구해 볼 만한 질문이다.

브레인 룰스 1
생각의 엔진 | 운동

- **운동을 하면 '실행기능'이 향상된다.** 곧 문제해결 능력, 주의력, 그리고 정서적 충동을 억제하는 능력이 증진된다. 이러한 혜택을 얻기 위해서는 일주일에 두세 번 정도 에어로빅만 하면 된다.

- **앉아 있는 것은 두뇌 친화적이지 못하다.** 인류는 수백만 년 동안 하루에 20킬로미터씩 걷는 생활을 해왔다. 하지만 오늘날 우리는 차에, 소파에, 사무실 칸막이 안에, 교실에 앉아서 지낸다. 다시 몸을 움직여야 한다. 그러면 발군의 사고력을 발휘할 수 있다.

- **잘 늙어가려면 움직여라.** 운동을 하면 심혈관계가 건강해지므로 심장발작이나 뇌졸중의 발병 위험성이 줄어든다. 또한 체력과 균형감각이 향상되며, 암 발병률을 낮춰주고, 면역체계를 강화시켜 주며, 스트레스가 주는 해로움에 대한 완충장치가 되어준다.

- **이제 직장과 학교에서 보내는 8시간 동안 운동은 필수다.** 걸으면서 전화를 받고, 걸으면서 회의를 하고, 점심시간에는 산책을 나가라.

생각의 진화 | 생존

브레인 룰스 2
이해과 협력은 두뇌의 생존전략이다

 내 아들 노아가 네 살 때 뒤뜰에서 막대기를 하나 줍더니 나에게 보여주었다.
"이야, 멋진 막대기를 찾았네."
내가 말했다. 그러자 노아는 진지하게 대답했다.
"막대기 아냐. 칼이야! 손들엇!"
그래서 나는 허공으로 두 팔을 올렸다. 그리고 아이와 나는 모두 웃었다. 내가 이 간단한 일화를 지금까지 기억하고 있는 이유는, 그때 내 아들이 인간 고유의 사고력을 모두 보여주었기 때문이다. 그런 형태를 갖추기까지 몇백만 년이 걸렸을 사고력을, 아들은 단 2초 만에 발휘했다.
네 살짜리 아이로서는 대단한 일이다. 다른 동물들의 인지능력도 뛰어나긴 하지만, 인간의 사고방식에는 질적으로 다른 무언가가 있다. 나무에서 초원으로 이어지는 여정을 통해 인류는 다른 생물은 갖고 있지 못한 구조적 요소를, 그리고 그 요소를 이용하는 고유한 방법을 얻었다. 우리의 두뇌는 어떻게, 그리고 왜 이런 식으로 진화했을까?

이 책의 '들어가는 말'에서 얘기했던 '성능범위'라는 개념을 떠올려보자. 두뇌는 (1) 불안정한 외부 환경에서 (2) 생존과 관련된 (3) 문제를 해결하기 위해, 그리고 (4) 거의 끊임없이 움직이면서 문제를 해결하도록 설계되었다. 두뇌는 오로지 생존전략에 따라 우리 유전자를 다음 세대로 전할 수 있을 만큼 오래 살기 위해 이런 식으로 적응했다. 그렇다. 이래서 모든 것이 성^{sex}으로 귀착되곤 하는 것이다. 생태계는 너무 가혹해서, 생명을 지속시키는 것만큼이나 손쉽게 생명을 짓밟아 없애기도 한다. 과학자들은 현재 지금까지 지구상에 존재했던 모든 생물 종의 99.99퍼센트가 멸종한 것으로 추정한다. 두뇌를 포함한 사람의 몸은 생존하는 데 도움만 된다면 유전적으로 적응할 어떤 기회라도 놓치지 않았다. 그 덕분에 내가 이 책에서 설명할 '두뇌 법칙'들의 기반이 생겨났으며, 인간이 어떻게 이 세상을 차지하게 되었는지를 설명할 수 있다.

가혹한 환경을 이겨내는 방법은 두 가지다. 더 강해지거나 더 똑똑해지는 것. 우리 인류는 후자를 택했다. 우리처럼 신체적으로 나약한 종이 지구를 지배할 수 있었던 것은 근육이 아니라 두뇌에 뉴런을 키웠기 때문이라는 이야기는 가당치도 않게 들린다. 그러나 인류는 실제로 그렇게 해왔고, 과학자들은 그 방법을 알아내려고 끊임없이 노력해 왔다. 이 문제를 광범위하게 연구해 온 주디

들로치Judy DeLoache 교수는 과학 분야에서 여성들이 배척받던 시기에 이 분야에서 널리 존경받는 학자가 되었고, 지금도 버지니아대학교에서 활발하게 연구를 계속하고 있다. 그럼 머리 좋기로 소문난 들로치 교수가 집중적으로 연구한 분야는 무엇이었을까? 바로 사람의 뛰어난 두뇌였다. 들로치 교수는 특히 사람의 인지능력과 다른 동물들이 세계를 바라보는 방식이 어떻게 다른지에 관심이 많다.

들로치 교수는 인간과 고릴라를 결정적으로 구분해 주는 인간의 특성을 밝혀냈다. 그것은 바로 '상징추론symbolic reasoning' 능력이다. 내 아들이 네 살 때 나무 막대기를 칼이라고 하면서 휘두른 것이 바로 상징추론이다. 오각형을 보면서 우리는 자연스럽게 펜타곤(미 국방성 건물)을 떠올리거나 크라이슬러의 미니밴을 생각한다. 우리의 뇌는 상징적인 형상을 지닌 물체를 보면서 동시에 다른 어떤 것을 떠올린다. 물론 **여러 가지**를 떠올릴 수도 있다. 들로치 교수는 그런 현상을 '이중표상 이론Dual Representational Theory'이라고 부른다. 딱딱하게 얘기하면, 그것은 어떤 사물이 실제로 소유하지는 않은 특성과 의미를 지녔다고 생각하는 인간의 능력을 설명하는 이론이다. 쉽게 풀어 말하면, 우리는 실제로 존재하지 않는 사물을 만들어낼 수 있다는 얘기다. 즉 우리는 공상할 수 있기에 인간이다.

흰 종이에 세로선을 하나 그어보자. 그 선을 계속 세로로만 그어야 할까? 어떤 사물에 본래부터 지니고 있지 않은 어떤 특성이 있다고 생각할 수 있다면, 그럴 필요는 없다. 세로선 아래에 가로

선을 하나 짧게 그려보자. 그러면 숫자 1이 만들어진다. 다음에는 세로선 위에 점을 하나 찍어보자. 그러면 i라는 글자가 만들어질 것이다. 선이 계속 선일 필요는 없다. 선은 우리의 의도에 따라 어떤 것도 의미할 수 있다. 우리는 어떤 상징이 무엇을 의미한다는 데 모두가 동의하게 만들기만 하면 된다.

우리 인간은 이중표상 능력이 너무 뛰어나 상징들을 결합해서 여러 겹의 의미를 만들어낸다. 그 덕분에 우리는 말을 하고 글을 쓰는 능력을 얻었으며, 수학적으로 추론하는 능력까지 지니게 되었다. 원과 사각형들이 결합하면 기하학이 되고 입체파 화가들의 작품이 된다. 원과 짧은 선들의 결합은 음악과 시가 된다. 상징추론과 문화를 생성하는 능력 사이에는 끊으려야 끊을 수 없는 지적인 과정이 존재한다. 그리고 지구상에서 인간 말고는 어떤 생물도 그런 능력을 지니지 못했다.

하지만 인간이 이 능력을 타고나는 것은 아니다. 들로치 교수는 확실한 방법으로 이런 사실을 보여주었다. 들로치 교수의 연구실에서 한 어린 소녀가 인형의 집을 가지고 놀고 있다. 연구실 바로 옆방은 인형의 집과 모양과 크기가 똑같은 방을 꾸며놓았다. 들로치 교수가 인형의 집 소파 밑에 작은 플라스틱 강아지를 놓는다. 그리고 나서 아이에게 옆에 있는 '큰' 방에 가서 '큰' 개를 찾아보라고 한다. 그러면 아이는 어떻게 할까? 들로치 교수의 실험에 따르면, 36개월 정도 된 아이는 곧바로 큰 방으로 가서 소파 아래에서 큰 개를 찾는다. 그러나 30개월 정도 된 아이는 어디에서 개를 찾아야 할지 몰라 두리번거린다. 그 아이는 상징적으로 추론할 줄 모르고, 인형의 집에 있는 방과 큰 방을 연결지어 생각하지 못하기 때문이다. 이런 실험을 엄격한 기준에 따라 여러 번 거듭한 결과, 세상에 태어난 지 3년 정도는 되어야 인간을 독보적인 존재로 만드는 상징추론 능력을 온전히 발휘할 수 있다는 것이 밝혀졌다. 즉, 사람이 '미운 세 살'이 넘기 전에는 유인원과 별다를 게 없다는 얘기다.

다목적 도구 '상징추론'

상징추론은 다목적 장치였다. 우리 조상들이 저쪽에 모래늪이 있다는 것을 말로 알릴 수 있었다면 사람들이 똑같은 모래늪에 계속 빠지는 사고를 막을 수 있었을 것이다. 그들이 경고 표지판을 세울 줄 알았다면 더 좋았을 것이다. 말과 글이 생기자, 우리는 똑같은 시련을 번번이 겪지 않고도 살아가는 데 필요한 지식을 엄청나게 얻을 수 있었다. 마찬가지 이치로 우리의 두뇌가 최초로 상징추론 능력을 습득한 뒤로 우리는 그 능력을 계속 유지했다. 두뇌는 생물학적 조직이다. 그러므로 생물학의 법칙을 따른다. 그리고 생물학의 법칙에서 자연선택을 통한 진화보다 더 중대한 법칙은 없다. 이 말은 곧, 먹을 것을 얻는 사람만이 살아남을 수 있고, 살아남은 사람만이 섹스를 할 수 있고, 섹스를 하는 사람만이 다음 세대에게 자신의 특성을 전해 줄 수 있다는 얘기다. 그러나 그 지점에 도달하기까지 인류는 어떤 단계들을 거쳤을까? 어떻게 인류의 지식이 1,300그램에 지나지 않는 둥그런 덩어리로 축적되기까지의 흔적을 추적할 수 있을까?

인류가 점점 더 복잡하고 고차원적이며 정교한 생물로 발전해 가는 모습을 그린 옛날 포스터가 기억날지 모르겠다. 내 사무실에도 그 포스터가 하나 있다. 첫 번째 그림은 침팬지고, 마지막 그림은 1970년대의 비즈니스맨이다. 그 둘 사이에는 베이징 원인이나 오스트랄로피테쿠스 같은 이름을 가진, 침팬지와 사람을 섞어놓은 듯한 갖가지 생물들이 있다. 이 그림에는 두 가지 문제점이 있다. 첫째, 이 포스터의 그림은 대부분 잘못되었다. 둘째, 그 실수를 바로잡는 방법을 제대로 아는 사람이 없다. 그것을 알지 못하는 중요한 이유 중 하나는 증거가 거의 남아 있지 않다는 사실이다. 인류의 조상들이 남긴 뼈 화석은 다 모아봐야 우리 집 차고도 다 채우지 못한다. 물론 DNA 증거가 도움이 되었고, 인류가 7백만 년에서 1천만 년 전쯤 아프리카 어딘가에서 나타났다는 강력한 증거도 있다. 그리고 지금 이 순간도 어디선가 까다로운 전문가들은 그 외에 증거가 될 만한 것들을 가지고 논쟁을 벌이고 있다.

인류의 지능이 발전해 온 과정을 이해하는 것은 그만큼 어려웠다. 대부분은 우리가 확보한 가장 유력한 증거인 '연장'을 이용해서 추측할 수 있었다. 그렇다고 그것이 가장 정확한 방법은 아니다. 백번 양보해서 그것이 정확한 방법이라 하더라도 그 결과는 그리 대단하지 못하다. 처음 몇백 년간 인류는 주로 그저 돌을 깨서 물건을 만들었다. 과학자들은 이 돌을 손도끼라고 불렀다. 아마도 인류의 존엄성을 지키느라 애써 붙인 이름이었을 것이다. 그로부터 백만 년이 지난 뒤에도 인류의 지능은 뚜렷하게 나아진 게 없었다. 여전히 '손도끼'만 쥐고 있었던 것이다. 하지만 다른 돌로 이 손도끼를 조금씩 깨뜨려 뾰족하게 만들기 시작했다. 더 날카로운 손도끼를 갖게 된 것이다. 대단한 발전이라고는 할 수 없지만, 인류가 동아프리카라는 '자궁'에서, 그리고 실제로 그 밖의 생태적 지위ecological niche(어떤 생물이 생물 공동체에서 차지하고 있는 지위—옮긴이)에서 벗어나기 시작하는 데는 충분했다.

그리고 변화는 점점 커져갔다. 인류는 불을 만들고 음식을 조리하기 시작하더니, 마침내 아프리카를 벗어나기 시작했다. 인류 최초의 직계 조상인 호모 사피엔스들이 대이동을 시작한 것은 지금부터 고작 10만 년 전이었다. 그리고 4만 년 전, 믿기 힘든 일이 일어났다. 호모 사피엔스가 갑자기 그림을 그리고 조각을 하여 미술과 장신구를 만들어내기 시작한 것이다. 왜 그렇게 느닷없이 변화가 일어났는지는 아무도 모르지만, 그 변화는 의미심장했다. 그리고 3만 5천 년 뒤, 인류는 피라미드를 건설했다. 거기서 5천 년이 더 흐른 뒤에는 로켓을 우주로 발사했다.

대체 무슨 일이 있었기에 인류가 그러한 여정을 시작했을까? 어느 날 갑자기 인류가 이중표상 능력을 지니게 되었고, 그 결과 순식간에 성장할 수 있었을까? 그 대답은 아직 논쟁 중이지만 그 중 가장 간단한 설명이 가장 명쾌해 보인다. 인류가 이룬 위업은 대부분 급격하게 변하는 날씨와 관련이 있었던 것으로 보인다.

생존의 법칙은 늘 변화한다

선사시대 인간의 역사는 대부분 남아메리카의 정글과 같은 기후 속에서 이루어졌다. 말하자면 습기가 많고 너무 더워서 에어컨이 절실하게 필요한 기후였다. 그 뒤 기후가 변화했다. 과학자들은 지난 4천만 년 동안 적어도 17번의 빙하기가 있었던 것으로 추측한다. 그리고 아마존 유역과 아프리카의 열대우림 같은 일부 지역에만 백만 년 동안 이어져온 찌는 듯한 기후가 남았다. 그린란드에서 가져온 얼음 덩어리들을 보면 지구의 기후가 참을 수 없을 정도로 더운 기후에서 혹독하게 추운 기후로 변화했다는 것을 알 수 있다. 여러분이 10만 년쯤 전에 태어났더라면 지구는 온통 극지방과 같았을 테지만, 그로부터 불과 몇십 년만 지나도 초원에 내리쬐는 햇빛 때문에 그나마 몸을 가려주던 변변찮은 옷가지마저 벗어던져야 했을 것이다.

극도로 불안정한 기후는 생명체에게 분명 강력하게 영향을 끼쳤을 것이다. 물론 대부분의 생명체는 그런 환경을 이겨내지 못했을 것이다. 생존의 법칙은 변화하고 있었고, 생명체들이 죽어가면서 생긴 공백을 새로운 생명체들이 메우기 시작했다. 그것이 북부와 동부 아프리카의 열대지역이 건조하고 흙으로 가득한 평원으로 변해 가던 1천만 년쯤 전부터 우리 조상들이 맞닥뜨린 위기 상황이었다. 일부 학자들은 그 원인을 히말라야 산맥으로 돌리기도 한다. 히말라야 산맥이 지금과 같은 높이로 솟아오르면서 대기의 흐름을 교란시켰다는 것이다. 또 어떤 학자들은 갑자기 파나마 지협이 등장하면서 태평양과 대서양의 해류가 만나는 양상을 바꿔놓아 마치 오늘날의 엘니뇨 현상처럼 지구의 날씨를 교란시켰다고 주장한다.

 이유가 무엇이든 간에, 그런 변화들은 인류가 태어난 아프리카는 물론 전 세계 날씨를 교란시킬 만큼 강력했다. 하지만 변화들은 너무 강력하지도, 너무 미약하지도 않았다. 이런 현상을 '골디락스Goldilocks 효과'라고 한다('골디락스'는 영국 전래동화 〈곰 세 마리〉에서 '뜨겁지도 않고 차갑지도 않은' 수프를 고른 소녀의 이름으로, 이상적인 상태를 가리키는 데 쓰이는 말이다―옮긴이). 기후가 너무 갑작스럽게 변했다면, 우리 조상들을 남김없이 휩쓸어버렸을 것이고, 내가 지금 이렇게 책을 쓸 수도 없을 것이다. 변화가 너무 느렸다면, 인류는 상징추론이라는 능력을 개발할 이유가 없었을 테니 역시 이 책은 태어나지 못했을 것이다. 다행히도 인류를 둘러싼 조건들은 어린 소녀가 곰 세 마리의 집에서 딱 먹기 좋게 식은 수프를 찾아낸 그 순간처럼 적절했다. 즉, 변화는 인류를 나무에서 내려오게 만들기에는 충분했지만, 땅으로 내려왔다가 죽어버릴 만큼 심하지는 않았다.

 인류가 땅으로 내려온 것은 힘겨운 노동의 시작을 의미했다. 인류는 자신들의 새로운 거처를 이미 다른 존재들이 차지했다는 사실을 금세 알아차렸다. 그들은 식량 자원을 이미 차지하고 있었고, 대부분 우리보다 강하고 빨랐다. 나무가 아닌 초원을 마주하고서 우리는 난생처음 '평평하다'라는 개념을 알게 되었다. 엉덩이에 '날 잡아잡숴.'라고 써 붙인 채 낯선 평지에서 진화의 여정을 시작한 셈이니, 지금 생각하면 난감하기 이를 데 없는 일이었다.

제대로 된 재즈 기타리스트처럼 살아남기

인류가 살아남지 못할 가능성이 컸겠다고 생각하는가? 맞는 생각일 수도 있었다. 우리의 직계 조상이 세상에 처음 등장했을 때, 전체 2천 명이 넘지 않았을 것이다. 몇백 명밖에 되지 않았을 거라고 생각하는 사람들도 있다. 그렇다면 인류는 어떻게 그렇게 적은 수에서 70억이라는 어마어마한 숫자로 늘어날 수 있었을까? 스미소니언 국립자연사박물관에서 인류 기원 프로그램Human Origins Program 감독을 맡고 있는 리처드 팟츠Richard potts 교수에 따르면, 그 방법은 단 한 가지뿐이었다. 안정을 포기하는 것, 그렇다고 해서 변화에 맞서 싸우려고도 하지 않는 것! 즉, 주어진 서식지가 안정적이든 불안정하든 신경 쓰지 않는 것이다. 그것은 우리가 선택할 수 있는 사항이 아니니까. 그리고 변화에 적응해 가는 것이다.

멋진 전략이었다. 한두 가지 생태적 지위에서 살아남는 방법을 배우는 대신, 우리는 지구를 통째로 손에 넣었다. 새로운 문제를 빨리 풀지 못하거나 실수로부터 배우지 못하는 사람들은 후대에 유전자를 물려줄 수 있을 만큼 오래 살아남지 못한다. 이렇게 진화한 결과, 인류는 신체적으로 더 강해지지 않았다. 대신 인류는 더 똑똑해졌다. 어금니를 입 속이 아니라 머릿속에 키우는 방법을 배운 것이다. 이는 꽤 현명한 전략이었다. 우리는 우선 동부 아프리카의 작은 골짜기를 차지했다. 그리고 전 세계로 나아갔다.

팟츠 교수는 자신의 견해를 '변이성 선택 이론Variability Selection Theory'이라고 부르는데, 이 이론은 우리 조상들이 어떻게 해서 점점 더 융통성 없고 멍청한 것에 질색하게 되었는지를 설명한다. 화석에 기록된 내용만으로는 정확한 발달 과정을 알 수 없지만(논쟁이 끊이지 않는 또 다른 이유다), 모든 학자들은 두 가지 문제를 놓고 논쟁을 해야 한다. 하나는 인류가 두 발로 걸은 것이고, 다른 하나는 점점 더 커져가는 우리의 머리와 관련한 것이다.

변이성 선택 이론은 인류의 학습에 대해 꽤 단순한 사실 몇 가지를 추정한다. 그 이론은 두뇌의 가장 큰 특징 두 가지 사이에 상호작용이 있을 거라고 추측한다. 두 가지 특징이란, 축적된 지식을 저장한 데이터베이스가 있다는 것과 그 데이터베이스를 즉흥적으로 만들어내는 능력이다. 전자 덕분에 우리는 실수를 했다는 사실을 알고 후자 덕분에 실수를 하고 나서 뭔가를 배운다. 두 특징 모두 빠르게 변화하는 조건에서 새로운 정보를 추가하는 능력을 준다. 또한 두 가지 모두 우리가 교실과 사무실을 설계하는 방식과 관련이 있을지 모른다.

데이터베이스 본능만 다루거나 즉흥적인 본능만 다룬다면 우리 능력의 절반을 무시하는 셈이고, 그런 학습은 실패하게 마련이다. 그런 학습을 보면 재즈 기타리스트가 떠오른다. 재즈 기타리스트가 음악 이론만 많이 알고 라이브 콘서트에서 즉흥연주하는 방법을 모른다면 제대로 연주할 수 없다. 안정된 데이터베이스를 무턱대고 외우라고 강요하는 학교나 직장이 있다. 이는 인류가 수백만 년 동안 갈고닦은 즉흥적 본능을 무시하는 처사로서, 이로 인해 창의성이 고통을 받는다. 또 어떤 학교와 직장들은 먼저 지식을 쌓는 과정 없이 무턱대고 데이터베이스를 창의적으로 사용하라고 강조한다. 그런 곳에서는 주제에 대해 깊이 이해할 필요성을 무시하는데, 깊은 이해에는 다양한 정보가 잘 구조화된 데이터베이스를 기억하고 저장하는 것도 포함된다. 결국 그런 곳에는 순발력은 뛰어나지만 깊이 있는 지식은 갖추지 못한 사람들만 남는다. 여러분이 일하는 곳에도 그런 사람들이 있을 것이다. 그들은 언뜻 보기에는 재즈 뮤지션처럼 보이고 즉흥연주도 하는 것 같지만, 알고 보면 아는 것이라곤 하나도 없다. 그들은 지능의 '에어기타(기타 없이 연주하는 시늉만 하는 것―옮긴이)'를 연주하는 셈이다.

두 발로 서서 보는 세상

변이성 선택 이론은 이중표상이 어떤 맥락에서 가능한지를 보여주긴 하지만, 주디 들로치 교수의 아이디어라든가 미적분학을 만들어내고 로맨스 소설을 쓰는 인간의 독특한 능력을 설명해 주지는 못한다. 수많은 동물들이 지식의 데이터베이스를 만들고, 그중 다수가 연장을 만들어서 사용하며, 심지어는 그 연장을 창의적으로 사용하기까지 한다. 그렇다고 해서 침팬지들이 지은 교향곡이 형편없고 우리가 지은 교향곡이 훌륭하다는 얘기는 아니다. (침팬지들은 아예 교향곡을 못 쓰지 않는가.) 하지만 우리는 사람들이 평생 모은 재산을 뉴욕 필하모닉 오케스트라에 기부하게 만드는 교향곡을 작곡한다. 인류 진화의 역사에는 인간의 사고를 특별하게 만든 그 밖의 무언가가 분명히 있을 것이다.

인류가 환경에 적응하는 데 우연찮게 도움이 된 유전적 돌연변이 가운데 하나는 직립보행일 것이다. 나무들은 계속 사라져가는 중이었고, 우리는 경험해 보지 못한 낯선 일을 해내야 했다. 바로 식량을 찾아서 점점 더 멀리까지 걷는 일이었다. 그 덕분에 우리는 마침내 두 다리를 남다르게 이용할 수 있었다. 직립보행은 열대우림이 사라져가는 문제를 멋지게 해결할 수 있는 방책 중 하나이면서, 한편으로는 가장 중심이 되는 변화이기도 했다. 적어도 골반의 모양이 바뀌어 뒷다리를 앞으로 내밀 필요가 없어졌다(거대한 유인원들은 그렇게 한다). 대신, 골반은 머리를 초원 위로 들어올릴 때 전달되는 무게를 견뎌내는 장치로 바뀌어야 했다(지금 우리 몸의 골반이 그렇게 되어 있다).

직립보행은 몇 가지 결과를 가져왔다. 그중 하나가 두 손이 자유로워진 것이고, 또 하나는 에너지를 효율적으로 사용하게 된 것이다. 네 다리로 걷는 것보다 두 다리로 걸을 때 칼로리를 덜 쓴다. 우리 조상들은 나머지 에너지를 근육이 아니라 정신을 발달시키는 데 썼다. 그래서 현대 인류의 뇌는 무게로 보면 몸무게의 2퍼센트를 차지하지만 에너지 소비량으로 보면 전체의 20퍼센트를 차지한다.

이러한 뇌구조의 변화들은 진화가 낳은 최고의 걸작, 즉 인간과 다른 생물을 구별해 주는 부분으로 이어졌다. 그것은 두뇌의 전두엽frontal lobe에서 이마 바로 안쪽에 자리잡은 특수한 부위로, '전전두엽prefrontal cortex'이라고 한다.

우리가 전전두엽의 기능에 대해 처음으로 어렴풋이 알게 된 것은 피니어스 게이지Phineas Gage라는 사람 덕분이었다. 그는 두뇌과학의 역사에서 사람들 입에 가장 많이 오르내린 산업재해를 입었다. 그는 그 상처로 죽지는 않았지만, 그의 가족은 차라리 그가 죽기를 바랐을지도 모른다. 게이지는 인기 있는 철도 건설 작업감독이었다. 그는 재미있고 똑똑하며 열심히 일하고 책임감 있는, 누구라도 사위 삼고 싶어할 사람이었다. 1848년 9월 13일 그는 길이 1미터, 직경 3센티미터짜리 쇠막대기를 가지고 바위에 구멍을 뚫는 폭파 작업을 진행했다. 그런데 작업 도중 쇠막대기가 그의 눈 바로 아래로 뚫고 들어가 전전두엽의 대부분을 파괴했다. 기적적으로 목숨은 건졌지만, 그는 무뚝뚝하고 요령 없으며 충동적이고 상스러운 사람으로 변했다. 그는 가족을 떠나 이 직업 저 직업을 전전했다. 그의 친구들은 예전의 게이지가 아니라고 말했다.

이 사건은 전전두엽이 인간에게 고유한 인지능력인 '실행기능executive function'을 관장한다는 것을 최초로 입증해 주었다. 실행기능은 문제를 해결하고 집중력을 유지하며 정서적 충동을 억제하는 능력이다. 간단히 말해서, 이 부위는 인간을 다른 동물들과 (그리고 세상에 무서울 것 없는 십대들과) 구별해 주는 여러 가지 행동을 조절하는 곳이다.

인간 두뇌의 이력서

전전두엽은 두뇌에서 가장 최근에 생겨났다. 우리 머릿속에는 세 가지 뇌가 들어 있고, 그 각각을 설계하는 데는 몇백만 년이 걸렸다. ('두뇌의 삼위일체론'은 과학자들이 머리 위에서부터 아치형을 이루는 두뇌의 구조를 설명할 때 사용하는 몇 가지 모델 중 하나다.) 인간의 가장 오래된 신경구조는 두뇌의 줄기, 일명 '도마뱀의 뇌'다. 살짝 모욕적인 이 별명은 인간의 뇌간brain stem(腦幹)이 아메리카독도마뱀의 뇌간과 똑같은 기능을 한다고 해서 붙여졌다. 뇌간은 우리 몸이 하는 잡다한 일 대부분을 관장한다. 뇌간의 뉴런은 호흡, 심장박동, 수면, 그리고 걷기를 조절한다. 라스베이거스만큼이나 분주한 이 부위는 우리가 잠들어 있을 때나 깨어 있을 때나 늘 움직이면서 두뇌가 일하게 해준다.

뇌간 위에 올라앉은 '구(舊)포유류 뇌Paleomammalian brain'는 마치 등에 주름 잡힌 달걀을 지고 있는 전갈의 해골처럼 생겼다. 이 뇌는 집고양이를 비롯한 많은 포유동물들의 두뇌와 같은 기능을 한다. 즉, 인간으로서의 잠재력보다는 동물로서의 생존과 더 관계가 깊다. 그 기능의 대부분은 몇몇 학자들이 '4F'라고 부르는 것, 즉 싸움fighting, 식사feeding, 도망fleeing, 그리고 성행위fucking와 관련이 있다.

이 두 번째 두뇌의 몇 부분은 이 책에서 제시하는 12가지 두뇌 법칙에서 큰 역할을 한다. '편도체amygdala'라 불리는 전갈의 발톱은 분노나 두려움, 또는 기쁨을 느끼게 한다. 편도체는 감정을 만

세 가지 뇌

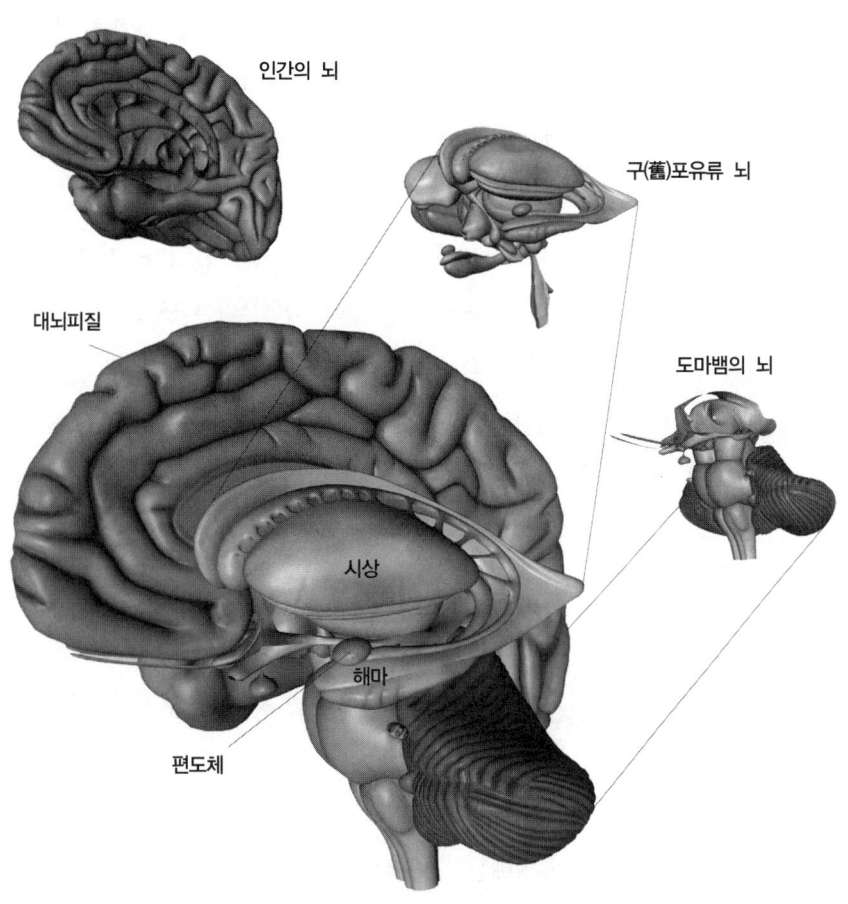

2. 생각의 진화 | 생존

들어내고 그에 따라 생겨나는 기억을 책임진다. 전갈의 발톱에 붙어 있는 다리는 '해마'라고 불린다. 해마는 단기기억을 장기기억으로 바꿔준다. 전갈의 꼬리는 달걀 같은 구조 위를 보호하는 것처럼 C자 모양으로 감싸고 있다. 이 달걀이 '시상thalamus'인데, 두뇌에서 가장 활동적이며 교류가 활발한 부위 중 하나로 감각을 관장하는 관제탑이다. 두뇌의 한가운데에 당당하게 자리잡은 시상은 감각 세계의 거의 모든 부분에서 전해지는 신호들을 처리하여 두뇌를 통해 특정 부위로 보낸다.

이 모든 일이 일어나는 현상은 신비롭기 이를 데 없다. 커다란 신경의 고속도로가 이 두 두뇌 위를 달려가면서 다른 도로들과 결합하고, 순식간에 수천 개의 진입로로 가지를 치며, 어둠 속으로 하나씩 사라진다. 뉴런들에 불이 들어왔다가 갑자기 꺼졌다가, 다시 불이 들어왔다가 한다. 전기로 된 정보의 복잡한 회로가 조정되고 반복되는 패턴 속에서 딱딱 소리를 내고, 어둠 속으로 사라졌다가, 알 수 없는 목적지로 그 정보를 전달해 준다.

그 위에 성당처럼 아치를 이루는 것이 '인간의 뇌'인 대뇌피질cortex이다. 이 이름은 라틴어로 '껍질'이라는 뜻이며, 두뇌의 표면을 가리킨다. 대뇌피질은 두뇌의 내부와 깊이 있는 전기적 의사소통을 한다. 이 '피부'의 두께는 얇은 종이 정도에서 카드보드지 정도까지 다양하다. 그 형태는 표면적에 비해 지나치게 작은 공간에 우그려넣은 것처럼 보인다. 실제로 대뇌피질을 펼쳐보면 크기가 아기 담요만 하다.

대뇌피질은 호두 껍데기처럼 보이기도 하는데, 그런 탓에 몇백 년 동안 해부학자들도 속아왔다. 해부학자들은 제1차 세계대전 전까지만 해도 대뇌피질의 각 부위가 고도로 특화되어 있다는 사실, 그러니까 말, 시력, 기억 등을 관장하는 부위들이 따로 있다는 사실을 몰랐다. 제1차 세계대전은 수많은 병사들이 유산탄(많은 수의 작은 탄알을 큰 탄알 속에 넣어 만든 폭탄—옮긴이)의 위력을 실감했던, 그리고 의학 기술 덕분에 많은 군인들이 부상을 당하고도 살아남을 수 있었던 최초의 대규모 전쟁이었다. 부상자들 중에는 두뇌 주변까지만 상처를 입어 대뇌피질이 조금만 손상되고 나머지 부위는 멀쩡한 경우도 있었다. 부상병들이 넘쳐나는 통에 과학자들은 여러 가지 뇌 부상과 그 결과로 나타난 희한한 행동들을 연구할 수 있었다. 과학자들은 그렇게 알아낸 사실들을 제2차 세계대전을 거치며 소름 끼치도록 재확인했고, 마침내 완전한 두뇌의 '구조-기능' 지도를 만들어냈으며, 두뇌가 영겁의 시간을 거치며 어떻게 변해 왔는지 알 수 있었다.

　과학자들은 우리의 두뇌가 진화하면서 우리의 머리도 진화했다는 사실을 알아냈다. 두뇌가 계속해서 커져온 것이다. 해부학적으로 위로 들린 엉덩이와 커다란 머리를 동시에 갖추기는 쉽지 않다. 골반과 산도는 태어날 아이의 머리 크기만큼만 넓어질 수 있다. 많은 엄마와 아기들이 출산하는 과정에서 있는 힘을 다해 해부학적 타협을 이끌어내던 도중 목숨을 잃었다. 예나 지금이나 인간의 임신은 현대의학의 개입이 없으면 대단히 아슬아슬한 일이다. 그렇다면 해결책은? 아기의 머리가 산도를 빠져나올 수 있을 정도로 작아야만 아이를 낳을 수 있다. 그래서 생긴 문제는? '어린 시절'이 생겨났다는 것이다. 두뇌는 일단 자궁 밖으로 나와서 나머지 발달 프로그램을 편하게 마칠 수 있었으나, 그와 맞바꾼 결과는 생명체로서 태어난 지 십 년이 넘도록 천적들에게 시달리며 후손을 보지 못하는 존재였다. 십 년이라는 세월은 대자연 속에서 살아가는 생명체에게는 영원과 다름없었지만, 대자연은 태초부터 오랫동안 인류의 집이었다. 온갖 위험이 도처에 도사리고 있었지만 그 생활은 할 만한 가치가 있었다. 이렇게 극도로 나약한 존재로 살아가는 동안, 적어도 처음 몇 년 동안만이라도 무엇이든 배울 수 있으며, 사실 배우는 것 말고는 달리 할 일이 없는 생명체가 생겨난 것이다. 여기서 학생이라는 개념뿐만 아니라 선생님이라는 개념까지 만들어냈다. 잘 가르치는 것은 우리의 가장 큰 관심사 중 하나다. 우리의 유전적 생존은 어린아이들을 보호하는 능력에 달려 있었다.

물론, 부모가 있는 대로 공들여 키우는 아기가 다 자라기도 전에 다른 동물들에게 잡아먹힌다면, 자라는 데 몇 년이 걸리는 아기를 낳아봐야 아무 소용이 없었을 것이다. 나약한 우리 인간들에게 필요한 전술이란, 험악한 맹수들을 그 자리에서 때려눕혀서 짝짓기하고 아기를 키우기에 더 안전한 보금자리를 확보하는 것이었다. 그리하여 인간은 뜻밖의 전술 카드를 골라 들었다. 서로 사이좋게 지내기로 한 것이다.

다른 사람의 마음 예측하기

당신이 동네에서 덩치가 가장 큰 사람은 아닌데, 가장 덩치가 큰 사람이 되기까지 수천 년이 주어진다고 가정해 보자. 당신이라면 어떻게 하겠는가? 당신이 동물이라면 가장 간단한 방법은 몸집을 키우는 것이다. 고릴라 집단에 있는 우두머리 수컷 고릴라처럼 말이다. 자, 생각을 달리 해보자. 개체 수를 두 배로 만드는 방법은 어떤가? 몸을 만드는 게 아니라 동맹을 만드는 것이다. 이웃들 중 몇 명과 협력하기로 협정을 맺으면, 혼자서 힘을 두 배로 키우지 않더라도 힘을 두 배로 만들 수 있다. 세계를 지배할 수도 있을지 모른다! 매머드와 싸워 이기고 싶은가? 혼자서 매머드와 싸운다면 밤비가 고릴라와 싸우는 꼴이 되겠지만 두세 명이 '팀워크'를 이루어 싸운다면, 해볼 만한 도전이 될 것이다. 매머드를 절벽 아래로 떨어지게 만드는 방법을 알아낼지도 모르는 일 아닌가! 이것이 바로 지난날 우리 인류가 해온 일이다.

협정은 게임의 법칙을 바꿔놓는다. 협정을 맺는다는 것은 우리의 이익뿐만 아니라 동맹들의 이익도 고려하여 공동의 목표를 만든다는 것을 의미한다. 물론, 동맹들의 이익을 이해하려면 상대방이 협정에 나선 동기는 물론, 그들의 보상과 처벌 시스템까지 이해해야 한다. 그들의 '가려운 곳'이 어디인지를 알아야 한다는 뜻이다.

우리가 어떻게 육아와 단체행동으로 세계를 지배하게 되었는지를 이해하는 것은 다음 문장 뒤에 숨은 몇 가지 아이디어를 이해하는 것만큼이나 간단하다.

'남편이 죽었고, 그다음에 아내가 죽었다.'

이 문장에는 딱히 재미있는 부분이 없다. 하지만 단어 하나를 덧붙여보자.

'남편이 죽었고, 그다음에 아내가 슬퍼서 죽었다.'

우리는 짤막한 단어 하나로 아내의 심리를 엿볼 수 있다. 아내의 정신 상태가 어떠한지 조금 알 수 있게 되었고, 아내와 남편의 관계에 대해서도 알 수 있을지 모른다.

이런 추론은 이른바 '마음이론 Theory of Mind'의 가장 두드러진 특성이다. 우리는 늘 마음이론을 가동시켜 놓고 있다. 사람들은 이 세상을 동기 차원에서 바라보려 하며, 애완동물이라든가 움직이지 않는 물체에도 동기를 부여한다. (내가 아는 어떤 남자는 8미터 길이의 요트를 둘째 아내로 대우했고, 심지어 그 요트에게 선물까지 사주었다!) 이 기술은 짝을 찾고, 함께 살아가면서 날마다 만나는 문제들을 처리하고, 아이를 키우는 데 유용하다. 마음이론은 다른 어떤 생명체와도 다르게 인간만이 갖는 특징이며, 쉽게 말하면 거의 독심술에 가깝다.

누군가의 정신 생활을 들여다보고 예측하려면 엄청난 지능과 두뇌 활동이 필요하다. 정글 속 어디에서 과일을 찾을 수 있을지 아는 것은, 집단 속에서 다른 사람들의 생각과 행동을 예측하는 것에 비하면 '애들 장난'에 지나지 않는다. 많은 학자들은 인간이 이런 능력을 얻은 것과 지구를 지적으로 지배하게 된 데는 직접적인 연관이 있다고 믿는다.

남의 마음을 예측하고 싶을 때, 몸으로 할 수 있는 일은 거의 없다. 그 사람의 생각이나 욕구가 머리 위에 전광판처럼 떠오르는 게 아니지 않는가. 이 재능은 너무나도 자동적이어서 사람들은 자기가 언제 다른 사람의 마음을 읽어냈는지 거의 의식하지 못한다. 언젠가부터 사람들은 모든 영역에서 그 능력을 발휘하기 시작했다. 세로선 하나를 1로, 또 i로 바꿨던 것을 기억하는가? 그때 우리는 이중표상을 한다. 선, 그리고 선이 표상하는 것, 이렇게 두 가지를 동시에 인식하는 것이다. 주디 들로치의 이론과 우리 인간의 존재는 바로 여기에서 의미를 지닌다. 언어에서부터 수학, 예술에 이르기까지, 우리의 지적인 용감무쌍함은 어쩌면 우리 이웃의 심리를 추측하고자 하는 강력한 욕구에서 나왔을지도 모른다.

관계가 생존을 판가름한다

　조금 더 생각해 보자. 우리가 지닌 학습 능력의 뿌리는 다름 아닌 '관계'에 있는 것 아닌가? 그렇다면 학습의 성과는 학습이 이루어지는 정서적 환경의 영향을 크게 받을 것이다. 이를 뒷받침하는 실험 데이터를 보면 다들 깜짝 놀랄 것이다. 교육의 질은 상당 부분 학생과 교사의 관계에 달려 있을지 모른다. 비즈니스의 성공도 어느 정도 직원과 고용주의 관계에 달려 있을지 모른다.
　내가 잘 아는 항공학교 교관의 이야기가 기억난다. 그는 자신이 지금까지 가르쳤던 가장 훌륭한 학생과 그 학생을 가르치면서 얻은 교훈을 들려주었다. 그 여학생은 지상에서 훈련을 받을 때 무척 뛰어난 학생이었다. 그리고 실제로 비행을 하면서도 그녀는 놀라울 정도로 타고난 능력을 보였고, 돌변하는 기상 조건에도 순발력 있게 대처했다. 어느 날, 비행 중에 교관은 그녀가 어이없는 실수를 하는 것을 보았다. 그날따라 기분이 좋지 않았던 교관은 그녀에게 소리를 지르며 핸들에서 그녀의 손을 밀쳐냈으며, 계기판에 삿대질을 해댔다. 깜짝 놀라 할 말을 잃은 그 학생은 자신의 잘못을 바로잡으려 했지만 너무 긴장한 탓에 연거푸 실수를 했고, 결국은 아무 생각도 나지 않는다며 두 손에 얼굴을 묻고 울어버렸다. 할 수 없이 교관이 비행기를 조종하여 착륙했다. 그 뒤로 오랫동안 그 학생은 조종석에 앉지 못했다. 그 사건 탓에 전문가로서 교관과 학생의 관계가 무너졌을 뿐 아니라, 학생 역시 배우는 능력에 손상을 입었다. 물론 교관 자신도 상처를 입었다. 만일 그 교관이 자신의 위협적 행동에 학생이 어떻게 반응할지 예측할 수 있었다면, 그런 식으로는 행동하지 않았을 것이다.

　교사나 상사 앞에서 지나치게 긴장하는 사람은 공부나 일을 제대로 못 해내기 십상이다. 교사가 학생의 학습 방식을 이해하지 못한다면, 학생은 자신의 말을 선생이 이해하지 못한다고 생각하다가 결국 소외감을 느끼게 될 것이다. 이것이 위에서 말한 항공학교 학생이 학습에 실패한 핵심 원인이다. '스트레스'를 다루는 장에서 보겠지만, 특정한 학습 유형은 정신적 스트레스 앞에서 맥도 추지 못하고 시들어버린다. '주의'를 다루는 장에서는 교사가 학생의 관심을 붙잡지 못한다면, 지식은 학생의 머릿속 데이터베이스에 값지게 부호화되지 못한다는 것을 확인할 것이다. 이 장에서 살펴본 바와 같이, 사람을 가르칠 때 중요한 역할을 하는 것은 바로 '관계'다. 항공기를 조종하는 것처럼 지극히 지적인 일도 사람의 기분에 따라 성패가 갈리는 경우가 많다.

  이 모든 것이 그리 크지 않은 날씨 변화 때문에 벌어진 일이라는 사실만은 눈여겨볼 만하다. 그러나 이 점을 명확히 이해하는 사람은 인간이 지식을 얻어온 방법에 대해 진정한 통찰을 얻을 것이다. 인류는 세상에 대해 상징적으로 생각하는 능력을 발전시키면서 동시에 데이터베이스를 즉흥적으로 사용할 줄 알게 되었다. 대초원에서 살아남으려면 그 두 가지 능력이 모두 필요했다. 그리고 지금도 우리는 그 두 가지 능력이 필요하다. 장소가 대초원에서 교실과 사무실로 바뀌었을 뿐이다.

브레인 룰스 2
생각의 진화 | 생존

- **두뇌는 진화를 위해 만들어진 기관이다.** 두뇌는 불안정한 초원에서 끊임없이 움직여가면서 (두뇌의 주인이 후손에게 유전자를 물려줄 수 있을 만큼 오래 살게 하려고) 생존과 직결된 문제들을 풀도록 설계되었다. 우리 인류는 지구상에서 가장 힘센 종은 아니지만 가장 뛰어난 두뇌를 계발해 냈기에 살아남을 수 있었다.

- **가장 강한 몸이 아니라 가장 뛰어난 두뇌를 지닌 쪽이 살아남는다.** 인류는 문제를 해결하고, 실수로부터 지혜를 얻고, 남과 협력관계를 맺는 능력 덕분에 생존해 왔다. 우리는 주변 사람들과 팀을 이루고 협동하는 법을 터득하면서 전 지구로 퍼져나갈 수 있었다.

- **서로를 이해하는 능력이야말로 인류의 생존전략 중 으뜸이다.** 우리는 관계를 맺음으로써 정글에서 살아남았으며, 오늘날 회사와 학교에서도 관계는 생존에 결정적 역할을 한다.

- **교사나 직장 상사 앞에서 불편함을 느끼는 사람은 성과를 못 내기 쉽다.** 학생의 학습 방식을 교사가 이해하지 못하는 바람에 학생이 실력을 발휘하지 못한다면, 그 학생은 소외감을 느끼고 학습 능력에 손상을 입을지도 모른다.

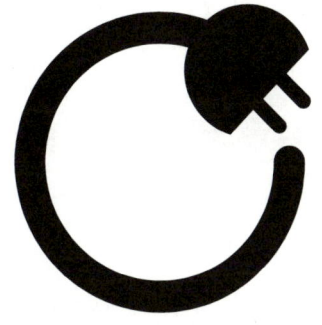

생각의 개인차 | 두뇌회로

브레인 룰스 3
사람의 두뇌회로는 모두 서로 다르다

마이클 조던이 운동선수로서 낙제점을 받았다는 소식은 정말 알다가도 모를 일이었다.

1994년, 이 세상에서 가장 훌륭한 농구 선수 한 사람이 농구를 그만두고 야구를 하기로 결심했다. 주인공은 ESPN(오락, 스포츠를 전문으로 하는 미국의 유료 케이블 TV 채널―옮긴이)에서 20세기 최고의 운동선수로 선정되기도 한 마이클 조던이었다. 그러나 조던은 야구 선수로서 비참할 정도로 실패하고 만다. 그는 유일하게 풀시즌 경기에 참가한 해에 2할 2리의 타율을 기록했는데, 이는 그해 해당 리그 선수들 중 가장 낮은 성적이었다. 그해 그는 외야에서 실책을 11번 했는데, 이 역시 당해연도 최악의 기록이었다. 야구 선수로서 조던의 성적은 너무나 저조하여 마이너리그 팀에도 들어가지 못할 정도였다. 마이클 조던처럼 신체 능력이 뛰어난 사람이 마음먹고 도전한 스포츠 분야에서 실패할 수 있다는 것이 말도 안 되는 것 같지만, 그는 실제로 마이너리그에서도 살아남지 못했다.

조던의 실패가 더욱 당황스러웠던 이유는, 같은 해에 또 다른 스포츠계의 전설 켄 그리피 주니어$^{Ken\ Griffey\ Jr.}$가 야구장을 뜨겁게 달궜기 때문이었다. 그리피는 야구에 필요한 모든 능력이 탁월했다. 안타깝지만 조던에게는 없는 능력들이었다. 그리고 그리피는 다행히도 메이저리그에서 그 능력을 십분 발휘했다. 당시 시애틀 마리너스팀에서 뛰었던 그리피는 1990년대 내내 뛰어난 기량을 선보였다. 그는 7년간 타율 3할, 홈런 422회를 기록하며 90년대를 풍미했다. 그리피는 현재 미국 프로야구 역대 최다 홈런 선수 6위에 랭크되어 있다.

그리피는 조던과 마찬가지로 외야수로 뛰었지만, 그가 외야에서 마치 공중을$^{in\ the\ air}$ 나는 듯 공을 잡는 모습은 조던과는 딴판으로 그야말로 장관이었다. '공중^{air}'이라…… 거기는 조던이 주로 활약했던 공간 아니었나? 그러나 어딘가 침범할 수 없는 야구장의 기운은 조던에게 자리를 내주기를 거부했고, 조던은 결국 그의 뇌와 근육이 다른 누구보다 더 뛰어난 세계로 돌아갔다. 그리고 농구 선수로서 전설의 시즌 2를 구가했다.

이 두 운동선수의 몸에서는 어떤 일이 일어나고 있었을까? 그들의 뇌는 근육과 뼈와 어떻게 소통했기에 그렇게 특별한 재능을 지니게 되었을까? 그것은 그들의 뇌가 어떻게 '회로화'되어 있는지, 즉 어떻게 작동하는지와 관련이 있다. 그것이 무슨 뜻인지 이해하기 위해서 우리는 학습을 할 때 뇌에서는 어떤 일이 일어나는지 알아볼 것이다. 그다음 두뇌가 발달하는 데 경험이 얼마나 엄청난 역할을 맡는지 논할 것이다. 일란성 쌍둥이가 똑같은 경험을 한다면 과연 뇌도 똑같아질지 궁금하지 않은가? 우리 모두에게 '제니퍼 애니스톤 뉴런'이라는 게 있다는 것도 밝힐 것이다. 제니퍼 애니스톤 뉴런이라니, 농담하냐고? 아니다.

달걀 프라이로 시작하는 생물학

여러분은 초등학교 시절부터 모든 생물은 세포로 이루어져 있다고 들어왔을 것이다. 그 말은 대체로 사실이다. 복잡한 생물이 할 수 있는 일들 가운데 세포와 관계없는 일은 별로 없다. 사실 세포는 우리가 존재하는 데 엄청나게 기여하고 있지만, 우리는 그 점에 대해 별로 고마워하지 않는다. 그러나 세포는 우리의 제어로부터 확실하게 벗어남으로써 우리의 그런 무관심을 용서한다. 대부분의 경우 세포는 뒤에 물러서서 콧노래를 부르며 우리가 경험하는 모든 것을 감독하는 데 만족한다. 그리고 그 대부분은 우리가 의식하지 못하는 가운데 일어난다. 어떤 세포들은 너무 나서지 않아서 그 기능에 탈이 난 뒤에야 정상일 때 어떤 기능을 하는지 알 수 있다. 한 가지 예를 들면, 우리 피부는 말 그대로 죽은 상태다. 그 덕분에 바람, 비, 야구장에서 핫도그를 먹다가 흘린 토마토 케첩이 몸 안으로 들어가지 않고도 나머지 세포들이 우리의 일상을 지속할 수 있다. 우리 몸에서 밖으로 드러난 부위는 대부분 죽어 있다고 보면 된다.

살아 있는 세포들의 생물학적 구조는 꽤 이해하기 쉽다. 세포는 대부분 달걀 프라이 같은 모양이다. 달걀 흰자위에 해당하는 부분을 '세포질cytoplasm'이라고 부르고, 가운데 노른자위에 해당하는 부분을 '핵nucleus'이라고 부른다. 핵은 단백질 합성과정의 청사진을 담은 마스터 분자master molecule이자 최근 들어 억울하게 누명을 쓴 죄인들의 수호신으로 각광받는 DNA로 이루어져 있다. 이 DNA에 유전자가 들어 있다. 유전자는 생물학적 지령이 담긴 작은 인자들로, 우리의 키가 얼마나 자랄까 하는 것에서부터 스트레스에 어떻게 반응하는가에 이르기까지를 관장한다. 이 노른자위 같은 핵에는 엄청난 양의 유전물질이 들어 있다. 한 줄로 이으면 150에서 180센티미터나 되는 물질이 마이크론이라는 단위로 측정해야 하는 아주 좁은 공간에 들어가 있다. 1마이크론은 1인치의 2만 5천분의 1에 해당하는 크기다. 그러니 DNA를 핵에 넣는 것은 낚싯줄 4.8킬로미터를 블루베리 하나에 우겨넣는 것이나 마찬가지다. 이렇게 핵의 내부는 무척 비좁다.

최근에 밝혀진 가장 뜻밖의 사실은 DNA, 달리 말하면 디옥시리보 핵산deoxyribonucleic acid이 마치 곰인형 속에 솜을 집어넣듯 핵 속에 무작위로 우겨넣어진 것이 아니라는 것이다. DNA는 복잡하지만 규칙적인 방식으로 핵 속에 접혀 들어간다. 이렇게 분자의 '종이접기'가 이루어지는 이유는 세포가 앞으로 맡을 역할을 선택해야 하기 때문이다. DNA를 어떤 방식으로 접으면 그 세포는 간의 일부가 된다. 그리고 다른 방식으로 접으면 세포는 혈액의 일부가 된다. 그리고 또 다른 방식으로 접으면 신경세포, 즉 뉴런이 된다. 바로 이 문장을 읽을 수 있는 능력의 일부가 되는 것이다.

그렇다면 뉴런은 어떻게 생겼을까? 프라이한 달걀을 바닥에 떨어뜨린 다음 발로 밟아서 바닥에 흩어놓자. 그 모양은 다각형인 별 모양과 비슷할 것이다. 그리고 별의 뾰족한 끄트머리 중 하나를 손으로 집어서 바깥쪽으로 늘여보자. 그리고 방금 늘인 부분의 맨 끝을 엄지로 찌그러뜨려보자. 그러면 아까보다 작은 별 모양이 생길 것이다. 이리하여 가늘고 긴 선을 사이에 두고 으깨진 별이 두 개 생겼다. 이것이 뉴런의 전형적인 모습이다. 크기와 형태는 다양하지만, 기본 구조는 대개 이렇다. 발로 밟은 프라이한 달걀을 신경의 '세포체cell-body'라고 부른다. 그 별의 여러 꼭짓점들을 '수상돌기dendrites'라고 한다. 그리고 우리가 늘인 부분을 신경섬유의 '축색axon', 그리고 축색의 반대쪽에 엄지로 만든 더 작은 별을 '축색말단axon terminal'이라고 한다.

이 세포들은 인간의 생각처럼 복잡한 것을 조정하는 일을 돕는다. 그 과정을 이해하려면 극미한 뉴런의 세계부터 알아야 하는데, 이해를 돕기 위해 내가 어렸을 때 본 영화 이야기를 하겠다. 영화의 제목은 〈마이크로 결사대Fantastic Voyage〉이고, 해리 클라이너Harry Kleiner가 시나리오를 썼다. 이 영화는 나중에 전설적인 SF작가 아이작 아시모프Isaac Asimov가 소설로 출간하여 베스트셀러가 되기도 했다. 한마디로 영화 〈애들이 줄었어요!〉의 잠수함 버전이라고 말할 수 있는데, 초미니 잠수함을 타고 인체의 내부에서 벌어지는 일들을 탐구하는 과학자들의 이야기를 그린다. 자, 우리도 초미니 잠수함을 탔다 생각하고 뉴런의 내부, 그리고 그것들이 머무는 축축한 몸속 세계를 탐험해 보자. 우리가 처음으로 들를 곳은 해마 안에 있는 뉴런이다.

해마 속 뉴런에 도착하면 마치 고대의 수중 삼림에 착륙한 인상을 받을 것이다. 그곳은 웬일인지 전기가 흐르고 있으니 조심해야 한다. 크고 작은 나무줄기와 가지 같은 것들로 가득 차 있고, 그 가지들 사이로 전류가 불꽃을 튀며 오르내린다. 가끔 전류가 나무줄기들 사이를 뚫고 지나가면 미세한 화학물질들이 모인 커다란 구름이 나무줄기의 한쪽 끝에서 솟아오른다.

그러나 이 나무줄기는 나무가 아니라 구조가 굉장히 희한한 뉴런이다. 예를 들어, 뉴런 줄기를 가까이서 보면, 그 나무 '껍질'이 유지grease(油脂)와 놀라울 정도로 닮았다는 것을 알 수 있다. 왜 그럴까? 그 조직이 바로 유지이기 때문이다. 따뜻한 인체 내부, 뉴런의 외부, 인지질(지질에 인산기가 결합한 물질로, 생체막의 주요 구성성분—옮긴이)로 된 이중 세포막, 이 모든 곳에 옥수수 기름이 있는 셈이다. 골격이 몸의 형태를 만드는 것과 마찬가지로 뉴런의 형태를 만드는 것은 그 내부 구조다. 세포 내부로 들어가서 가장 먼저 보는 것 중 하나가 그 골격이다.

그러니 세포 내부로 한번 뛰어들어 보자.

세포 내부는 숨이 막힐 정도로 비좁다. 정체 모를 냉담함까지 느껴진다. 끝이 뾰족뾰족한 산호처럼 단백질로 된 구조물, 즉 뉴런의 골격 사이로 위험을 무릅쓰고 항해해야 한다. 뉴런은 이렇게 조밀하게 구성되어 있어 입체적인 모양이지만, 그 골격의 많은 부분은 끊임없이 움직인다. 그 사이로 항해하려면 순발력 있게 피할 줄 알아야 한다는 얘기다. 그러나 수백만 개의 분자들이 우리가 탄 잠수함에 와서 부딪치는 바람에 잠수함은 몇 초에 한 번씩 전기충격을 받아 흔들린다. 어서 다음 장소로 이동하고 싶다.

세포의 세계로 떠나는 수중 탐험

우리는 뉴런의 한쪽 끝으로 도망쳐 나온다. 날카로운 단백질 덤불 속을 위험하게 항해하는 대신 이제 우리는 고요하고 바닥이 보이지 않는 수중 협곡을 떠다닌다. 멀리서 다른 뉴런이 다가오는 것이 보인다.

지금 우리는 뉴런과 뉴런 사이의 공간, 즉 '시냅스 틈synaptic cleft'에 있다. 하지만 그곳에는 우리만 있는 게 아니다. 작은 분자들의 거대한 무리가 함께 헤엄치고 있다. 그 분자들은 우리가 방금 들렀던 뉴런에서 나와서 우리 쪽으로 다가오는 다른 뉴런을 향해 허둥지둥 파도를 헤치고 나아간다. 그리고 몇 초 뒤, 방향을 바꾸어 우리가 방금 떠나온 뉴런으로 다시 돌아간다. 그러면 뉴런은 순식간에 그것들을 집어삼킨다. 이 분자들을 '신경전달물질'이라고 한다. 신경전달물질에는 여러 종류가 있다. 뉴런들은 작은 특사 역할을 하는 이 분자들을 이용해서 협곡(시냅스 틈) 너머로 정보를 주고받는다. 신경전달물질을 내보내는 세포를 '시냅스(한 뉴런의 축색돌기 말단과 다음 뉴런의 수상돌기가 맞닿는 부위—옮긴이) 전 뉴런'이라고 하고, 신경전달물질을 받는 세포를 '시냅스 후 뉴런'이라고 한다.

뉴런은 전기자극을 받으면 이런 화학물질들을 내보낸다. 다른 뉴런이 이 화학물질들을 받을 때 음성 또는 양성으로 반응할 수 있다. 뉴런은 세포 세계의 울화통 역할을 하면서 자기가 받은 자극을 흡수해 주변으로 전하지 않을 수도 있고(이 과정을 '억제inhibition'라고 부른다), 아니면 전기자극을 다시 내보낼 수도 있다. 그렇게 시냅스 전 뉴런에서 시냅스 후 뉴런으로 신호를 전달한다. "자극을 받았으니 좋은 소식을 전해 드릴게요." 그러고 나서 신경전달물질들은 원래 세포로 돌아오는데, 이 과정을 '재흡수'라고 부른다. 세포가 신경전달물질들을 삼키면 시스템이 리셋되어 다른 신호를 받아들일 준비가 된다.

시냅스의 주변 환경을 한 바퀴 돌아보면, 아득히 보이는 거대한 신경의 숲이 엄청나게 복잡하다. 우리 잠수함 양쪽에 있는 두 뉴런을 예로 들어보자. 우리는 두 뉴런의 연결 지점 사이에 있다. 나무 두 그루를 뿌리째 뽑아 90도를 돌려서 뿌리끼리 마주 보게 한 다음 뿌리를 한데 뒤엉키게 한다고 상상해 보자. 뇌 속에서 뉴런 두 개가 상호작용하는 모습을 가장 간단하게 그리면 딱 그런 모양이다. 뉴런은 보통 수천 개씩 한데 엉겨붙어서 작용하고, 그것들 모두는 각각 드넓은 신경계에서 한 자리씩 차지한다. 그 가지들은 복잡한 구조를 거쳐 서로 연결된다. 연결 지점이 만 개 정도 되는 것은 보통이고, 각 연결은 하나의 시냅스를 사이에 두고 분리된다. 그리고 지금 우리는 그 시냅스 사이의 협곡을 떠다니고 있다.

해마에 있는 수중 삼림을 보고 있자니 어쩐지 신경 쓰이는 것이 몇 가지 보인다. 가지들 중 몇 개는 마치 피리 리듬에 맞춰 춤을 추는 뱀처럼 움직이며 화학물질을 내뿜는다. 가끔 한 뉴런의 끄트머리가 엄청나게 부풀어오르기도 한다. 어떤 뉴런들의 끄트머리는 마치 뱀의 혀끝처럼 둘로 갈라져서 연결 지점이 두 개가 된다. 이렇게 움직이는 뉴런들을 통해 전기가 시속 400킬로미터로 지나가며, 그 순간 신경전달물질의 구름이 줄기 사이의 공간을 메운다.

이제 우리는 잠수함 안에서 신발을 벗고 정중하게 인사해야 한다. 성스러운 신경의 땅에 도착했기 때문이다! 이제부터 우리가 보는 것은 인간의 뇌가 **학습**을 하는 과정이다.

극단적 변신

에릭 칸델Eric Kandel은 학습 과정이 세포 차원에서 어떻게 이루어지는지 밝히는 데 크게 기여한 과학자다. 그는 그 공로로 2000년에 노벨 생리·의학상을 공동 수상했다. 알프레드 노벨이 칸델이 밝혀낸 핵심 사실들을 봤다면 정말로 흐뭇해했을 것이다. 칸델은 사람들이 무언가를 배울 때 뇌 속의 회로가 변화한다는 사실을 입증했다. 그저 단순한 정보를 받아들일 때조차도 그 과정에 참여하는 뉴런들의 구조가 달라진다는 것을 증명해 낸 것이다. 넓게 보면, 이런 물리적 변화는 두뇌의 기능을 조직화하고 또 재조직화한다. 이는 놀라운 일이다. 두뇌는 끊임없이 무언가를 배우고 있으므로, 끊임없이 새로운 회로를 만드는 것이다.

칸델은 처음에 인간이 아니라 바다달팽이sea slug를 관찰했다. 그리고 곧, 어째 조금 굴욕적인 기분이 들지만, 인간의 신경이 바다달팽이의 신경과 똑같은 방식으로 무언가를 배운다는 사실을 알아냈다. 철저하게 연구한 결과, 사고하는 수단을 지닌 모든 생물의 사고 과정을 설명했다는 점도 그가 노벨상을 수상한 근거 중 하나다.

잠수함이 뉴런과 뉴런 사이의 시냅스 협곡을 어슬렁거리는 동안, 우리는 이러한 물리적 변화를 목격할 수 있다. 우리가 뭔가 배울 때면 뉴런은 부풀어오르고 흔들리고 쪼개진다. 한 지점에서 연결고리를 끊는가 싶으면 슬그머니 새로운 이웃과 연결고리를 만든다. 수많은 뉴런들이 제자리에 머무르면서 서로서로 전기적 연결을 강화하고 정보 전달의 효율성을 증대시킨다. 지금 이 순간 여러분의 머릿속 깊은 곳에서는 뉴런들이 파충류처럼 다른 자리로 미끄러져 나아가고, 한쪽 끝이 뚱뚱하게 부풀어오르거나 아니면 둘로 갈라지거나 하면서 이리저리 돌아다닌다. 상상만 해도 머리가 아파오는가? 그러나 그 덕분에 우리는 방금 들은 에릭 칸델이라는 이름과 그가 연구한 바다달팽이를 기억할 수 있는 것이다.

그러나 칸델보다 앞서 이미 18세기에 이탈리아의 과학자 빈센초 말라카르네Vincenzo Malacarne가 놀라우리만치 현대적인 생물학적 실험들을 했다. 그는 한 무리의 새들에게 복잡한 묘기를 훈련시키고, 새들을 모두 죽인 다음 뇌를 해부해 보았다. 훈련시킨 새들의 뇌가 훈련시키지 않은 새들의 뇌보다 특정 부위에 주름이 더욱 넓은 자리에 걸쳐 나타났다. 그로부터 50년 뒤, 찰스 다윈은 같은 종의 동물을 야생에서 자라게 했을 때와 사람이 키웠을 때, 그 뇌 사이에 이와 비슷한 차이점이 생긴다는 것을 발견했다. 야생동물의 뇌는 길들여진 동물의 뇌보다 15~30퍼센트 정도 더 컸다. 춥고 척박한 세계에서 살아남으려면 끊임없이 학습해야만 했기 때문일 것이다.

사람도 마찬가지다. 뉴올리언스의 자이데코 맥주홀에서부터 뉴욕 필하모닉의 공연장에 이르기까지 다양한 곳에서 그런 사실을 관찰할 수 있다. 모두 '바이올린 연주자'들이 있는 곳들인데, 그들의 뇌는 일반인들과 무척 다르다. 현악기를 연주하려면 왼손을 복잡하고 섬세하게 움직여야 하는데, 그 왼손을 관장하는 신경 부위들은 마치 고지방 음식만 골라 먹으며 살아온 것 같은 모습이다. 즉, 그 부위들은 커지고 부풀어오른 데다 복잡하게 얽히고 설켜 있다. 이와는 반대로, 활을 다루는 오른손을 관장하는 부위는 거식증에 걸린 사람처럼 단순한 모습이다.

두뇌는 근육처럼 작동한다. 많이 움직일수록 커지고 복잡해진다. 그렇다고 해서 지능이 발달하는지는 다른 문제라 치더라도, 한 가지 사실은 확실하다. 우리가 어떻게 생활하느냐에 따라 뇌의 모양이 바뀐다는 것이다. 연주할 악기나 운동의 종류에 따라 뇌의 회로를 변화시킬 수 있다.

'조립해서 사용하세요'

이렇게 환상적인 생물학적 현상은 어떻게 일어날까? 아기들 덕분에 지구상에서 가장 주목할 만한 조립 프로젝트인 두뇌의 형성에 대해 어느 정도 알 수 있다. 신생아들의 뇌는 '조립 요망'이라는 스티커를 붙이고 나와야 한다. 사람의 뇌는 태어날 때는 일부만 조립되어 있고, 몇 년이 지나야 온전히 조립된다. 20대 초반이 되면 조립 프로젝트는 완료되지만, 40대 중반까지는 세밀한 튜닝이 이루어진다.

태어날 때 아기들의 뇌 속에 있는 연결고리의 수는 어른의 뇌와 거의 같다. 그러나 그런 상태는 오래가지 않는다. 아이가 세 살 정도 되면 뇌의 특정 부위에 있는 연결고리 수가 두 배 또는 세 배까지 는다. (이로 인해 아기 때의 두뇌 발달이 곧 평생의 지적 수준을 결정짓는다는 일반적 믿음이 생겼다. 그러나 그런 믿음은 사실이 아니다.) 그러나 이렇게 두 배, 세 배가 된 상태도 오래가지 않는다. 두뇌는 곧 작은 가지치기 가위 수천 개를 가지고 그 연결고리들을 다시 잘라버린다. 그래서 여덟 살쯤 되면 두뇌 속 연결고리의 수는 어른과 비슷해진다. 그리고 아이가 사춘기를 겪지 않는다면 얘기는 그것으로 끝이다. 그러나 사실, 이야기는 아직 반이나 남았다.

사춘기가 되면 모든 것이 새롭게 시작한다. 두뇌의 다른 부위들이 발달하기 시작하는 것이다. 다시 한 번 신경이 미친 듯이 자라고, 또 자란 것을 맹렬하게 잘라낸다. 아이가 고등학생 정도가 되어 부모가 대학 등록금을 걱정하기 시작할 때쯤 아이의 뇌는 다시 어른의 뇌와 같은 모습으로 돌아간다. 한 문장으로 정리하면, 아이가 '미운 세 살'이 되면 뇌 속에서 엄청난 활동이 일어나고, '무서운 십대'가 되면 그보다 더 격렬한 활동이 일어난다.

이렇게 얘기하면 마치 세포라는 병사들이 밀집대형으로 모여 성장 명령에 복종하는 듯 보이지만, 두뇌의 발달이라는 정신없는 세계에서 군대식 정확성 비슷한 것은 찾아볼 수도 없다. 그리고 두뇌의 발달이 '두뇌 법칙'과 만나는 것은 바로 이런 부정확한 지점에서다. 데이터만 대충 훑어봐도 사람마다 성장 패턴이 무척 다르다는 사실을 알 수 있다. 갓난아이든 십대든, 모든 아이들은 서로 다른 부위가 다른 속도로 발달한다. 어느 지점에서 성장하고 가지치기를 하는지, 그리고 그 과정이 얼마나 격렬한지는 그야말로 제각각이다.

아내의 학창시절 사진들을 볼 때면 늘 이런 사실을 상기하게 된다. 아내는 초등학교부터 고등학교까지 똑같은 사람들과 함께 학교를 다녔다(그리고 그들 대부분과 지금도 절친하게 지낸다). 선생님들의 촌스런 헤어스타일도 우습지만, 당시 아이들의 모습을 유심히 볼 때마다 고개를 갸우뚱하게 된다.

초등학교 1학년 때 사진이다. 나이는 거의 같지만 생김새는 그렇게 보이지 않는다. 누구는 키가 작고 누구는 키가 크다. 누구는 성숙한 운동선수처럼 보이지만, 누구는 막 기저귀를 뗀 아기처럼 보인다. 여자아이들이 남자아이들보다 나이가 많아 보인다.

똑같은 아이들이 중학교 때 찍은 사진을 보면 더하다. 어떤 남자아이는 초등학교 3학년 이후로 거의 자라지 않은 것처럼 보이는데 다른 아이는 어느새 수염이 자라기 시작한다. 여자아이들 중에는 가슴이 거의 나오지 않아서 남자아이처럼 보이는 아이도 있다. 그러나 어떤 여자아이는 아이를 낳을 수도 있을 것처럼 보인다.

  이 이야기를 왜 꺼냈느냐고? 글쎄. 아이들의 작은 두개골을 투시해 볼 수만 있다면, 이 아이들의 뇌가 신체와 마찬가지로 **서로 다르게 발달한다**는 사실을 확인할 수 있을 텐데!

내 머릿속에 '제니퍼 애니스톤 뉴런'이?

우리는 미리 설치된 수많은 회로를 가지고 이 세상에 태어난다. 이 회로들은 호흡, 심장박동, 굳이 안 봐도 자기 발이 어디 있는지 아는 능력(!) 등의 기본적인 기능을 관장한다. 학자들은 이를 '경험으로부터 독립적인' 회로라고 부른다. 한편으로 우리는 두뇌의 신경 건설 프로젝트가 미완성인 채로 태어난 뒤, 경험을 거치면서 그 프로젝트를 마무리한다. 이렇게 '경험 예정인' 회로는 시각적 민감성과 언어 습득 같은 영역과 관련이 있다. 그리고 마지막으로, '경험 의존적인' 회로가 있다. 제니퍼 애니스톤Jennifer Aniston에 대한 이야기를 들으면 금방 이해가 갈 것이다. 별것 아닌 일에도 가슴이 벌렁거리는 사람이라면 다음 단락은 건너뛰어도 좋을 것이다.

  자, 준비됐는가?

한 남자가 뇌의 일부를 공기 중에 노출시킨 채 수술실에 누워 있다. 그는 의식이 있는 상태다. 그러나 그가 고통으로 울부짖지 않는 것은 두뇌에 고통을 관장하는 뉴런이 없기 때문이다. 그는 뾰족한 전극이 뇌를 뚫고 들어가는 것도 느끼지 못한다. 간질로 생명을 위협받고 있는 이 남자는 곧 신경조직의 일부가 제거될 것이다. 한 의사가 뜬금없이 제니퍼 애니스톤의 사진을 꺼내어 환자에게 보여준다. 그러자 남자의 머릿속 뉴런 하나가 흥분하여 번쩍거린다. 의사는 함성을 내지른다.

B급 영화의 한 장면처럼 들리는가? 그러나 이 실험은 실제로 있었던 일이다. 문제의 뉴런은 유명한 사람들과 유명하지 않은 사람들의 사진 80장에는 아무 반응을 보이지 않았고, 여배우 제니퍼 애니스톤의 사진 7장에만 반응을 보였다. 이 실험을 주도한 과학자 키안 키로가Quian Quiroga는 이렇게 말했다.

"다른 사진들에는 전혀 반응을 보이지 않던 뉴런이 제니퍼 애니스톤의 서로 다른 사진 7장을 보여주자 번쩍거렸습니다. 우리는 일제히 의자에서 벌떡 일어섰습니다."

우리의 머릿속에는 제니퍼 애니스톤을 보았을 때만 자극을 받는 뉴런, 일명 제니퍼 애니스톤 뉴런이 있는 것이다.

제니퍼 애니스톤 '뉴런'이라고? 분명 인류 진화의 역사에서 제니퍼 애니스톤이 두뇌의 회로에 영원히 존재하게 됐다는 증거는 어디에도 없다. (애니스톤은 1969년에야 태어났으며, 우리의 뇌에는 몇백만 년 전에 만들어진 부위도 있다.) 그러는 와중에 그 과학자들은 '할리 베리Halle Berry 뉴런'마저 발견했다. 어느 남자의 뉴런 하나가 애니스톤을 비롯한 그 누구의 사진에도 반응하지 않고 할리 베리의 사진에만 반응한 것이다. 알고 보니 그에게는 빌 클린턴에게만 반응하는 뉴런도 있었다. 이런 종류의 두뇌 연구를 할 때는 분명히 연구자의 유머감각이 도움이 되었을 것이다.

자, 경험 의존적인 두뇌회로의 세계에 온 것을 환영한다! 이 세계는 두뇌의 많은 부분이 미리 회로화되어 있지 '않게끔' 미리 회로화되어 있다. 혹독한 훈련을 거친 아름다운 발레리나처럼, 우리는 융통성을 갖추기 위해 미리 회로화되어 있다.

우리는 세상의 두뇌들을 제니퍼 애니스톤이나 할리 베리를 아는 사람들의 두뇌와 모르는 두뇌로 분류할 수 있다. 이 두 가지 두뇌는 회로화된 방식이 서로 다르다. 이렇게 언뜻 우스워 보이는 관찰 결과의 밑바탕에는 훨씬 광범위한 개념이 자리잡고 있다. 두뇌는 외부에서 입력되는 정보에 너무 민감하기 때문에 물리적 회로는 그 두뇌가 살고 있는 문화에 따라 달라진다.

일란성 쌍둥이도 두뇌의 회로가 똑같지는 않다. 다음과 같은 실험을 상상해 보자. 남자 쌍둥이 두 명이 할리 베리가 주연한 영화 〈캣우먼Catwoman〉 DVD를 빌려 본다. 그동안 우리는 초미니 잠수함을 타고 그들의 두뇌 속을 들여다보는 것이다. 두 사람은 같은 방에서 같은 소파에 앉아 있지만 영화를 보는 각도는 조금 다르다. 우리 눈에는 두 사람의 두뇌가 그 DVD의 시각적 기억을 서로 다르게 부호화하는 것이 보인다. 이는 두 사람이 똑같은 지점에서 비디오를 보는 것이 불가능하기 때문이다. 영화를 본 지 몇 초 만에, 두 사람의 머릿속에는 어느새 다른 회로들이 자리잡기 시작한다.

쌍둥이 중 하나가 그날 낮에 액션 영화에 관한 기사가 실린 잡지를 읽었는데, 표지 사진의 주인공이 할리 베리였다. DVD를 보면서 이 남자의 두뇌는 잡지 내용을 끄집어낸다. 그의 두뇌는 잡지 기사 내용과 영화를 비교하고 기사가 그럴싸했는지 아닌지를 평가한다. 잡지를 읽지 않은 나머지 한 사람의 두뇌는 그런 작업을 하지 않는다. 그 차이는 미묘해 보이지만, 두 사람의 두뇌는 같은 영화를 보면서 서로 다른 기억을 만들어낸다.

그것이 '두뇌 법칙'의 힘이다. 학습하는 두뇌는 물리적 변화를 겪고, 그 변화는 각 개인마다 고유하다. 똑같은 경험을 하는 일란성 쌍둥이조차 두뇌회로를 구축하는 방식은 서로 다르다.

두뇌의 개별성과 지능의 범주

지금쯤 여러분의 머릿속에서 다음과 같은 질문이 떠오를지 모른다. 모든 두뇌가 서로 다르게 회로화한다면, 두뇌에 대해서 뭐 하나라도 확실하게 알 수 있는 게 있을까?

대답은 '있다'다. 두뇌에는 수십억 개의 세포가 있다. 그 세포들이 집단적으로 전기 작용을 하면 사랑스럽고 멋진 사람을 만들어낼 수도 있고, 전기가 단순하게 작용하면 칸델의 해삼을 만들어낼지도 모른다. 모든 신경들은 서로 비슷하게 작용한다. 모든 인간에게는 해마가 있고, 뇌하수체가 있으며, 지구상에서 가장 정교한 전기화학적 사고의 저장소인 대뇌피질이 있다. 이런 조직들이 작동하는 방식은 모든 두뇌에서 똑같다.

그렇다면 두뇌에 개별성이 있다는 건 어떻게 설명할 수 있을까? 고속도로를 떠올려보자. 미국의 고속도로는 전 세계에서 가장 광범위하고 복잡한 도로교통 체계 가운데 하나다. '길'에는 도시간 고속도로, 내부 순환도로, 동네 거리, 일차선 도로, 골목, 비포장도로 등 여러 가지 변형된 개념이 있다. 두뇌 속의 길도 마찬가지로 다양하다. 뇌신경에도 큰 도시간 고속도로와 내부 순환도로가 있다. 이 큰 줄기들은 모든 사람의 두뇌 속에 존재하고, 그 기능도 거의 같다. 따라서 두뇌의 구조와 기능 대부분을 예측할 수 있으며, 그런 특성 덕분에 '신경'이라는 단어 뒤에 '과학'이라는 단어를 붙일 수 있다. 이렇게 모든 사람들이 갖고 있는 공통점이 앞서 얘기한 발달 프로그램의 궁극적 열매일지 모른다. 그것이 바로 '경험으로부터 독립적인' 회로화다.

두뇌 속의 더 작은 길로 들어서면 개개인의 특성이 드러나기 시작한다. 모든 두뇌에는 작은 길들이 수없이 나 있고, 그 모양은 모두 제각각이다. 그 개별성은 아주 작은 차원에서 나타나지만, 그 아주 작은 길들이 너무나 많기 때문에 결국 매우 큰 부분을 차지한다.

모든 두뇌가 회로화하는 방식이 다르다는 사실과 그것이 지능에 영향을 끼친다는 것은 별개의 문제다. 이 문제에 대해서는 행동이론가와 신경외과의사가 서로 다른 견해를 내놓는다. 행동이론가는 다중지능이론에 따라 지능에는 일곱 개에서 아홉 개의 범주가 있다고 생각한다. 신경외과의사 역시 지능의 다중범주론을 받아들이지만, 그 범주는 수십억 개가 될 거라고 생각한다.

심리학자이자 저술가, 교육가, 그리고 '다중지능운동'의 아버지인 하워드 가드너Howard Gardner를 만나보자. 가드너는 인간 정신의 능력이 너무나 다면적이어서 단순한 수치로는 요약할 수 없다고 말했다. 그는 IQ 검사라는 개념을 버리고 인간의 지력이라는 문제를 재구성하려고 했다. 가드너와 동료들은 도시의 밀림 속에서 지적 작용을 연구하는 제인 구달이라도 된 듯 학교에서, 직장에서, 놀면서, 그리고 '살아가면서' 학습하는 실제 사람들을 관찰했다. 가드너는 사람들이 날마다 사용하는 지적 재능 가운데 늘 '지적'이라고 말할 수는 없고, IQ 검사로도 측정할 수 없는 범주가 있다는 것을 알아차리기 시작했다. 그는 오랜 시간에 걸쳐 알아낸 사실들을 모아 《정신의 틀 : 다중지능이론Frames of Mind: The Theory of Multiple Intelligence》이라는 책으로 펴냈다. 그 책은 논쟁에 불을 붙였고, 지금까지도 논쟁은 계속되고 있다.

가드너는 자신이 적어도 7가지 범주의 지능을 관찰해 왔다고 믿는다. 그것은 말/언어verbal/linguistic 지능, 음악/리듬musical/rhythmic 지능, 논리/수학logical/mathematical 지능, 공간spatial 지능, 신체/운동bodily/kinesthetic 지능, 대인interpersonal 지능, 개인 내intrapersonal 지능 등이다. 그는 이것들은 인간 정신의 내적 작용으로 들어가는 '문'이라고 부른다. 가드너는 그 범주들이 늘 서로 교차하는 것은 아니라면서 다음과 같이 말한다.

"내가 당신이 음악에 재능이 있다는 사실을 안다고 해도 당신이 다른 재능이 있는지 없는지는 절대로 정확히 예측할 수 없습니다."

어떤 학자들은 가드너가 자신이 모은 데이터가 아니라 자신의 의견을 믿는다고 주장한다. 그러나 그를 비판하는 사람들조차 인간의 지력이 다면적이라는 데는 이론을 제기하지 않는다. 오늘날까지도 가드너는 최초로 인간의 인지능력을 숫자로 묘사하지 않는 방법을 진지하게 제시한 사람으로 평가받는다.

두뇌 지도 만들기

그러나 지능의 범주는 70억이 넘을 수도 있다. 즉, 전 세계 인구와 비슷한 숫자일지도 모른다. 숙련된 신경외과의사 조지 오즈만 George Ojemann이 네 살짜리 여자아이의 두개골을 열어 두뇌를 관찰하는 것을 보면 이게 무슨 얘긴지 감이 올 것이다. 헝클어진 백발에 날카로운 눈빛을 지닌 오즈만은 수십 년간 수술실에서 사람들의 생사를 지켜봐온 사람에게서 느낄 법한 위엄을 지닌 사람이다. 그는 우리 시대 가장 위대한 신경외과의사 중 한 사람이고, '전기자극 맵핑' 기술의 전문가이기도 하다.

그는 심각한 간질을 앓고 있는 소녀를 내려다보고 있다. 소녀의 두뇌는 공기 중에 드러나 있지만 의식은 있는 상태다. 오즈만 박사는 소녀의 뇌에서 문제를 일으키는 세포를 제거할 것이다. 그러나 소녀의 뇌에서 뭔가를 제거하기 전에 지도를 그려야 한다. 오즈만 박사가 전선과 연결되어 있는 가늘고 하얀 막대로 약하게 전기충격을 주어 대뇌피질을 자극한다. 그 막대가 손에 닿으면 조금 얼얼한 느낌만 나는 정도다.

오즈만 박사는 소녀의 뇌 한 부위를 막대 끝으로 살짝 건드린 뒤 소녀에게 묻는다.

"지금 무슨 느낌이 들었니?"

그러자 소녀는 몽롱한 목소리로 말한다.

"누가 방금 제 손을 만졌어요."

오즈만 박사는 그 부위에 작은 종이를 올려놓은 뒤 다른 부위를 건드린다. 그러자 소녀가 소리친다.

"누가 제 볼을 만졌어요!"

그 부위에도 종이를 놓는다. 이런 과정이 몇 시간 동안 계속된다. 오즈만 박사는 뇌신경 지도를 그리듯 어린 환자의 다양한 두뇌 기능을 지도로 만들고 있다. 간질을 일으키는 조직과 가까운 부위들에 특히 주의를 기울이면서.

이것은 소녀의 운동 기능을 시험하는 것이다. 이유는 아직 잘 모르겠지만, 간질을 일으키는 조직은 언어를 관장하는 부위와 가까이 붙어 있는 경우가 많다. 그래서 오즈만 박사는 언어 기능과 관련된 부위에도 무척 주의를 기울인다. 이 아이는 두 가지 언어를 할 줄 알기 때문에 영어와 스페인어 모두에 중요한 부위를 지도로 그려야 했다. 박사는 S라고 적힌 종이는 스페인어와 관련 있는 부위에, E라고 적힌 종이는 영어와 관련 있는 부위에 놓았다.

오즈만 박사는 이런 유형의 수술을 받는 모든 환자에게 이렇게 수고스러운 작업을 한다. 이유가 뭘까? 그 대답이 정말 놀랍다. 그가 개개인의 두뇌에서 중요한 기능을 하는 부위를 지도로 만들어야 하는 이유는 **그 부위들이 어디에 있는지 모르기** 때문이다.

하지만 수술에 앞서 아주 정밀한 부위의 기능까지 예측할 수는 없다. 그것은 모든 사람들의 두뇌 속 회로가 모두 다르게 생겼기 때문이다. 구조도 기능도 모두 다르다. 예를 들어, 우리 모두는 명사와 동사, 문장성분 등을 각기 다른 부위에 저장하고, 서로 다른 부위를 서로 다른 구성 요소로 사용한다. 두 가지 언어를 사용하는 사람들은 심지어 그 두 언어를 서로 다른 부위에 저장한다.

오즈만 박사는 오래전부터 이런 개별성에 매력을 느꼈다. 한번은 그가 수술했던 환자들 117명의 두뇌 지도를 결합해 보았다. 그러자 대부분의 사람들이 언어를 관장하는 아주 중요한 부분 CLA, critical language area이 있는 지점을 단 한 곳 발견할 수 있었다. 여기서 '대부분'이라는 것은 전체 환자의 79퍼센트에 해당한다.

전기자극 맵핑으로 얻은 데이터는 두뇌의 개별성을 보여주는 가장 극적인 실제 사례다. 그러나 오즈만 박사는 살아가는 동안 이런 차이점이 얼마나 변화하지 않고 유지되는지, 그리고 이 차이점들 중에 지적 능력을 예측해 주는 것이 있는지 알고 싶었다. 그는 그 두 가지 질문에 재미있는 대답을 찾아냈다. 첫째, 두뇌 지도는 어렸을 때 만들어지며 그 뒤로 계속 유지된다. 10년, 20년이 지난 뒤에 다시 수술할 때도 CLA의 위치는 동일했다. 오즈만 박사는 또한 CLA의 패턴이 언어능력을 예측할 수 있게 한다는 사실도 알아냈다. 적어도 수술 전에 실시한 IQ 검사 결과에 따르면 그러했다. 언어에 소질이 있으려면 (적어도 IQ 검사에서 언어능력에 좋은 점수를 얻으려면) 관자놀이의 상측두이랑$^{Superior\ temporal\ gyrus}$이 CLA를 관장하면 안 된다. 그러면 언어능력이 통계학적으로 아주 좋지 않다. 또한 CLA 패턴이 전반적으로 작고 빽빽하게 집중되어 있어야 한다. 패턴이 넓게 분포되어 있으면 언어능력 점수가 낮게 나올 것이다. 이러한 경향은 나이와 무관하다. 유치원생부터 앨런 그린스펀$^{Allan\ Greenspan}$(1926년생으로, 미국의 전 연방준비제도이사회 의장—옮긴이)만큼 나이 먹은 사람까지 이런 사실을 증명해 주었다.

사람들의 두뇌는 서로 다르게 회로화되어 있고, 그와 같은 차이로부터 사람들이 어느 정도로 능력을 발휘할지 예측할 수 있다. 적어도 언어능력에 관해서는.

닥터 메디나의 두뇌 부활 아이디어!

지금까지 열거한 데이터를 보면 모든 사람이 똑같이 배우기를 기대하는 학교 제도가 과연 의미가 있을까 하는 의구심이 든다. 일을 할 때 모든 사람을 똑같이 대우하는 것이, 그것도 제각기 문화 경험이 다양한 글로벌 시대에, 말이 될까? 앞의 데이터는 우리가 아이들을 어떻게 가르쳐야 하는지에 대해, 그리고 아이들이 자라서 직장을 갖게 되면 그들을 직원으로서 어떻게 대우해야 하는가에 대해 넌지시 설득력 있는 의견을 제시한다. 우리의 학교 제도에서 걱정되는 점이 두 가지 있다.

1 지금의 학교 제도는 특정 나이에 특정 학습 목표를 달성해야 한다는 기대 위에 세워졌다. 그러나 두뇌가 그런 기대에 신경 쓰리라고 생각할 수 있는 근거는 어디에도 없다. 실제로 **나이가 같은** 학생들도 지적 능력은 대단히 다양하다.

2 이런 차이점들은 학업 성과에 크게 영향을 끼칠 수 있다. 이에 관한 실험도 이루어졌다. 예를 들어, 학생들 중 10퍼센트는 사

람들이 '지금쯤이면 글을 읽겠지' 하고 기대하는 나이가 되어도 뇌가 글을 읽을 수 있을 만큼 충분히 회로화되지 못한다. 오로지 나이에만 기초를 둔 융통성 없는 학교 제도 모델은 두뇌생체학과 서로 어울리지 못할 것이 분명하다.

그렇다면 이런 문제를 어떻게 해결할 수 있을까?

학급 규모는 작게, 더 작게

다른 조건이 동일하다는 전제하에, 규모가 큰 학교보다 학급의 크기가 작고 더 친밀한 학교의 학습 환경이 더 좋다는 사실은 오래 전부터 알려져 왔다. 작은 것이 왜 더 좋은지를 확실히 설명하는 데 두뇌 법칙이 도움이 될 것 같다.

모든 두뇌회로가 서로 다른 방식으로 만들어진다는 사실을 염두에 둘 때, 학생의 마음을 읽는다는 것은 교사가 갖고 있는 매우 강력한 도구다. '생존' 장에서 언급했듯이, '마음이론'은 다른 사람의 마음을 읽는 것과 비슷하다. 마음이론은 다른 사람의 마음속 동기를 이해하는 능력이자, 그 지식을 토대로 '다른 사람들의 마음이 어떻게 작용하는지에 대한' 예측 가능한 이론을 만들어내는 능력이라고 정의된다. 이런 능력이 있는 교사는 자신이 가르치는 학생들의 마음에 접근할 수 있다. 학생들이 언제 혼란을 느끼며 언제 수업에 완전히 몰두하는지 등을 알 수 있는 것이다. 또한 예민한 교사들은 자신이 가르친 내용을 학생들이 제대로 학습했는지에 대해서도 귀중한 피드백을 얻을 것이다. 그 피드백은 교사들이 지녀야 할 민감성의 정의일 수도 있다. 마음이론을 활용하는 능력이 뛰어난 사람들은 정보를 효과적으로 전달하는 데 필요한 가장 중요한 요소를 지닌 것이다.

학생들은 복잡한 지식을 서로 다른 시기에 서로 다른 깊이로 이해한다. 한 교사가 관리할 수 있는 학생의 수는 한계가 있기 때문에 한 학급의 학생 수에 제한을 두어야 한다. 그 수는 적을수록 좋다. 학생 수가 적으면 교사가 모든 학생들의 상태를 더 잘 파악할 수 있으므로 학습 효과가 좋아질 수밖에 없다. 이는 마음이론을 더 잘 활용하는 사람일수록 더 훌륭한 교사가 될 수 있다는 것을 의미한다. 그렇다면, 지금까지 개발된 마음이론 실험을 MBTI(융 C. G. Jung의 심리유형론을 근거로 하는 자기보고식 심리 검사―옮긴이)처럼 좋은 교사와 나쁜 교사를 가려내거나 교사 지망생들에게 도움을 주는 테스트로 사용할 수도 있을 것이다.

교수법은 가능한 한 맞춤으로

한 학년에서 더 많은 개별적 교수법을 만들어내라는 오래된 충고는 어떡해야 할까? 그 충고는 엄격한 두뇌과학에 기초를 두고 있다. 과학자 캐롤 맥도널드 코너 Carol McDonald Connor가 최초로 이런 차이점들을 정면으로 다루는 연구를 하고 있다. 그녀와 동료는 표준 읽기 프로그램과 새로운 컴퓨터 프로그램 A2i를 결합했다. 이 소프트웨어는 인공지능을 이용하여 사용자의 읽기 능력이 어느 수준인지 판단한 다음, 부족한 부분을 보충하는 데 적절한 연습 과제를 제시한다.

표준 읽기 수업과 함께 이 소프트웨어를 사용하면 성공할 확률이 높다. 이 프로그램을 가지고 학습을 많이 한 학생일수록 성적이 올라간다. 교사나 소프트웨어 중 한 가지만 가지고는 효과를 크게 보기 어렵다. 교사가 표준 방식으로 수업을 하면, 지적 배경이 똑같지 않은 학생들은 뒤처질 수밖에 없다. 아무런 보충 없이 같은 방식으로 계속 수업을 진행하면 수업에 적응하는 학생과 그렇지 못하는 학생 사이의 격차가 점점 심해질 것이다. 그 소프트웨어가 그 격차를 채워주는 것이다.

이것이 미래일까? 교육을 개인의 특성에 맞게 하려는 시도가 딱히 새로운 것은 아니다. 컴퓨터를 인간의 교육에 대용물로 이용하는 것 역시 이미 혁신적인 일은 아니다. 그러나 그 결합은 놀라운 결과를 가져올지 모른다. 나는 두뇌과학자들과 교육자들이 공동으로 다음 세 가지를 연구해 주길 바란다.

1 마음이론에서 공감 정도를 측정하는 네 가지 주요 검사 중 하나를 이용해서 교사들과 교사 지망생들을 평가하는 것이다. 검증된 방식을 이용하여 이것이 학생들의 학업 성과에 유효하게 영향을 끼치는지도 판단하자.

2 다양한 과목과 학년 수준에 맞는 소프트웨어를 개발하고 그 효능을 테스트하자. 코너가 《사이언스 Science》지에 발표한 실험과 비슷한 방식으로 작용하는 소프트웨어를 배치하면 좋겠다.

3 위의 두 가지 아이디어를 다양한 방식으로 결합하여 테스트하자. 학생과 교사 간 비율이 일반적인 곳과 최적화된 곳에서 테스트해 보고 결과를 비교하는 식이다.

이렇게 하는 이유는 간단하다. 인간의 두뇌가 모두 다르게 회로화된다는 사실을 바꿀 수는 없기 때문이다. 모든 학생의 두뇌와 모든 직원의 두뇌, 모든 고객의 두뇌는 서로 다른 방식으로 회로화되어 있다. 그것이 두뇌의 법칙이다. 물론 그 법칙을 인정할 수도 있고, 무시할 수도 있다. 지금의 교육 체계는 그 법칙을 무시하고 있다. 그런 교육 체계를 해체하고 새롭게 계획하여 개개인의 특성을 존중하는 교육을 해야 한다는 것은 당위다. 그러자면 무엇보다도 나이를 기준으로 한 학년 구조를 해체해야 한다.

기업들은 리더들에게 마음이론을 테스트할 수 있을 것이고, 모든 직원을 특징 있는 개개인으로 인정할 수 있을 것이다. 그러면 농구를 잘하는 사람에게 야구를 하라고 시키고 있었다는 것을 깨달을 사람이 부지기수일 것이다.

브레인 룰스 3
생각의 개인차 | 두뇌회로

- 한 사람이 살면서 행하고 배우는 모든 것에 따라 두뇌의 모습은 물리적으로 달라진다. 말 그대로 '두뇌회로를 재배치하는' 것이다. 지능의 범주에는 7가지 정도가 있다고들 말하지만, 어쩌면 70억 가지, 그러니까 전 세계 인구 수에 육박할지도 모른다.
- 사람이 다르면 두뇌도 다르다. 심지어 쌍둥이들도 두뇌는 서로 다르게 생겼다. 모든 학생들, 직원들, 고객들의 두뇌 속 회로는 모두 다르게 생겼다.
- 두뇌는 사람마다 다른 속도로 다른 부위부터 발달한다. 초등학생들의 두뇌는 그 아이들의 몸처럼 들쭉날쭉하게 발달한다. 우리의 학교 제도는 모든 두뇌가 서로 다르게 회로화된다는 사실을 외면한 채 모든 두뇌가 똑같다는 잘못된 전제하에 짜여 있다.
- 우리들 중 적잖은 사람들의 머릿속에 '제니퍼 애니스톤' 뉴런, 즉 머릿속에 잠복해 있다가 눈앞에 제니퍼 애니스톤이 보일 때만 흥분하는 뉴런이 있다!

생각의 흐름 | 주의

브레인 룰스 4
따분한 것들은 관심을 끌지 못한다

! 새벽 3시쯤 나는 거실 벽으로 작은 불빛이 지나가는 것을 느끼고 갑자기 잠에서 깼다. 자세히 보니 우렷한 달빛 속에서 키가 180센티미터쯤 되고 트렌치코트를 입은 젊은 남자 하나가 손전등을 들고 우리 집 안을 유심히 들여다보고 있었다. 그의 다른 쪽 손에서는 금속으로 된 물체가 번쩍이고 있었다. 잠들어 있던 나의 뇌가 곧바로 깨어났고, 곧이어 우리 집이 나보다 젊고, 나보다 몸집이 크며, 무기를 가진 사람에게 털리겠구나 하는 생각이 들었다. 심장이 두방망이질치고 다리는 후들거렸다. 나는 전화기가 있는 곳으로 기어가서 경찰서에 연락을 했다. 그러고는 불을 켜고 아이들 방문 앞을 지키며 기도했다. 기적적으로 경찰차가 근처에 있었고, 내가 경찰에 신고한 지 1분도 채 안 되어 사이렌을 울리며 다가왔다. 이 모든 일은 너무

나 순식간에 벌어졌다. 우리 집을 털려던 남자는 시동이 켜져 있는 차를 집 앞에 버려둔 채 도망을 쳤지만 곧 체포되고 말았다.

고작 45초 사이에 일어난 일이지만, 그 남자의 트렌치코트 윤곽부터 그가 가지고 있던 총의 모양까지 모든 것은 내 기억 속에 지울 수 없는 흔적을 남겼다.

주의attention를 기울이는 것이 학습과 관련이 있을까? 이 질문에 대한 답은 '물론 그렇다'이다. 위의 사건이 일어났을 때 내 두뇌는 완전히 흥분한 상태였으므로 나는 그 경험을 평생 잊지 못할 것이다. 두뇌가 어떤 자극에 주의를 기울이면 기울일수록 그 정보는 더욱 정교하게 부호화되어 남는다. 그것은 회사원들, 학생들, 그리고 아이들에게도 모두 해당된다. 주의력과 학습 사이에 강력한 연관이 있다는 것은 멀게는 백 년 전에, 그리고 가깝게는 지난주에 교실에서 이루어진 연구에서도 밝혀졌다. 연구 결과는 언제나 한결같다. 뭐든 알고 싶어 안달인 유치원생이든 지루해서 죽을 지경인 대학생이든, 주의를 기울일수록 학습 효과가 높다. 주의력은 읽은 내용을 기억하는 능력, 정확성, 글의 명료성, 수학, 과학 등 모든 학문의 성과를 향상시킨다.

그래서 나는 대학에서 강의를 할 때면 늘 다음과 같은 질문을 던진다.

"여러분이 너무 지루하지도 않고 아주 재미있지도 않고 중간 정도로 흥미로운 수업을 듣는다고 칩시다. 그러면 언제부터 수업이 언제나 끝날까 궁금해하면서 시계를 보기 시작할까요?"

이 질문을 던지면 늘 몇 명은 안절부절못하면서 책장을 마구 넘기고, 몇 명은 미소를 띠며, 대부분은 침묵을 지킨다. 그리고 마침내 누군가가 대답한다.

"10분 지나면요."

"왜 10분이죠?"

"그 정도면 주의력이 떨어지기 시작할 것 같아요. 그때쯤이면 이 고문이 언제 끝날까, 생각하기 시작할 것 같거든요."

이렇게 말하는 학생의 목소리는 늘 축 처져 있다. 10분이라면 한 시간짜리 대학 강의의 경우 수업이 50분이나 남아 있는 시점이다.

내 비공식 질문을 뒷받침해 주는 연구 결과가 있다. 프레젠테이션에서 사람들은 보통 전체 시간의 4분의 1이 지나기 전에 시계를 보았다. 강의에서 누군가의 흥미를 계속 끄는 일이 사업이라고 치면, 그 사업이 실패할 확률이 무려 80퍼센트에 이르는 것이다. 10분이 지날 무렵 도대체 무슨 일이 일어나는 걸까? 그 답은 아무도 모른다. 두뇌는 뭔가 완고한 타이밍 패턴을 지니고 있는 것 같다. 그리고 그것은 분명 문화와 유전자의 영향을 받을 것이다. 이 사실로부터 교육이나 사업을 할 때 피할 수 없는 핵심 원칙을 제시한다. 바로 '특정 기간 동안 사람의 주의를 끌고 붙잡아둘 수 있는 방법을 찾아야 한다'는 것이다. 하지만 과연 어떻게? 그 질문에 답하려면 복잡한 신경의 세계로 탐험을 떠나야 한다. 이 장에서는 주의력의 놀라운 세계를, 예를 들어 주의를 돌릴 때 우리 뇌 속에서는 무슨 일이 일어날까 하는 문제, 감정의 중요성, 그리고 '멀티태스킹' 등을 탐구해 볼 것이다.

여기 좀 주목해 주세요!

여러분이 이 단락을 읽는 동안, 우리 두뇌에 있는 수백만 개의 감각 뉴런은 일제히 흥분하고, 메시지를 전달하며, 각자 여러분의 주의를 끌려고 애쓴다. 그리고 그중 몇 개만이 여러분의 의식 속으로 파고드는 데 성공한다. 그리고 나머지 중 일부 또는 모두가 무시당한다. 그러나 놀랍게도 그런 우위를 뒤집는 일은 어렵지 않다. 우리는 좀 전에 무시했던 여러 메시지들 중 하나로 쉽게 주의를 옮길 수 있다. (이 문장을 읽으면서 당신의 팔꿈치가 어디 있는지 느낄 수 있는가?) 우리의 주의를 끄는 메시지들은 기억, 흥미, 의식과 이어져 있다.

기억

우리가 어떤 대상에 주의를 기울이는지는 기억의 영향을 크게 받는다. 일상생활에서 우리는 과거의 경험을 이용하여 어디에 주의를 기울여야 할지를 판단한다. 환경이 다르면 기대도 다르다. 이런 사실은 과학자 재러드 다이아몬드Jared Diamond가 저서 《총, 균, 쇠 Guns, Germs, and Steel》에서 잘 설명하고 있다. 그는 이 책에서 뉴기니 원주민들과 함께 뉴기니의 밀림 속을 헤맨 모험담을 그리고 있다. 그는 서양 사람들이 어려서부터 훈련받아 온 일들을 원주민들은 잘하지 못한다고 이야기한다. 그렇다고 해서 원주민들이 멍청한가? 아니다. 그들은 밀림 속에서 일어나는 미세한 변화까지도 감지하는데, 이는 포식동물의 발자취를 좇거나 집으로 돌아가는 길을 찾아내는 데 도움이 된다. 그들은 어떤 벌레들을 건드려서는 안 되는지, 어디에 먹을 것이 있는지를 알며, 머물 곳을 간단히 세우고 허물 수 있다. 그러나 그런 곳에서 살아본 적이 없는 다이아몬드 박사는 그런 일들에 주의를 기울일 능력이 없다. 그런 일들을 잘하는지를 놓고 테스트했다면 다이아몬드 박사 역시 잘하지 못했을 것이다.

문화 또한 인간의 주의에 크게 영향을 주는데, 이는 물리적 환경이 비슷한 곳에서도 마찬가지다. 예를 들어, 도시에 사는 아시아인들은 무언가를 볼 때 전체적인 맥락과 앞에 보이는 사물들과 배경의 관계에 주의를 기울인다. 그러나 미국의 도시인들은 그렇지 않다. 그들은 배경보다는 앞에 있는 사물들에 초점을 맞춰 주의를 기울이고, 맥락을 파악하는 데는 신경을 덜 쓴다. 그런 차이점은 비즈니스 프레젠테이션이나 강의를 어떻게 인식하느냐에 영향을 끼칠 수 있다.

흥미

다행히도 문화와 무관한 공통점도 있다. 예를 들어, 예로부터 사람은 '흥미'가 있거나 '중요하다'고 생각하는 것에 주의를 기울인다고 생각해 왔다. 과학자들은 때로 이것을 '각성arousal'이라고 부른다. 그것이 정확히 어떻게 주의와 관련이 있는지는 여전히 미스터리다. 흥미가 주의를 끌어내는 것일까? 우리 두뇌는 끊임없이 감각의 수평선을 꼼꼼히 훑어보면서 거기서 벌어지는 사건들이 흥미로운지, 중요하지는 않은지를 평가한다. 그리고 중요도가 더 높은 사건들에 더 많은 주의를 기울인다.

그렇다면 그 반대의 경우는, 즉 주의가 흥미를 일으키는 일은 가능할까?

마케팅 전문가들은 가능하다고 생각한다. 그들은 오래전부터 새로운 자극, 즉 평범하지 않고 예측 불가능하며 눈에 띄는 자극들이 사람들의 주의를 끌어서 흥미를 갖게 만드는 효과적인 방법이라고 생각해 왔다. 잘 알려진 한 가지 사례가 '사우자 콘메모라티보'라는 데킬라(멕시코산 증류주의 일종—옮긴이)의 지면 광고다. 그 광고에는 턱수염을 기른 늙고 지저분한 남자가 챙이 넓은 모자를 쓰고 하나밖에 남지 않은 이를 드러낸 채 활짝 웃는 모습이 실려 있다. 그리고 그 남자의 입 위에는 다음과 같은 글귀가 인쇄되어 있다. '이 남자는 충치가 하나뿐입니다.' 그리고 그 아래에 좀 더 큰 글씨로 이렇게 적혀 있다. '인생은 가혹하지만, 데킬라는 그래선 안 됩니다.' 파티에서 반쯤 벌거벗고 춤을 추는 20대 젊은이들의 모습이 담긴 대다수 데킬라 광고들 사이에서 이 광고는 사람들의 주의를 끌어 관심을 불러일으키는 데 성공했다.

인식

물론, 우리가 어떤 것에 주의를 기울이려면 그 존재를 인식해야 한다. 그러나 인식awareness이라는 덧없는 개념을 연구하는 것이 얼마나 어려운 일인지는 상상이 갈 것이다. 인간의 정신 가운데 인식이 위치하는 부분이라고 막연하게 정의되는 '의식consciousness'이 신경의 어디에 있는지는 모른다. (가장 믿을 만한 자료에 따르면,

몇 가지 의식 체계가 두뇌 여기저기에 흩어져 있다고 짐작할 따름이다.) '주의'의 이면에 놓인 생물학을 이해하기 위해서는 갈 길이 멀다.

미국 콜롬비아대학교 교수로서 신경과의사이자 소설가인 올리버 색스Olive Sacks 박사는 임상 차원에서 인식을 연구한 유명한 의사 중 하나다. 색스 박사가 지은 베스트셀러 《아내를 모자로 착각한 남자The Man Who Mistook His Wife for a Hat》에는 그가 연구한 흥미로운 임상 사례 중 하나가 실려 있다. 그 책에서 색스는 한때 그의 환자였던 지적이고 조리 있으며 유머감각이 풍부한 노부인 이야기를 들려준다. 그 부인은 후두부에 심각한 뇌졸중을 겪은 뒤 특이한 후유증을 앓고 있었다. 자신의 왼쪽에 있는 것에 주의를 기울이는 능력을 잃어버린 것이다. 그 부인은 시야에서 오른쪽 절반에 놓인 것들만 집을 수 있었다. 자기 입술 오른쪽 절반에만 립스틱을 바를 수 있었고, 접시의 오른쪽에 있는 음식만 먹을 수 있었다. 그래서 그 부인은 자기 음식이 너무 적다고 불평하기도 했다! 접시를 180도 돌려서 남아 있는 음식이 부인의 오른쪽 시야로 들어와야만 부인은 그 음식을 보고 먹을 수가 있었다.

이와 같은 자료는 임상의들과 과학자들 모두에게 아주 유용하다. 두뇌의 특정 부위가 손상을 입었을 때 환자가 비정상적 행동을 보이면 그 행동이 뇌의 그 부위의 기능과 관련이 있다는 것 알 수 있기 때문이다. 색스 박사의 다양한 환자들을 관찰하면 두뇌가 사물에 어떻게 주의를 기울이는지를 알 수 있다. 두뇌는 좌뇌와 우뇌 등 두 개의 반구로 나뉘고, 각 반구의 기능이 서로 다르다.

그리고 환자들은 둘 중 한 부위에 발작을 일으킬 수 있다. 노스웨스턴대학교의 마르셀 메술람^{Marcel Mesulam} 교수는 두 반구가 시각적으로 서로 다른 '스포트라이트'를 가지고 주의를 끈다는 것을 알아냈다. 좌뇌의 스포트라이트는 크기가 작고 시야의 오른쪽에 있는 사물에만 주의를 기울일 수 있다. 한편 우뇌의 스포트라이트는 닿는 면적이 넓다. 메술람 교수에 따르면 좌뇌에 발작을 일으키는 것이 우뇌에 발작을 일으키는 것보다 나은데, 그 이유는 우뇌가 시력에 도움을 주기 때문이다.

물론, 시각은 두뇌가 주의를 기울일 수 있는 자극 가운데 하나일 뿐이다. 잠깐 동안 나쁜 냄새가 방으로 스며들게 하거나 커다란 소음을 내도 쉽게 사람들의 주의를 끌 수 있다. 우리는 또한 외부의 자극이 전혀 없어도 예전에 일어났던 일들이나 감정을 집중해서 생각하면서 마음의 내면에 주의를 기울일 수도 있다. 우리가 무언가에 주의를 기울이면 우리 머릿속에서는 어떤 일이 일어날까?

적색경보

30년 전, 마이클 포스너^{Michael Posner}라는 과학자가 주의에 관한 이론을 발표했고, 그 이론은 오늘날에도 널리 받아들여지고 있다. 포스너는 대학 졸업 뒤 보잉 사에 입사하여 물리학자로서 연구를 시작했다. 그가 처음으로 큰 성과를 거둔 연구는 여객기 승객들에게 제트엔진의 소음이 덜 거슬리게 하는 방법을 알아낸 것이다. 당장 찢어질 듯 소음을 내는 비행기의 터빈이 승객의 고막에서 불과 몇 미터밖에 떨어져 있지 않은데도 비교적 조용히 여행을 할 수 있는 것은 일정 부분 포스너가 최초로 한 연구 덕분이다. 비행기에 관한 연구를 하던 그는 어느 날 두뇌가 정보를 처리하는 방식이 궁금해졌다. 그리하여 그는 마침내 그 분야에서 박사 학위를 받기에 이르렀고, 유력한 이론을 발표하게 되었다. '삼위일체 모형Trinity Model'이라고도 불리는 포스너의 이론은 이런 것이다. '우리 인간이 무언가에 주의를 기울이는 것은 따로 떨어져 있으면서도 완전히 통합되어 있는 뇌 속의 세 가지 시스템 때문이다.'

어느 쾌적한 토요일 아침, 아내와 나는 집 앞 테라스에 앉아서 커피를 마시며 울새가 수반에서 물을 먹는 것을 지켜보고 있었다. 그런데 그때 갑자기 머리 위로 '쉭' 하는 큰 소리가 들려왔다. 고개를 들고 올려다보는 순간 붉은꼬리매가 근처 나무에서 쏜살같이 내려와 작은 울새의 목을 낚아채 갔다. 매는 우리와 불과 1미터 정도 거리에서 쉭 소리를 내며 날아 올라갔고, 울새의 피가 우리가 앉아 있던 탁자 위로 떨어졌다. 느긋하게 앉아서 여가를 즐기던 우리는 순식간에 현실 세계의 야만성을 참혹하게 깨닫고 말았다. 우리 두 사람은 너무 놀라 아무 말도 하지 못했다.

포스너의 모형에 따르면, 두뇌의 첫 번째 시스템은 박물관 보안 요원의 두 가지 업무인 '감시' 및 '경계'와 꽤 비슷하다. 포스너는 그것을 '경계와 자극의 네트워크'라고 불렀다. 그 네트워크는 감각의 세계를 모니터하며 여느 때에는 없던 움직임이 보이는지 찾아본다. 이것이 우리 두뇌가 이 세상에 주의를 기울이는 일반적 차원으로, '내재적 경계Intrinsic Alertness'라고 불린다. 아내와 내가 커피를 마시면서 울새가 물을 먹는 것을 보고 있을 때 우리는 바로 그 네트워크를 사용하고 있었던 것이다. 그 시스템은 뭔가 색다른 것을 감지하면—즉 매가 날아오는 소리 같은—뇌 전체로 경보음을 보낸다. 그때 내재적 경계가 '국면적 경계Phasic Alertness'라는 특정한 주의로 변형된다.

경보음이 울린 뒤, 우리는 그 자극을 파악하고 두 번째 네트워크를 가동시킨다. 자극이 있는 쪽으로 고개를 돌릴 수도 있고, 귀를 쫑긋 세울 수도 있으며, 무언가로 다가가거나 뒤로 물러설 수도 있다. 그래서 나와 아내가 곧바로 고개를 들고 시선을 울새에게 날아오는 매의 그림자 쪽으로 돌린 것이다. 그 목적은 자극에 대한 정보를 더 얻고 두뇌에게 어떻게 해야 할지를 결정하게 하려는 것이다. 포스너는 이것을 '순응 네트워크Orienting Network'라고 불렀다.

세 번째 시스템인 '실행 네트워크Executive Network'는 '맙소사, 이걸 어쩌지?'라는 질문에 따라 행동을 조절한다. 우선순위를 정하고, 서둘러 계획을 세우며, 우리의 행동이 가져올 결과를 검토하고, 주의를 딴 데로 돌리는 것 등이 이에 포함된다. 아내와 내가 너무 놀라 아무 말도 하지 못한 것이 이에 해당한다.

우리는 새로운 자극을 감지하는 능력, 그 자극 쪽으로 주의를 돌리는 능력, 자극의 성질에 바탕을 두고 어떻게 해야 할지를 결정하는 능력을 지니고 있다. 포스너의 모형은 우리의 두뇌 기능과 주의력에 대해 여러 가지를 시험하게 해주었고, 신경학적으로 많은 사실을 알아내게 해주었다. 그 뒤로 수백 가지의 행동 특성들이 발견되기도 했다. 그중 네 가지는 상당히 실용적인 잠재력을 지니는데, 그것은 바로 감정, 의미, 멀티태스킹, 타이밍이다.

감정은 우리의 주의를 끈다

감정에 자극을 주는 사건들은 중립적인 사건들보다 더 잘 기억되는 경향이 있다.

위와 같은 생각은 직관적으로 보면 의심의 여지가 없는 것 같지만, 과학적으로 증명하기는 쉽지 않다. 학계에서는 여전히 감정이 정확히 무엇인지 논쟁을 계속하고 있기 때문이다. 한 가지 중요한 연구 분야는 감정이 학습에 끼치는 영향이다. 감정이 결부되는 사건들(흔히 emotionally competent stimulus의 머리글자를 따서 ECS라고 불린다)은 지금까지 측정된 것들 중 가장 잘 처리되는 외부의 자극이다. 감정이 결부되는 사건들은 그렇지 않은 기억들보다 훨씬 더 정확하면서도 오래 기억된다.

이런 특성이 텔레비전 광고에 무척 효과적으로, 때로는 큰 논쟁을 불러일으키며 사용된다. 폭스바겐 파사트Volkswagen Paassat라는 자동차의 텔레비전 광고를 한번 보자. 광고는 두 남자가 차 안에서 대화를 하는 장면으로 시작된다. 그들은 두 사람 중 한 사람이 말할 때 '~ 같은'이라는 단어를 너무 많이 쓰는 것에 대해 논쟁하는 중이다. 논쟁이 계속되는 동안 시청자의 눈에는 차창 밖으로 다른 차가 이들의 차 쪽으로 돌진하는 것이 보인다. 그리고 순식간에 두 남자의 차와 충돌한다. 비명과 함께 유리 깨지는 소리가 요란하게 울린 뒤, 두 남자가 찌그러진 차에서 밖으로 튀어오른다. 그리고 다음 장면에서 두 남자는 완전히 찌그러진 자동차 곁에 믿을 게 없다는 표정으로 서 있다. 그리고 다음과 같은 글자가 화면에 나타난다. '살다 보면 이렇게 안전할 수도 있다.Safe Happens.' 그리고 광고는 측면충돌 안전 평가에서 별 다섯 개를 받은 멀쩡한 새 파사트가 나타나는 것으로 끝을 맺는다. 이 광고는 보기에 좀 불편하기는 해도 기억에 확실히 남는 30초짜리 광고다. 이 광고가 기억에 남는 이유는 ECS를 기반으로 제작되었기 때문이다.

우리 두뇌에서 어떻게 그런 현상이 일어날까? 그 현상은 문제해결, 주의 기울이기, 정서적 충동 막기와 같은 '실행기능'을 관장하는, 인간의 두뇌에만 존재하는 전전두엽과 관련이 있다. 전전두엽이 이사회 회장이라면, '대상이랑Cingulate gyrus'은 비서다. 비서는 회장에게 오는 정보를 필터링하며, 두뇌의 다른 부분들, 그중에서도 특히 감정을 만들고 유지하는 데 도움을 주는 편도체와 원격회의를 하도록 돕는다. 편도체는 신경전달물질인 도파민으로 가득 차 있고, 사무를 보는 비서가 포스트잇을 사용하듯 도파민을 사용한다. 두뇌가 정서적으로 흥분되는 사건을 감지하면 편도체는 도파민을 방출한다. 도파민은 기억과 정보 처리에 크게 도움을 주므로, 이는 포스트잇에 '기억해 둘 것!'이라고 적어두는 것과 마찬가지다. 두뇌가 특정 정보에 일종의 '화학적' 포스트잇을 붙여두는 것은 곧 그 정보를 더 활발하게 처리하겠다는 얘기다. 그리고 그것이야말로 모든 선생님, 부모, 그리고 광고업자들이 원하는 것이다.

정서적으로 흥분을 일으키는 사건들은 두 범주, 즉 이 세상에서 오직 한 사람만 경험하는 일들과, 모두가 똑같이 경험하는 일들로 나뉜다.

우리 어머니는 화가 나시면 (어머니가 화를 내시는 건 흔한 일이 아니지만) 부엌에 가서 큰 소리를 내며 개수대에 있는 접시를 닥치는 대로 닦으신다. 그리고 냄비와 프라이팬 같은 게 있으면 일부러 큰 소리가 나게 부딪쳐가며 치우신다. 그럼 모든 집안사람들은 어머니가 기분이 좋지 않다는 것을 알게 된다. 아직도 나는 냄비나 프라이팬 같은 것이 부딪치는 소리가 크게 들리면 '이제 큰일났다!'라는 감정이 뇌리를 스치는 자극, 즉 ECS를 경험한다. 반면에 장모님은 그런 식으로 화를 드러내지 않으셨기 때문에 아내는 냄비와 프라이팬 부딪치는 소리를 들어도 특정한 감정을 떠올리지 않는다. 그러니 그것은 존 메디나라는 사람에게 고유한 ECS라고 할 수 있다.

보편적으로 경험하는 자극은 바로 우리가 물려받은 진화적 유산에서 온다. 그래서 그런 자극이 교육과 비즈니스에서 지니는 잠재력은 엄청나다. 그 자극들은 진화론이 제시하는 엄격한 방침에 따라 위협과 에너지원으로 분류된다. 누구든 그런 자극을 마주하면 그의 두뇌는 다음과 같은 질문들에 큰 주의를 기울이게 마련이다.

'내가 이걸 먹을 수 있을까, 아니면 이게 날 먹을까?'

'내가 저것과 짝짓기를 할 수 있을까, 저것이 나와 짝짓기를 할

까?'

'내가 그걸 전에 본 적이 있나?'

우리 조상들 가운데 위협이 되는 경험을 철저하게 기억하지 못했거나 식량을 충분히 구하지 못했던 사람은 유전자를 후대에 물려줄 만큼 오래 살지 못했을 것이다. 인간의 두뇌에는 번식할 기회와 목숨이 걸린 위협을 인식하도록 정교하게 튜닝된 전용 시스템이 있다. (그래서 이 장 앞부분에서 얘기한 강도 이야기가 여러분의 주의를 끌었고, 또 나는 그걸 노리고 그 이야기를 이 장 앞부분에 배치했다.) 또한 우리는 되풀이되는 패턴을 알아보는 데는 아주 도사라서 환경 속에서 끊임없이 비슷한 것을 찾고, 예전에 본 적이 있다 싶은 사물은 더 잘 기억한다.

지금까지 만들어진 최고의 TV 광고 중 하나는 세 가지 원칙을 모두 이용했다. 1984년에 스티븐 헤이든 Stephen Hayden이 만든 애플 컴퓨터 광고다. 그 광고는 그해 주요 광고상을 모두 휩쓸었고, 미국 슈퍼볼 시즌 TV 광고의 표준이 되었다. 광고는 똑같은 옷을 입은 로봇 같은 남자들이 푸르스름한 강당을 채운 장면으로 시작한다. 그들은 1956년에 제작된 영화 〈1984〉에서처럼 스크린을 쳐다보고 있는데, 스크린에서는 거대한 남자 얼굴이 "정보를 정화하라!" "사고를 통합하라!" 같은 진부한 말들을 지껄여댄다. 객석에 앉은 남자들은 좀비처럼 그 메시지를 듣고 있다. 그리고 카메라는 운동복을 입고 큰 해머를 들고 객석으로 달려오는 한 젊은 여성을 비춘다. 여자는 빨간색 반바지를 입었는데, 이는 광고 전체에서 유일하게 등장하는 원색이다. 여자는 중앙 통로를 전속력으로 달려

내려가더니 남자의 얼굴이 떠 있는 스크린을 향해 해머를 던진다. 그러자 스크린은 불꽃을 튀며 폭발한다. 화면에 다음과 같은 글자가 나타난다.

'1월 24일, 애플컴퓨터 사는 매킨토시를 출시합니다. 그리고 여러분은 1984년이 왜 영화 〈1984〉와 다른지 알게 될 겁니다.'

이 광고에는 주의를 끄는 데 효과적인 모든 요소들이 사용되고 있다. 많은 사람들이 소설 《1984》를 읽었거나 영화를 보았을 텐데, 조지 오웰의 《1984》에 등장하는 전체주의 사회만큼 언론의 자유에 익숙한 나라를 위협하는 것도 없을 것이다. 그리고 빨간색 반바지를 입은 여성의 모습은 섹스어필하기도 하지만 그 역시 살짝 비튼 것이다. 광고에서 빨간 반바지를 입은 여성은 매킨토시를 상징한다. 그렇다면 애플 매킨토시의 라이벌인 IBM은 남성일 수밖에 없다. 당시 컴퓨터에 푹 빠져 있던 사람들이라면 광고에서 무엇이 IBM을 상징하는지 금세 눈치 챘을 것이다. IBM은 파란 양복에 흰 와이셔츠 차림으로 유명한 영업사원들 덕분에 '빅 블루'라고 불렸으니 말이다!

세부사항에 앞서서 의미를 붙잡아라

그 광고에 대해 대부분의 사람들이 기억하는 것은 세부 요소가 아니라 정서적인 호소다. 거기에는 이유가 있다. 두뇌는 경험의 정서적 요소를 다른 어떤 부분보다도 잘 기억한다. 예를 들어 우리는 교통사고를 당한 당시의 세세한 사항은 잊어버릴 수 있지만, 무사히 빠져나오려고 애쓰던 순간의 공포는 생생하게 기억한다.

연구에 따르면, 정서적 자극은 주변적인 세부사항을 **날려버리고** 경험의 '요점'에만 주의를 집중한다. 많은 학자들은 그것이 기억이 정상적으로 작용하는 방식이라고 생각한다. 즉, 경험을 있는 그대로 기록한 것을 기억하는 것이 아니라 요점만을 기록하는 것이다. 시간이 지날수록 요점을 검색하는 것이 세부사항을 떠올리는 것을 늘 이긴다. 이것은 우리의 머리가 천천히 희미해져 가는 자세한 사항들로 채워지는 것이 아니라, 개념이나 사건의 일반화된 그림들로 채워지는 경향이 있다는 뜻이다. 미국 사람들이 〈제퍼디!Jeopardy!〉 같은 퀴즈 프로그램을 좋아하는 이유는 이런 경향을 뒤집을 수 있는 비범한 사람들에게 감탄하기 때문이다.

물론 직장에서나 학교에서나 성공하는 데 세부 지식이 무척 중요한 역할을 하는 경우도 흔하다. 흥미롭게도, 사람들이 요점에 의존하는 것은 그것이 세부사항을 기억할 전략을 찾아내는 데 기초가 되기 때문일지도 모른다. 우리는 1980년대에 한 두뇌과학자와 어느 웨이터의 우연한 만남을 통해 이런 사실을 알게 되었다.

J.C.가 주문을 받는 모습을 바라보노라면 마치 켄 제닝스Ken Jennings(미국의 퀴즈쇼 〈제퍼디!〉에서 74회 연속 우승한 퀴즈쇼 최다 우승 기록 보유자—옮긴이)가 〈제퍼디!〉에 출연하여 문제 푸는 모습을 보는 것 같다. J.C.는 주문을 받아 적는 법이 없지만 한 번도 주문을 잘못 받는 일이 없다. 손님 한 사람당 주문할 수 있는 식사 코스메뉴의 '경우의 수'가 500가지가 넘는 걸 생각하면 정말 대단한 일이다. J.C.는 실수 한 점 없이 한꺼번에 20명분의 주문을 받는 기록을 세우기도 했다. 콜로라도대학교의 두뇌과학자 K. 앤더스

에릭슨^{K. Anders Ericsson}은 그가 일하는 식당을 자주 방문했다. J.C.의 기술이 비범하다는 것을 눈치 챈 에릭슨 교수는 J.C.에게 연구 대상이 되어달라고 부탁했다.

J.C.의 성공 비결은 강력한 조직화 전략이다. 그는 고객들의 주문을 앙트레(고기 외의 주요 요리―옮긴이), 사이드 디시, 온도와 같은 범주에 따라 나누었다. 그다음 주문의 세부사항 각각을 글자를 이용해서 부호화했다. 샐러드드레싱을 예로 들면, 블루치즈 드레싱은 B, 사우전드 아일랜드 드레싱은 T 같은 식으로 부호화한 것이다. 다른 메뉴도 이같이 부호화하고는, 각 고객의 얼굴에도 글자를 할당했다. 요점의 계층(분류체계)을 만들어냄으로써 그는 쉽게 세부사항을 파악할 수 있었다.

J.C.의 전략은 두뇌과학계에는 이미 잘 알려져 있는 '개념들 사이에 연상 관계를 만들어내서 기억력을 향상시킬 수 있다'는 원칙을 이용한 것이다. 이 실험은 수백 번이 넘게 이루어졌고, 결과는 늘 똑같았다. '사람들은 마구잡이로 늘어놓은 단어들보다 논리적으로 잘 짜인 단어들을 훨씬 더 잘 기억한다. 일반적으로 40퍼센트 정도나!' 하지만 이런 결과 때문에 과학자들은 오늘날까지도 계속 고민하고 있다. 데이터값^{data points}들 사이에 관계를 만들다 보면 반드시 기억해야 할 항목의 수가 늘어나기 때문이다. 목록에 내용이 추가될수록 학습은 더 어려워지게 마련이다. 하지만 과학자들은 이 사실만 알아낸 것이 아니다. 단어들의 **의미**를 끌어낼 수 있다면 훨씬 쉽게 세부사항을 떠올릴 수 있다. 세부사항 **이전에** 의미를 기억해야 하는 것이다.

좋은 반응을 얻은 《사람은 어떻게 배우는가 How People Learn》의 편저자인 교육학자 존 브랜스포드 John Bransford는 어느 날 간단한 질문을 하나 던졌다. '특정 학문에서 초심자와 전문가를 가름하는 것이 무엇일까?' 브랜스포드는 마침내 여섯 가지 특성을 발견했는데, 그중 하나가 지금 우리가 논의하는 내용과 관련이 있다. "(전문가의) 지식은 단순히 그 영역에 해당하는 사실이나 공식을 늘어놓는 것이 아니라, 해당 영역에서 사고의 방향을 좌우하는 핵심 개념 또는 '빅 아이디어'를 둘러싸고 조직되는 것이다."

웨이터든 두뇌과학자든, 세부사항을 올바르게 기억하고 싶다면 세부사항에서부터 시작하면 안 된다. 좀 더 광범위한 개념인 중심 아이디어에서 시작해서 그 주변에 계층을 이루는 방식으로 세부사항을 만들어가야 한다.

두뇌는 멀티태스킹을 할 수 '없다'

주의를 집중하는 것에 관해서라면 멀티태스킹은 근거 없는 미신에 지나지 않는다. 두뇌는 원래 한 번에 한 가지 개념에만 집중할 수 있게 되어 있다. 처음엔 이 이야기가 혼란스럽게 들릴 수 있다. 어떤 차원에서 두뇌는 분명 멀티태스킹을 할 수 있다. 걸으면서 동시에 말을 할 수 있는 것이 한 예다. 또 두뇌는 책을 읽는 동안에도 심장박동을 조절한다. 피아니스트는 왼손과 오른손을 동시에 움직이며 피아노를 칠 수 있다. 이런 것들은 분명 멀티태스킹이다. 그러나 지금 우리는 '주의를 기울이는 능력'에 관해 얘기하고 있다. 주의력은 학교에서 지루한 강의를 귀 기울여 들으려 할 때 어쩔 수 없이 쓰는 자원이다. 또한 직장에서 따분한 프레젠테이션을 듣다가 우리 두뇌가 딴 생각을 하는 순간 실패하고 마는 활동이다. 이렇게 집중하는 능력으로는 멀티태스킹을 할 수가 없다.

얼마 전 친구의 고등학생 아들 에릭의 숙제를 도와준 적이 있다. 나는 그 경험을 결코 잊을 수 없을 것 같다. 내가 에릭의 방에 들어섰을 때, 그 아이는 30분째 노트북을 가지고 숙제를 하고 있었다. 에릭은 목에 아이팟iPod을 건 채, 거기서 흘러나오는 톰 페티, 밥 딜런, 그린 데이 등의 노래에 맞춰 왼손으로 박자를 맞추고 있었다. 노트북에는 창이 적어도 11개가 열려 있었는데, 그중 두 개는 메신저 창으로, 마이스페이스www.myspace.com(미국의 대표적 개인 블로그 제공 사이트—옮긴이) 친구들과 동시에 대화를 하고 있었다. 또 다른 창으로는 구글에서 이미지를 내려받고 있었고, 그 뒤의 창으로는 게임을 하고 있었다.

그런 온갖 작업들 사이에 워드프로세싱 프로그램이 열려 있었고, 거기에 내가 도와줘야 할 내용이 담겨 있었다. 에릭은 휴대전화로 통화를 하면서 말했다.

"음악을 들으면 집중하는 데 도움이 돼요. 저는 보통 학교에서 여러 가지 일을 해요. 그래도 다 열중해서 하죠. 와주셔서 감사해요."

에릭은 문장을 한두 개 쓰고 나서는 마이스페이스 친구의 메시지를 확인하고, 그다음엔 이미지 다운로드가 완료되었는지 본 다음 다시 보고서로 돌아오곤 했다. 아이가 보고서에 집중하지 못하고 있는 게 분명했다. 어디서 많이 본 모습 같지 않은가?

간단히 말해서, 여러 연구 결과를 보면 **우리는 멀티태스킹을 할 수가 없다**. 우리는 주의를 기울여야 하는 두 가지 일을 동시에 할 수 없게 만들어진 생물체다. 에릭을 포함해 모든 사람들은 한 가지 일을 한 다음 다른 일로 넘어가야지, 두 가지를 동시에 하려고 해서는 안 된다.

이런 주목할 만한 결론을 이해하려면 포스너 박사의 세 가지 네트워크 중 세 번째 '실행 네트워크'를 좀 더 깊이 들여다봐야 한다. 에릭이 보고서를 쓰면서 계속해서 여자친구 에밀리로부터 이메일을 받는 동안 그의 실행 네트워크는 어떤 일을 하는지 보자.

1단계 : 경보를 보내 주의를 이동시킨다
보고서를 쓰기 위해서 에릭의 머릿속에 있는 전전두엽 쪽으로 혈액이 빠르게 몰려간다. 이 부위는 실행 네트워크의 한 부분으로 배전반 같은 역할을 해서 두뇌에게 주의를 이동시켜야 한다고 경보를 보낸다.

2단계 : 첫 번째 작업을 위해 명령을 활성화한다
그 경보에는 두 부분으로 이루어진 메시지가 담겨 있고, 에릭의 뇌 속으로 전기신호가 전달된다. 첫 번째 부분은 보고서를 쓰는 과업을 수행할 뉴런들을 찾으려고 탐색을 하고, 두 번째 부분은 찾아낸 뉴런들을 깨울 명령을 부호화한다. 이 과정을 '명령 활성화'라고 하는데, 이 작업을 하는 데 1초 가까이 걸린다. 마침내 에릭은 보고서를 쓰기 시작한다.

3단계 : 첫 번째 명령에서 이탈한다

에릭이 타이핑을 하는 동안 에릭의 감각 체계는 여자친구에게서 온 이메일을 받는다. 보고서를 쓰는 명령과 에밀리에게 답신을 보내는 명령은 다르기 때문에, 에릭의 두뇌는 에밀리에게 답신을 보내기에 앞서서 보고서를 쓰는 명령에서 벗어나야 한다. 배전반이 두뇌에게 주의를 다른 데로 이동시켜야 한다고 경고를 보낸다.

4단계 : 두 번째 작업을 위해 명령을 활성화한다

이제 에밀리에게 답신을 보내는 명령 활성화 규약을 찾는 또 다른 메시지가 배치된다. 이것 역시 두 부분으로 이루어져 있다. 보고서 쓰는 명령과 마찬가지로, 첫 번째 부분은 에밀리에게 답신 메일을 보내는 명령을 찾기 위한 것이고, 두 번째 부분은 활성화 명령이다. 이제 에릭은 여자친구에게 마음을 쏟을 수 있다. 예전처럼 주의를 돌리는 데는 1초 가까이 걸린다.

놀랍게도, 에릭이 한 가지 일에서 다른 일로 옮겨갈 때마다 이 네 단계는 **매번** 연속적으로 일어나야 한다. 실로 시간이 허비되는 일이다. 그리고 **이 네 단계는 연속해서 일어나기 때문에** 우리는 멀티태스킹을 할 수가 없다. 그래서 사람들은 앞 단계를 놓치면 '다시 시작해야' 하며, 한 가지 일에서 다른 일로 옮겨갈 때 '어디까지 했더라?' 하고 혼잣말을 중얼거리게 된다. 멀티태스킹을 잘 하는 것처럼 보이는 사람들은 사실 작업을 할 때의 기억력이 좋고 몇 가지 정보에 주의를 기울이되, 동시가 아니라 **한 번에 한 가지**

씩 주의를 기울일 수 있는 것뿐이다.

이런 사실이 중요한 이유는 다음과 같다. 연구 결과에 따르면, 어떤 일을 하다가 외부 요인 때문에 중간중간 작업이 중단되면, 그 일을 하는 데 시간이 50퍼센트는 더 들 뿐 아니라 실수도 50퍼센트까지 늘어나는 것으로 나타났다.

물론 다른 사람들보다 한 가지 일에서 다른 일로 잘 옮겨가는 사람들이 있다. 특히 젊은 사람들이 그런 편인데, 거기다가 일이 익숙하기까지 하면 시간도 적게 걸리고 실수도 더 적게 한다. 그렇다 해도, 순차적으로 과업을 수행하는 우리 두뇌를 멀티태스킹을 하는 환경으로 끌고 가는 것은 왼쪽 신에 오른발을 집어넣으려는 것과 같다.

좋은 예가 휴대전화로 통화를 하면서 운전을 하는 것이다. 과학자들이 통제된 조건하에서 휴대전화가 주의를 얼마나 산만하게 하는지 실험한 결과를 보고서야 사람들은 운전 중 휴대전화 사용의 위험성을 실감했다. 이제는 많이들 아는 사실이지만, 운전하면서 휴대전화로 통화하는 것은 음주운전이나 마찬가지다. 두뇌가 한 가지 일에서 다른 일로 이동해 갈 때 걸리는 시간을 생각해 보자. 휴대전화로 통화를 하는 사람은 위급 상황에서 브레이크를 2분의 1초 늦게 밟을 수밖에 없고, 위급 상황이 지나간 뒤 정상 속도로 돌아오는 것도 더 느릴 수밖에 없다. 시속 110킬로미터로 달리던 운전자라면 2분의 1초 동안 무려 15미터를 간다. 추돌사고의 80퍼센트는 어떤 이유로든 운전자의 주의가 흐트러진 3초 안에 발생한다는 사실을 감안할 때, 한 가지 일에서 다른 일로 옮겨가는 일이 많아질수록 사고가 일어날 위험은 커질 것이다. 휴대전화로 통화하며 운전하는 사람들은 운전에 집중하는 운전자들의 눈에 들어오게 마련인 시각적 신호들 중 50퍼센트 이상을 놓치고 만다. 당연히 운전하다가 사고를 당하는 일이 고주망태 음주운전자들 다음으로 많다.

운전하면서 휴대전화로 통화하는 것만 위험한 것은 아니다. 화장을 하거나, 음식을 먹거나, 남의 교통사고를 구경하는 것도 위험하기는 매한가지다. 연구 결과에 따르면, 운전하면서 그저 물건 하나를 집기만 해도 추돌사고의 위험이 무려 아홉 배는 커진다. 하지만 두뇌의 주의력에 대해 지금까지 한 얘기들을 놓고 보면 새삼 놀랄 일도 아니다.

두뇌도 휴식이 필요하다

이따금씩 일을 멈춰야 하는 인간의 욕구를 생각할 때면, 〈몬도가네Mondo Cane〉라는 영화가 떠오른다. 이 영화는 우리 부모님이 보신 영화 중 최악의 영화라는 불명예를 안고 있다. 부모님이 이 영화를 그토록 싫어하는 이유는 불쾌한 장면 하나 때문이다. 바로 농부들이 푸아그라(거위 간 요리)를 만들기 위해 거위들에게 강제로 사료를 먹이는 장면이다. 농부들은 막대기로 거위들을 때려가면서 불쌍한 거위들 목구멍으로 사료를 말 그대로 쑤셔넣는다. 거위가 음식을 게우려고 하면, 거위 목에 금속으로 만든 고리를 걸어서 사료가 목구멍으로 나오지 못하게 한다. 그렇게 계속 사료를 채워넣으면 과도한 영양분은 마침내 거위의 간을 살찌워서 전 세계 푸아그라 요리사들을 기쁘게 하는 식재료가 된다. 물론 그렇게 하는 것은 거위의 영양에는 아무런 도움이 되지 않는다. 거위는 인간들의 사리 추구를 위한 희생양이 될 뿐이다.

우리 어머니는 좋은 선생님과 나쁜 선생님에 관해 이야기하실 때면 이 영화 이야기를 들려주시곤 했다.

"선생들 대부분은 학생들에게 지나치게 많은 지식을 채워주려고 하지. 그 끔찍한 영화에 나오는 농부들처럼 말이야!"

대학에 들어간 뒤 나는 어머니의 말씀이 무슨 뜻인지 이해할 수 있었다. 그리고 이제 내가 교수가 되어 동료 교수들과 함께 일을 해보니, 그런 습관을 가까이서 볼 수가 있다. 커뮤니케이션 과정에서 가장 흔한 실수는 무엇일까? 정보와 정보를 연결할 시간을 충분히 주지 않은 채 너무 많은 정보를 주는 것이다. 강제로 잔뜩 먹이면서 소화할 시간을 주지 않는 것이다. 이것은 정보를 듣는 사람의 영양에는 아무 도움이 되지 않는다. 그 사람의 학습은 오히려 편의라는 미명하에 희생당하는 것이다.

어떤 차원에서 보면 이런 상황이 이해가 갈 수도 있다. 전문가들 대부분은 자신들이 이야기하는 화제에 너무나 익숙한 나머지 초심자들에게 어떻게 들릴지는 생각하지 못한다. 생각을 한다 하더라도, 전문가들은 초보적인 얘기를 계속해서 되풀이하는 것을 따분해할 수 있다. 대학 다닐 때 나는 많은 교수님들이 기초적인 수준에서 강의해야 한다는 이유로 가르치는 것을 지겨워한다는 걸 알았다. 교수님들은 강의 내용이 우리 학생들에게는 새롭다는 사실을 잊으신 듯했고, 또한 우리에게 쉬면서 그 정보를 소화할 시간이 필요하다는 사실을 잊으신 듯했다. 전문 지식이 풍부하다고 해서 잘 가르친다는 보장은 없다!

교실에서만 그런 실수가 일어나는 것은 아니다. 목사의 설교, 이사회 회의, 상품 판매, 매체 보도 등 전문가가 초심자에게 정보를 전달해야 하는 많은 상황에서 비슷한 실수가 일어난다.

닥터 메디나의 두뇌 부활 아이디어!

'10분 법칙'으로 이런 문제점을 피해갈 수 있다. 다음은 내가 고안한 강의 방식인데, 이것으로 나는 '획스트 마리온 라우젤 올해의 스승상Hoechst Marion Rousell Teacher of the Year'을 수상했다.

강의 설계 : 10분 구획

나는 강의를 기본 단위로 분리해 진행하기로 했다. 이미 많은 이들이 알고 있는 '10분 법칙'에 따라 강의의 기본 단위를 10분으로 정했다. 각 단위마다 한 가지 개념을 다루기로 했는데, 각 개념은 늘 광범위하고 보편적이며 '요점'으로 꽉 차 있고, **1분 안에 설명할 수 있는** 것이어야 했다. 수업 한 시간은 50분이므로 한 시간에 다섯 가지 큰 개념을 다룰 수 있었다. 10분 중 나머지 9분 동안은 보편개념 하나씩을 상세하게 설명했다. 그리고 각 세부사항은 머리를 최소한으로만 굴려도 바로 보편개념으로 거슬러 올라갈 수 있게 했다. 그리고 정기적으로 시간을 내서 세부사항과 핵심 개념 사이의 관계를 명확한 용어로 설명했다. 거위들이 먹이를 먹는 사이에 휴식시간을 주는 것과 비슷했다.

그다음이 가장 어려운 부분이다. 바로 10분이 지날 때쯤 핵심 개념 설명을 마무리하는 것이었다. 나는 강의 내용을 왜 그렇게 짰을까? 거기에는 세 가지 이유가 있다.

1 프레젠테이션이 시작되고 시간이 20퍼센트 정도 지나면 청중은 시계를 들여다보기 시작한다. 그러니 학생들이 내 말에 귀를 기울여줄 시간은 600초 남짓이다. 601초부터는 그들에게서 또 다른 10분을 '얻어내기' 위해 무언가를 해야 했다.

2 두뇌는 세부사항보다 의미를 먼저 처리한다. 요점, 그러니까 핵심 개념을 맨 먼저 제시하는 것은 목마른 사람에게 물이 가득 찬 잔을 주는 것과 같다. 그리고 인간의 두뇌는 계층화를 좋아한다. 보편개념부터 시작하면 자연히 정보를 계층에 따라 설명하게 된다. 일반적인 아이디어를 맨 먼저 제시하면 듣는 사람들의 이해도가 40퍼센트는 향상된다.

3 강사는 수업이 시작될 때 강의 계획을 설명해야 하고, 강의 중간에도 '지금 강의하고 있는 것이 무엇인지' 자연스럽게 반복해서 각인시켜야 한다. 이렇게 하면 멀티태스킹을 하려는 청중의 욕구를 잠재울 수 있다. 강사가 청중에게 지금 얘기하는 개념이 강의의 나머지 부분과 어떤 관련이 있는지를 이야기하지 않으면, 청중은 그의 이야기를 듣는 동시에 그것이 나머지 강의와 어떤 관련이 있는지를 따로 생각하게 된다. 이것은 휴대

전화로 통화를 하면서 운전하는 것이나 마찬가지다. 동시에 두 가지에 주의를 기울이는 것은 불가능하기에, 청중은 강의 내용에서 조금씩 뒤처지게 된다.

미끼를 던져라

9분 59초, 청중의 주의력이 0으로 곤두박질치기 일보직전이다. 빨리 무슨 수를 쓰지 않으면 학생들은 강사의 이야기를 차례차례 놓칠 것이다. 학생들에게는 무엇이 필요할까? 똑같은 유형의 정보를 더 줘서는 안 된다. 그것은 거위에게 소화할 시간을 주지 않은 채 먹이를 계속 들이붓는 것과 같다. 또한 전혀 관련 없는 신호를 주어서 생각의 고리를 끊고 정보의 흐름을 끊고 질서를 무너뜨려서도 안 된다. 사람의 주목을 강하게 끌어서 10분이라는 장벽을 뚫고 새로운 10분으로 나아가게 하는, 화자에게 반응하게 하고 실행 기능을 불러일으켜 효과적으로 학습하게 하는 무언가가 필요하다.

강하게 사람의 주목을 끄는 방법은 무엇일까? ECS, 즉 감정을 불러일으키는 자극이 바로 그것이다. 따라서 나는 강의를 할 때 10분마다 청중에게 정보의 홍수에서 잠시 벗어나 쉬게 하면서 적절한 ECS를 보낸다. 그것을 나는 '미끼'라고 부른다. 가르치는 일을 하면 할수록 성공적인 미끼는 반드시 다음의 세 가지 원칙을 따른다는 사실을 알게 되었다.

1 미끼는 감정을 불러일으켜야 한다. 공포, 웃음, 행복, 향수, 의심 등 어떤 감정을 자극해도 된다. 모두 효과가 좋다. 나는 다

원을 인용하며 위협적인 이야기를 늘어놓기도 하고, 적당히 신중하게 짝짓기 이야기를 꺼내기도 하며, 심지어는 패턴을 맞춰보게 유도하기도 한다. 이야기가 힘이 있고 강의의 요점과 관련 있는 것이라면 효과는 더욱 더 강력하다.

2   미끼는 연관성이 있어야 한다. 아무 이야기나 미끼가 되는 것은 아니다. 10분마다 실없이 농담을 하거나 뜬금없는 일화를 꺼낸다면, 강의의 흐름은 끊길 것이다. 최악의 경우, 청중이 나의 의도를 의심할 수도 있다. 내가 청중을 즐겁게 해주느라 정보를 전할 소중한 시간을 잡아먹는다고 여길지도 모른다는 것이다. 청중은 체계가 흐트러지는 것을 감지하는 데 도사다. 다행히도, 전달하던 내용과 관련 있는 미끼를 던지면 청중은 즐거워할 뿐만 아니라 자신들이 참여한다는 느낌을 받는다. 청중은 실제로 잠시 쉴지라도 여전히 내 강의의 흐름 속에 머문다.

3   미끼는 강의의 흐름을 구분하는 기본 단위 사이에 들어가야 한다. 10분 뒤에 미끼를 주고 10분을 돌아보면서 내용을 요약할 수도 있고, 특정 내용을 반복할 수도 있다. 아니면 10분 단위 앞에 미끼를 주고 새로운 내용을 소개하거나 내용의 일부를 미리 언급할 수도 있다. 그날 강의할 내용과 관련 있는 미끼를 미리 던져주면서 강의를 시작하는 것은 학생들의 주의를 끄는 훌륭한 방법이다.

이 미끼는 정확히 어떤 모습일까? 바로 이 지점에서 우리는 가르친다는 것에 풍부한 상상력을 담을 수 있다. 나는 정신의학과 관련된 문제들을 연구하고 있기 때문에 독특한 심리적 병력들을 소개하면서 학생들이 앞으로 이어질 건조한 내용에 관심을 갖도록 이끈다. 업계의 전문가가 아닌 일반 청중이 대상이라면 비즈니스와 관련한 일화들도 재미있을 수 있다. 나는 두뇌과학의 주요 난제를 꺼내어 비즈니스와 어떤 관련이 있는지를 설명하곤 한다. 주요 난제란 바로 '어휘'다. 나는 핀란드의 기업 일렉트로룩스 사가 진공청소기를 가지고 북미 시장에 진출하려던 당시의 일화를 즐겨 들려준다. 그 회사에는 영어를 할 줄 아는 직원들은 많았지만, 정작 미국인은 없었다. 그들이 북미 시장에 진출하면서 내세운 마케팅 슬로건은 다름 아닌 '빨아들인다면 그것은 분명 일렉트로룩스[If it sucks, it must be Electrolux](suck에는 '빨아들이다, 흡수하다'라는 뜻이 있지만 It sucks!라고 하면 '실망이다, 거지 같다, 짜증나다'라는 의미의 속어가 된다 — 옮긴이)'이었다.

강의 중에 미끼를 던지기 시작하면 청중의 태도가 금세 달라지는 걸 알 수 있다. 우선, 청중은 처음 10분이 지날 때까지는 흥미를 잃지 않는다. 둘째, 첫 10분이 끝난 다음 미끼를 던져주면 그 뒤 10분쯤은 더 주의를 기울일 수 있다. 그렇게 10분 단위로 미끼를 던지면 청중의 주의를 계속 끌 수 있다.

그리고 강의 중간쯤까지 미끼를 두세 번쯤 사용했다면, 네 번째나 다섯 번째 미끼는 건너뛰어도 청중의 주의를 계속 붙잡아둘 수 있다. 나는 1994년 처음 이 모형을 사용했을 때부터 그런 사실을 알았고, 오늘날까지도 강의를 할 때면 이 모형을 사용한다.

그러면 내 강의 모형은 학습에서 정서적 특징이 지니는 타이밍과 힘을 제대로 이용하는 걸까? 이 세상 모든 선생님들과 비즈니스 리더들이 원래 쓰던 방식을 버리고 내 강의 모형을 받아들여야 할까? 아직은 그 답을 모르지만, 알아볼 가치는 있을 것이다. 두뇌는 따분한 일에는 주의를 기울이지 않고, 나 역시 여러분만큼이나 따분한 프레젠테이션은 지겹다.

한 번에 한 가지 일만 하라

두뇌는 연속적으로 과제를 처리하며, 동시에 두 가지 일에 주의를 기울이지 못한다. 직장과 학교에서는 멀티태스킹을 찬양하지만, 연구 결과 멀티태스킹은 생산성을 떨어뜨리고 실수를 증가시킨다. 업무를 방해하는 요소들을 모두 없앤 환경에서 일을 해보라. 이메일도 확인하지 말고, 전화기 전원도 끄고, 메신저도 하지 말고! 그리고 능률이 더 오르는지 직접 확인해 보라.

브레인 룰스 4
생각의 흐름 | 주의

- **우리가 주의를 기울이는 대상은 기억에 따라 크게 좌우된다.** 예전에 어떤 경험을 했는지를 통해 어디에 주의를 기울여야 하는지를 예측할 수 있다. 문화적 배경 역시 영향을 끼친다. 이런 차이는 학교나 직장에서 사람들이 강연이나 프레젠테이션을 받아들이는 방식을 좌우한다.
- **사람들은 정서, 위협, 섹스 같은 것에 주의를 기울인다.** 두뇌는 다른 무엇보다도 다음과 같은 질문에 엄청나게 주의를 쏟는다. "내가 먹을 수 있는 건가, 저것이 나를 잡아먹을까?" "내가 저것과 짝짓기를 할 수 있을까? 저것이 나랑 짝짓기를 하려고 들까?" "전에 본 적이 있는 건가?"
- **두뇌는 멀티태스킹을 할 수 없다.** 우리는 말하면서 숨을 쉬지만, 좀 더 높은 수준의 일은 동시에 두 가지 이상을 할 수 없다.
- **휴대전화로 통화하면서 운전하는 것은 음주운전을 하는 것과 같다.** 두뇌는 일을 순차적으로 처리하며, 하던 일을 다른 것으로 바꿀 때마다 상당한 시간이 걸린다. 휴대전화로 통화하는 사람들이 브레이크를 밟는 데 0.5초 더 느리고 사고율이 더 높은 이유는 바로 이것이다.

생각의 저장 | 단기기억

브레인 룰스 5

기억을 남기려면 반복해야 한다

어떤 사람이 두뇌과학자들이 연구하겠다고 앞다투어 나설 정도로 굉장한 두뇌를 가지고 태어났다면? 지적 능력에 관해서라면 이만한 찬사도 없을 것이다. 20세기에 걸쳐 그런 영광을 누린 사람이 둘 있다. 그들의 놀라운 두뇌는 인간의 기억력을 연구하는 데 엄청난 돌파구를 마련해 주었다.

그중 한 사람은 1951년에 태어난 킴 피크$^{Kim\ Peek}$다. 태어날 때만 해도 그가 뒷날 지능과 관련하여 대단한 인물이 될 기미는 전혀 없었다. 그는 머리가 컸지만 뇌량$^{corpus\ callosum}$(腦梁)이 없고 소뇌^{cerebellum}는 손상을 입은 상태였다. 그는 네 살이 될 때까지 걷지 못했고, 자신이 이해할 수 없는 일이 벌어지면 걷잡을 수 없이 화를 내곤 했다. 어려서 그를 정신지체라고 진단했던 의사들은 그를 정신병원으로 보내려고 했다. 하지만 그는 정신병원에 가지 않았다. 그에게 아주 특별한 지적 재능이 있다는 것을 알아본 아버지 덕분이었다. 그 재능 가운데 하나가 기억력이다. 피크는 지금까지 알려진 가장 경이로운 기억력을 지닌 사람 중 하나다. 그는 책의 펼침면을 동시에 읽을 수 있는데, 왼쪽 눈으로는 왼쪽 페이지를 오른쪽 눈으로 오른쪽 페이지를 읽는다. 그리고 두 페이지의 내용을 완벽하게 이해하고 기억한다. 그것도 영원히.

피크는 사람들 앞에 나서는 것을 수줍어했지만, 피크의 아버지가 작가 배리 모로우Barry Morrow에게 아들의 인터뷰를 허락했다. 인터뷰 장소는 도서관이었는데, 피크는 그 도서관에 있는 모든 책을 (그리고 모든 저자를) 알고 있음을 입증해 보였다. 그리고 각종 스포츠 기록들을 끝없이 늘어놓기 시작했다. 미국의 전쟁들(독립전쟁부터 베트남전쟁까지)의 역사에 대해 긴 토론을 하고 나서 모로우는 두 손 두 발 다 들었다. 그리고 피크를 주인공으로 하는 시나리오를 써야겠다고 결심했다. 그 결과 오스카상을 수상한 영화 〈레인맨Rain Man〉이 탄생했다.

킴 피크의 범상치 않은 뇌 안에서는 무슨 일이 일어나고 있을까? 그의 정신은 인식이 벌이는 기괴한 서커스일까, 아니면 정상적인 학습의 극단적 사례에 불과한 것일까? 그의 두뇌에서는 정보와 마주한 처음 몇 초 동안 무척 중요한 일이 일어난다. 그리고 그것은 우리가 뭔가를 학습할 때 일어나는 현상과 별다를 게 없다.

학습을 시작하고 처음 몇 초 동안 우리는 무언가를 기억할 수 있는 능력이 생긴다. 두뇌에는 여러 가지 기억 시스템이 있고, 그

중 다수는 반(半)자동으로 작동한다. 그 기억 시스템들이 서로 어떻게 조화를 이루는지에 대해서는 알려진 게 거의 없기 때문에 기억은 오늘날까지도 일원적인 현상으로 여겨지지 않는다. 우리가 가장 많이 아는 기억은 서술기억인데, 이것은 '하늘은 파랗다'처럼 단정적으로 말할 수 있는 기억이다. 이런 유형의 기억은 네 단계, 즉 부호화→저장→인출→망각 단계로 이루어진다. 이 장은 그 가운데 첫째 단계인 '부호화' 장이다. 사실은, 첫 단계 중 처음 몇 초에 대해서만 다룰 것이다. 그 몇 초는 우리가 인식한 것을 기억할지 무시할지 정하는 데 결정적인 시간이다. 앞으로 이 장에서는 또 하나의 이름난 두뇌 이야기를 할 것이다. 학계에서 H.M.이라고 부르는 사람의 두뇌인데, 비범한 능력 때문에 이름난 것이 아니라 비범하게 무능하기 때문에 전설로 남았다. 또한 자전거와 주민등록번호의 차이점에 대해서도 이야기할 것이다.

기억 그리고 무의미 철자

기억은 오래전부터 시인과 철학자들이 즐겨 다뤄왔던 주제다. 기억이란 어찌 보면 과거의 경험이 끊임없이 현재의 삶을 침범하게 만든다는 점에서 침략군과도 같다. 천만다행이다. 우리의 뇌는 태어날 때는 완전히 조립되어 있지 않다. 즉, 우리가 이 세상에 대해 알고 있는 것 중 대부분은 우리가 경험했거나 배운 일이라는 뜻이다. 강건한 기억력은 인류가 거친 환경에서 살아남을 때 크나큰 이점이 된다. 우리가 지구를 지배할 수 있는 힘은 많은 부분 기억력에서 나왔다. 인간처럼 신체적으로 약한 생물이(우리의 손톱과 고양이의 발톱만 비교해도 무슨 말인지 알 것이다) 경험을 통해 두뇌를 갈고닦지 않았더라면 혼란스럽고 위험하며 드넓은 초원에서 살아남지 못하는 것은 기정사실이었을 것이다.

그러나 기억력은 진화의 한 요소 그 이상이다. 대부분의 학자들은 기억력이 두뇌에 광범위하게 영향을 줌으로써 우리가 세상을 의식적으로 인식할 수 있는 것이라는 데 동의한다. 사랑하는 사람들의 이름과 얼굴과 취향에 대한 인식은 기억을 통해 유지된다. 자고 일어날 때마다 모든 걸 잊어버려서 이 세상에 대해 하나부터 열까지 다시 배우지 않아도 되는 것이다. 인간을 특징짓는 인지적 재능인 말하기와 쓰기 능력조차도 기억할 수 있기 때문에 가능하다. 기억은 우리를 영속성 있는 존재일 뿐만 아니라 '인간일 수 있게' 만들어준다.

그렇다면 기억은 어떻게 작용하는가. 학자들은 기억을 측정해야겠다 싶으면 대개 기억을 '인출retrieval'할 수 있는지를 측정한다. 누가 기억에 대해 어떤 일을 했는지 알아내기 위해서는 그 사람이 그 일을 회상해 낼 수 있는지 없는지를 알아봐야 하기 때문이다. 그렇다면 사람들은 어떻게 사물과 사건을 기억할까? 경험의 기록을 담은 저장고가 우리 뇌 속에서 손가락을 만지작거리며 대기하고 있다가 명령이 떨어지면 곧바로 그 내용을 내놓는 것일까? 기억의 저장을 인출과 따로 측정할 수 있을까? 과학자가 받아들일 수 있는 기억의 정의를 조금이라도 알아내는 데는 백 년이 넘게 걸렸다. 그 이야기는 19세기 독일의 한 과학자와 함께 시작된다. 그는 최초로 과학에 근거하여 인간의 기억을 연구했다. 그것도 다름 아닌 자기 자신의 뇌를 가지고.

헤르만 에빙하우스Hermann Ebbinghaus는 1850년에 태어났다. 무성한 갈색 턱수염과 동그란 안경을 쓴 그의 젊은 시절 모습은 산타클로스와 존 레논을 떠오르게 한다. 그는 우리를 가장 우울하게 만드는 교육과 관련된 사실 하나를 발견한 것으로 명성이 자자하다. 바로 학생들이 **교실에서 무언가를 배우면 30일 이내에 배운 내용의 90퍼센트를 잊어버린다**는 것이다. 그는 또한 이런 망각은 대부분 수업이 끝나고 몇 시간 이내에 벌어진다는 것도 알아냈다. 이는 지금까지도 의심할 여지 없이 인정받아 온 사실이다.

에빙하우스는 두세 살쯤 된 어린아이도 편하게 느낄 만한 실험 계획안을 세웠다. 그는 2,300개의 의미 없는 단어들을 가지고 목록을 만들었다. 그 단어들은 세 개의 알파벳으로 이루어져 있으며 TAZ, LEF, REN, ZUG 등과 같이 '자음-모음-자음'으로 구성되어 있었다. 그리고 그는 이 단어들을 다양하게 조합하여 목록을 만들어서 외우는 데 평생을 보냈다.

보병다운 끈기를 가지고(그는 잠깐 동안 프로이센의 보병이었다) 에빙하우스는 30년 넘게 자신의 성공과 실패를 기록했다. 그는 이 긴 여정을 거치면서 인간의 학습에서 중요한 사실을 많이 알아냈다. 그중 하나가 여러 기억들의 지속기간이 서로 다르다는 것이다. 어떤 기억은 몇 분밖에 지속되지 못하고 사라진다. 그러나 어떤 기억은 며칠, 또는 몇 달 동안 이어진다. 또한 그는 적절한 시간 간격을 두고 정보를 되풀이하기만 해도 기억의 지속 기간이 늘어난다는 사실을 입증했다. 한 가지 정보가 더 많이 되풀이될수록 그것이 기억에 남을 가능성 또한 더 커진다. 오늘날 우리는 한 순간의 기억을 더 지속적인 형태로 바꿀 때 간격을 두고 반복하는 것이 결정적 요소라는 것을 안다. 간격을 두고 학습하는 것이 한꺼번에 학습하는 것보다 훨씬 유리하다.

에빙하우스의 연구는 기초적이었고, 또한 미완성이었다. 예를 들어, 에빙하우스의 연구는 '기억'과 '기억의 인출' 개념을 구분하지 않았다. 즉, 학습하는 것과 그것을 나중에 회상하는 것이 어떻게 다른지 구분하지 않았다.

지금 자신의 주민등록번호를 기억해 보라. 기억하기 쉬운가? 그 번호에 대한 기억을 인출하는 방법에는 주민등록증을 마지막으로 보았을 때를 시각화한 것과 그 번호를 마지막으로 적었던 때를 기억하는 것 등이 있다. 이번에는 자전거 타는 법을 기억해 보자. 기억하기 쉬운가? 쉽지 않을 것이다. 발을 어디에 올려놓고 등의 각도를 어떻게 하며 엄지손가락을 어디에 둘 것인가 하는 점들을 자세히 서술한 매뉴얼이 떠오르지는 않을 것이다. 이처럼 대비되는 현상으로부터 재미있는 사실을 입증할 수 있다. 13자리 숫자를 순서대로 기억하는 것과 자전거 타는 법을 기억하는 방식이 다르다는 사실이다. 자전거를 타는 능력은 의식적으로 그 기술을 떠올리는 것과는 무관해 보인다. 주민등록번호를 외울 때는 의식적으로 인식을 하지만, 자전거를 탈 때는 그렇게 하지 않는다. 기억하려면 의식적으로 인식을 해야 하는가? 아니면 두 가지가 넘는 기억의 유형이 있는가?

더 많은 자료를 확보할수록 대답은 더 명확해 보였다. 첫 번째 질문에 대한 대답은 '아니다'이며, 이는 두 번째 질문에 대한 대답의 힌트가 된다. 기억에는 적어도 의식적 인식이 결부되는 기억과 그렇지 않은 기억, 두 가지 유형이 있다. 이와 같은 차이점은 서술할 수 있는 기억과 그럴 수 없는 기억이 있다는 생각으로 발전했다. 서술기억은 '이 셔츠는 초록색이다' '목성은 행성이다' 또는 단어 목록처럼 의식적인 인식을 거쳐야 한다. 비서술기억은 자전거를 탈 때 필요한 운동 기능과 같이, 의식적 인식을 통해 경험할 수 없는 것이다.

하지만 이런 사실이 기억에 관해 모든 것을 말해 주지는 않는다. 하다못해 서술기억에 관해서도 모두 설명해 주지는 못한다. 그러나 에빙하우스의 열정은 미래의 과학자들에게 살아 있는 두뇌를 놓고 행동 지도를 만들려 한 최초의 시도로 남았다. 한편, 그 무렵 아홉 살짜리 남자아이가 자전거 사고를 당했는데, 이로 말미암아 두뇌과학자들이 기억에 대해 생각하는 방식은 영영 바뀌고 말았다.

기억은 어디로 가는가

H.M.은 사고 당시 머리에 부상을 심하게 입었고, 그로 인해 간질

과 발작을 앓게 되었다. 발작은 나이를 먹을수록 심해졌고, 결국 7일마다 중증 발작 한 번에 일시적인 졸도는 열 번쯤 겪는 지경에 이르렀다. H.M.이 20대 후반이 되자 증세가 더욱 악화되어 독한 약을 쓰지 않으면 위험한 상태에 처했다.

다급해진 그의 가족은 유명한 신경외과의사 윌리엄 스코빌^{William Scoville}에게 도움을 청했다. 스코빌 박사는 H.M.의 문제가 대뇌의 측두엽^{temporal lobe}(側頭葉, 귀 뒷부분에 위치한 뇌 부위)에 있다고 진단을 내렸다. 박사는 양쪽 뇌의 측두엽 안쪽 표면을 잘라냈다. 이 실험적 수술 덕분에 간질은 크게 호전되었으나, H.M.은 치명적 기억상실에 빠졌다. 1953년 수술을 받은 날 다음부터 H.M.은 새로운 단기기억을 장기기억으로 변환시키지 못하게 되었다. 그는 한 번 만난 사람을 한두 시간 뒤에 다시 만나면 전에 그 사람을 만났다는 것을 전혀 기억하지 못했다. '변환능력'을 잃어버린 것이다. 에빙하우스가 50년도 더 전에 진행한 연구에서 명확하게 기술했던 그 '변환능력' 말이다.

더 심각한 일은, H.M.이 거울에 비친 자기 얼굴조차 알아볼 수 없게 되었다는 것이었다. 왜 그랬을까? 나이가 들면서 얼굴의 특징은 조금씩 바뀐다. 그러나 우리와 달리 H.M.은 이런 새로운 정보를 받아들여서 장기적인 정보로 바꾸지 못한 것이다. 그 때문에 그는 자신의 외모에 관해 단 한 가지 기억 속에 갇히게 되었다. 거울을 보았을 때 그 기억 속 모습이 보이지 않으면 그는 거울 속 인물이 누구인지 알아보지 못했다.

그런 사실은 H.M. 자신에게는 너무나 끔찍했지만 과학계에서는 엄청나게 가치 있는 일이었다. 학자들은 그의 두뇌에서 절제된 부분이 무엇인지 정확히 알았기 때문에 에빙하우스가 밝혀낸 행동을 두뇌의 어떤 부위가 관장하는지 맵핑하기가 쉬웠다. 이 연구를 주도한 사람은 브렌다 밀너Brenda Milner라는 심리학자였다. 밀너 박사는 40년이 넘도록 H.M.을 연구했고, 기억 뒤에 놓인 신경에 대해 지금까지 알려진 사실의 많은 부분에 토대를 쌓았다.

여기서 두뇌의 생물학에 대해 잠깐 복습해 보자. 대뇌피질이 기억날 것이다. 펼치면 아기 담요만 한 무척 얇은 신경조직 말이다. 대뇌피질은 세포 여섯 층으로 이루어져 있으며 무척 바쁜 곳이다. 그곳 세포들은 감각기관들을 포함해 신체의 여러 부위에서 오는 신호들을 처리하며, 영구기억을 만들어내는 일도 돕는다. H.M.의 대뇌피질 중 일부는 전혀 손상되지 않은 상태였지만 측두엽처럼 심각하게 손상을 입은 부위도 있었다. 인간의 기억이 어떻게 형성되는지를 연구하기에는 끔찍하지만 이상적인 기회였다.

물론 이 '아기 담요'가 그저 두뇌 위를 덮기만 하는 것은 아니다. 대뇌피질은 우리가 아무리 노력해도 이해할 수 없을 만큼 복잡하게 얽힌 신경 연결망을 통해 두뇌의 더 깊은 구조에 달라붙어 있다. 이 연결망의 가장 중요한 목적지 중 하나가 해마인데, 해마는 두뇌 중심부 근처에 있는 좌뇌와 우뇌에 각각 하나씩 존재한다. 해마는 특히 단기정보를 장기정보로 변환하는 데 관여한다. H.M.이 간질 수술을 받는 동안 잃어버린 부위가 바로 이 해마다.

해마와 대뇌피질 사이의 해부학적 관계는 21세기의 과학자들이 두 가지 유형의 기억을 좀 더 잘 정의하도록 도와주었다. 서술기억은 해마와 그 주변의 다양한 부위에 손상을 입으면 변경되는 의식적 기억체계다. 비서술기억은 해마와 주변 부위에 손상을 입었을 때 변경되지 않는(아니면 적어도 크게 변경되지는 않는) 무의식적 기억체계라고 정의할 수 있다. 여기서는 우리의 일상생활에서 아주 중요한 부분인 서술기억에 초점을 맞춰보자.

두뇌, 잘라보고 다져보기

연구에 따르면, 서술기억의 일생 주기는 이어지는 네 단계, 즉 부호화, 저장, 인출, 망각으로 나눌 수 있다.

부호화는 학습 초기, 즉 두뇌가 새로운 서술 정보를 처음으로 만나는 짧지만 귀중한 순간에 일어나는 현상이다. 또한 부호화는 두뇌가 '적극적 공모자'라는 엄청난 오류와도 연관이 있다. 다음은 신경과의사 올리버 색스가 임상 실험을 통해 관찰한 것으로, 이러한 오류를 뒤집는 대표적인 사례다.

톰은 자폐증을 앓지만 음악을 '할' 수 있다고 해서 꽤 유명해진 아이였다(다른 것은 거의 할 수 없었다). 톰은 정식으로 음악 교육을 받은 적이 없지만, 다른 사람들이 피아노를 연주하는 소리만 듣고도 따라 연주할 수 있었다. 놀랍게도 톰은 딱 한 번만 듣고도 복잡한 피아노곡의 기술과 예술성을 전문 피아니스트 수준으로 표현할 수 있었다. 사실, 그는 왼손으로는 〈어부의 뿔피리Fisher's Horn

Pipe)를, 오른손으로는 〈양키 두들 댄디Yankee Doodle Dandy〉를 연주하는 동시에 다른 노래까지 부를 수 있었다. 또한 건반을 등지고 앉아서 팔을 뒤로 돌려 피아노를 칠 수도 있었다. 혼자서는 운동화 끈도 매지 못하는 소년인데, 정말 놀랍지 않은가.

이런 사람들 이야기를 들으면 사람들은 대개 질투를 느낀다. 톰은 머릿속에 있는 신경 기록 장치의 스위치를 '온on'으로 바꾸어 음악을 기록해 두는 것처럼 음악을 흡수한다. 우리에게도 그런 장치가 있긴 하지만 성능이 별로 좋지 않다. 이것이 사람들이 흔히 하는 생각이다. 사람들 대다수는 인간의 두뇌가 녹음기와 비슷한 방식으로 작동한다고 믿는다. 학습은 '녹음' 버튼, 기억은 '재생' 버튼을 누르는 것에 해당한다. 그러나 사실은 그렇지 않다. 톰의 두뇌든 우리의 두뇌든, 두뇌의 세계에서는 모든 것이 사실과는 너무나 다르다. 학습이 일어나는 순간, 부호화가 이루어지는 순간은 너무나 신비롭고 복잡해서 처음 몇 초 동안 우리 뇌 속에서 무슨 일이 일어나는지는 사실적으로는 고사하고 은유적으로도 그릴 수 없을 정도다.

우리가 지닌 알량한 지식에 따르면, 부호화는 주전자 뚜껑을 열고 물을 끓이는 것과 같다. 물이 끓어 수증기가 되어 공중으로 흩어지듯 정보는 작디작은 조각이 되어 뇌 속으로 들어가서 우리 정신의 내부로 흩어진다. 딱딱하게 말하면, 각기 다른 감각의 원천에서 온 신호들은 두뇌의 서로 다른 부위에 기재된다. 정보는 뇌와 만나는 순간 산산이 부서져서 새롭게 분배된다. 예를 들어, 두뇌는 복잡한 그림을 보는 즉시 수직선과 사선을 따로 뽑아내서 분리된 영역에 각 정보를 저장한다. 색도 마찬가지다. 그림이 움직이면 정지해 있을 때보다 그 움직임은 더 여러 영역에 분리 저장된다.

이러한 분리 현상은 너무나 과격하고 광범위하게 일어나서 몇 마디 말처럼 오로지 인간이 만들어낸 정보만을 인식할 때도 나타난다. 한 여성이 두뇌의 특정 부위에 발작을 일으킨 결과 모음을 쓰는 능력을 잃어버렸다고 하자. 그 여성에게 '당신의 개가 그 고양이를 뒤쫓았습니다.Your dog chased the cat.'라는 간단한 문장을 써보라고 하면 그 여성은 다음과 같이 쓸 것이다.

Y_ _r d_g ch_s_d th_ c_t.

자음은 모두 제자리를 찾아갔지만 모음이 들어갈 자리는 비어 있다! 자음과 모음이 두뇌의 다른 부위에 저장된다는 의미다. 그 여성은 발작을 일으키면서 두뇌 속 특정 회로가 손상된 것이다. 이런 분리저장 전략은 비디오가 녹화를 할 때 사용하는 전략과 정반대다. 그러나 자세히 들여다보면, 믹서 효과blender effect는 더 강하게 나타난다는 것을 알 수 있다. 그 여성은 특정 단어의 모음을 쓰는 능력은 잃어버렸지만, 단어가 들어갈 자리는 정확히 알고 있었다. 마찬가지 논리로 생각하면, 모음이 들어갈 자리는 모음 자체와는 다른, 분리된 영역에 저장되어 있는 것으로 보인다.

믿기 어렵지 않은가? 이 세상은 하나의 통일체로 보인다. 그런데 두뇌의 기능을 보니 그게 아닌 것 같다면, 우리는 이 세상 모든 정보를 어떻게 놓치지 않고 따라갈 수 있을까? 이 문장의 자음과 모음처럼 분리되어 기록된 특성들은 어떻게 다시 결합되어 연속성 있게 인식될까? 이 질문은 학자들을 오랫동안 괴롭혀오다가 심지어는 고유한 이름까지 얻었다. 이 문제는 특정 사고가 두뇌에서 결합되어 연속성을 제공한다는 개념에서 '결합문제binding problem'라고 부른다. 우리는 두뇌가 어떻게 해서 안정성이라는 환상을 일상적이고도 힘 들이지 않고 제공하는지 알아낼 길이 없다.

힌트가 아예 없지는 않다. 학습 초기인 부호화 단계를 자세히 관찰하면, 결합문제뿐만 아니라 학습의 모든 유형을 알 수 있다. 그렇다면 이제 그 힌트로 눈을 돌려보자.

자동 전환이냐 수동 전환이냐

정보를 부호화하는 것은 데이터를 암호로 변환하는 것이다. 암호를 만들어내는 것은 정보를 한 가지 형태에서 다른 형태로 변형하는 것이며, 흔히 무언가를 비밀로 하기 위해서 한다. 생리학적 관점에서 보면, 부호화란 외부의 에너지원을 두뇌가 이해할 수 있는 전기 패턴으로 전환하는 것이다. 순수하게 심리학적 관점에서 보면, 우리가 정보를 이해하고, 주의를 기울이고, 궁극적으로는 저장하기 위해 조직화하는 방식이다. 그것은 '레인맨' 킴 피크가 놀라울 정도로 잘해내는 여러 가지 지적 처리과정 가운데 하나다.

두뇌는 몇 가지 형태로 부호화를 해낼 수 있다. 한 가지 유형은 자동 부호화인데, 어제 저녁식사라든가 비틀즈에 관해 이야기하는 것이 그 예다. 그 두 가지는 2년 전 폴 매카트니의 멋진 콘서트에 갔던 날 저녁에 나에게 한꺼번에 일어났던 일들이다. 콘서트 전에 무엇을 먹었는지, 그리고 무대 위에서 어떤 일이 벌어졌는지를 내게 묻는다면, 나는 아주 자세히 얘기할 수 있다. 실제 기억은 무척 복잡하지만(공간적 위치, 일련의 사건, 풍경, 냄새, 맛 등으로 이루어져 있다), 그렇다고 해서 누가 나에게 물어볼 때를 대비해 그것들을 길게 리스트로 작성해서 상세히 기억할 필요는 없다. 내 두뇌가 과학자들이 '자동처리automatic processing'라고 부르는 부호화 유형을 이용하기 때문이다. 이것은 전혀 의도하지 않은 채로 부지불식간에 일어나며, 최소한의 주의만 기울여도 이루어지는 과정이다. 이렇게 부호화된 데이터는 무척 기억하기 쉬우며, 이렇게 저장된 기억들은 쉽게 검색할 수 있는 형태로 한데 강하게 결합되어 있는 것으로 보인다.

그러나 자동처리에게는 그다지 싹싹하지 못한 고약한 쌍둥이가 하나 있다. 폴 매카트니의 콘서트 입장권 판매가 시작되자마자 나는 예매 사이트로 달려갔다. 그 사이트는 비밀번호가 있어야 접속할 수 있었는데, 글쎄 비밀번호가 기억나지 않는 게 아닌가! 우여곡절 끝에 마침내 비밀번호를 기억해 내서 좋은 자리를 구했지만, 그 과정은 그야말로 막노동이었다. 숫자를 수십 가지로 조합해서 적어보고 입력한 끝에 비밀번호를 찾아낼 수 있었다. 이렇게 의식적이고 에너지와 주의력이 필요한 부호화 형태를 '통제처리effortful processing'라고 한다. 이런 정보는 서로 잘 결합되어 있지 않고, 자동처리 과정만큼 쉽게 검색, 재생되려면 여러 번 반복해야 한다.

부호화 테스트

부호화 방식은 그 외에도 몇 가지가 있다. 그중 세 가지는 아래의 테스트를 통해 설명할 수 있다. 숫자 옆에 쓴 단어를 읽고 그 아래 질문에 답해 보자.

1) 축구

이 단어가 "나는 _____와 싸우기 위해서 돌아섰다."라는 문장에 들어갈 수 있는가?

2) LEVEL

이 단어의 발음이 evil이라는 단어와 운이 맞는가?

3) MINIMUM

이 단어의 글자들에 동그라미 모양이 있는가?

위의 질문들에 답하려면 서로 다른 지적 능력이 필요하며, 그 능력들은 각각 서로 다른 부호화 방식의 기초가 된다. 첫째 문장은 의미론적 부호화 방식이 어떤 것인지 보여준다. 그 질문에 올바로 답하려면 단어의 정의에 주의를 기울여야 한다. 둘째 문장은 음소론적 부호화를 보여주는데, 여기서는 낱말의 발음을 서로 비교해야 한다. 셋째 문장은 구조적 부호화의 예다. 이것은 가장 피상적인 유형의 부호화로, 형태를 시각적으로 살펴봐야 한다. 주어진 정보가 머릿속에 들어올 때 어떤 유형의 부호화가 필요한지 파악하는 것은 나중에 그 정보를 기억하는 능력과 떼려야 뗄 수 없는 관계가 있다.

기억의 슬라이드

부호화는 외부의 자극을 두뇌의 전기언어로 변형시키는 것과도 상관이 있다. 이 과정은 에너지 이동의 일종이다. 모든 유형의 부호화는 처음에는 똑같은 경로를 따르고, 그 뒤로도 대체로 똑같은 법칙을 따른다. 예를 들어, 폴 매카트니의 콘서트가 있던 날 밤, 나는 호숫가에 있는 친구의 아름다운 오두막집에 묵었는데, 그 집에는 몸집이 크고 긴 털로 덮인 개가 있었다. 다음 날 아침, 나는 막대기를 던진 뒤 개에게 물어오게 하며 놀았다. 그런데 실수로 막대기가 호수 속으로 떨어졌고, 당시 개를 키워본 경험이 없던 나는 개가 호수 속에서 막대기를 꺼내 물고 나온 뒤 나에게 어떤 일이 일어날지 예상하지 못했다.

 개는 물에서 나오더니 마치 디즈니 만화 속의 바다 괴물처럼 전속력으로 달려와서는 내 앞에 멈추자마자 온몸을 세차게 털었다. 나는 자리를 피해야 한다는 생각은 꿈에도 못했고, 그 자리에서 온몸이 흠뻑 젖었다.

 그때 내 뇌 속에서는 무슨 일이 일어났을까? 알다시피, 외부에서 정보가 우리 뇌 속으로 침투해 들어올 때 대뇌피질은 빠르게 반응한다. 그 상황에서 외부의 정보는 물에 젖은 커다란 래브라도

리트리버였다. 개가 호수에서 나오는 것을 보았다는 것은 사실 그 개의 몸에서 튀어나오는 광자^{photons}(光子)의 패턴을 보았다는 얘기다. 그 광자들이 내 눈에 와서 부딪친 순간, 내 두뇌는 그것을 전기적 활동으로 변환하고 그 신호들을 머리 뒤쪽(후두엽의 시각 대뇌피질)으로 보낸다. 그러고 나면 내 두뇌는 그 개를 볼 수 있다. 이런 학습이 처음 이뤄진 순간, 나는 빛 에너지를 두뇌가 온전히 이해할 수 있는 전기언어로 변형했다. 개의 행동을 보려면 시각 처리과정에 쓰이는 수천 개의 대뇌피질 부위가 일사불란하게 활성화되어야 한다.

다른 에너지원도 마찬가지다. 내 귀가 개가 커다랗게 짖는 소리의 음파를 받아들이면 나는 그 음파를 광자를 변환했던 것과 마찬가지로 대뇌 친화적인 전기언어로 변환시킨다. 이런 전기신호들은 시각 대뇌피질이 아니라 청각 대뇌피질로 전해진다. 신경의 관점에서 보면 그 두 곳은 수백만 킬로미터쯤 떨어져 있는 셈이다. 이런 변환과 이토록 개별적인 경로는 내 피부에 닿는 햇빛의 기운에서부터 호수에서 나온 개가 몸을 흔들어서 뜻하지 않게 내 몸이 흠뻑 젖는 순간까지 내 두뇌로 들어오는 모든 에너지원에 대해 공통이다. 모든 감각에는 부호화가 일어나고, 감각을 처리하는 센터는 두뇌 안 여기저기에 흩어져 있다.

이것이 믹서의 핵심이다. 지나치게 친근하게 구는 개와 만난 10초 동안 내 두뇌는 수백 개의 서로 다른 부위를 모아서 수백만 뉴런의 전기적 활동을 통합한다. 내 두뇌가 한 가지 에피소드를 기록하려면 신경의 여러 다른 부위를 거쳐야 하는데, 거기에 걸리는 시간은 눈 한 번 깜빡할 사이다.

내가 폴 매카트니의 공연을 본 뒤, 그리고 개 때문에 온몸이 흠뻑 젖은 뒤 여러 해가 지났다. 그런데 어떻게 그 모든 기억을 놓치지 않을 수 있을까? 그리고 어떻게 각각의 단편들을 오랫동안 관리할 수 있는 걸까? 이런 결합문제, 널리 흩어진 정보의 조각들을 감시하는 현상에 대한 질문은 훌륭하지만, 불행히도 그 대답은 형편없다. 우리는 두뇌가 기억을 놓치지 않고 추적하는 방법을 모른다. 우리는 정보를 가장 먼저 부호화하는 두뇌(그 정보에 대한 기억을 갖고 있는 곳)에서 일어나는 변화의 전체 횟수에 이름을 붙였다. 우리는 그것을 '기억흔적engram(기억심상)'이라고 부른다. 그러나 우리 모두가 그 개념을 이해하고 있다면야 '당나귀'라고 부른들 무슨 상관이겠는가.

결합문제에 대해 우리가 유일하게 아는 사실은 발린트 증후군Balint's Syndrome을 앓는 사람의 부호화 능력을 연구해서 알아낸 것이다. 발린트 증후군은 양쪽 뇌의 두정엽parietal cortex이 모두 손상된 사람에게서 나타난다. 발린트 증후군을 앓는 사람은 시각 기능에 장애가 있다는 특징이 있다. 그들은 시야에 있는 사물을 볼 수 있지만, 한 번에 하나씩밖에 보지 못한다(이런 증상을 '동시실인증simultanagnosia'이라고 부른다). 재미있는 것은, 어떤 물건이 어디 있는지 물으면 그들은 대답을 못한다. 사물을 볼 수 있더라도 그것의 위치는 모르는 것이다. 또한 그 사물이 그들 쪽으로 다가가는지, 아니면 그들에게서 멀어지는지도 구분하지 못한다. 그들은 자신이 보는 사물을 자리매김할 수 있는 공간적 틀을 갖고 있지 못하고, 입력된 다른 특징들과 그 이미지를 결합하지 못한다. 모든 결합 과제에는 공간을 뚜렷하게 인식하는 능력이 필요한데, 이들에게는 그 능력이 없는 것이다.

암호를 풀다

과학자들은 매우 광범위하게 일어나는 모든 부호화 과정에도 공통된 특성이 있다는 것을 알아냈다. 그 가운데 직장이나 교육 현장 같은 실생활에 진정으로 적용할 만한 특성이 세 가지 있다.

1. 정보를 더욱 정교하게 부호화할수록 더 잘 기억할 수 있다

기억은 부호화가 불완전하고 피상적으로 이루어질 때보다 정교하고 깊이 있게 이루어질 때 더욱 확고하고 강력하게 형성된다. 이런 사실은 친구들 몇 명만 있으면 지금 당장이라도 실험을 통해 증명할 수 있다. 친구들을 두 무리로 나누어 다음 제시하는 단어들을 몇 분 동안 보게 하자.

Tractor 트랙터	Pastel 파스텔	Airplane 비행기
Green 초록색	Quickly 빨리	Jump 점프
Apple 사과	Ocean 대양	Laugh 웃다
Zero 제로	Nicely 친절하게	Tall 키가 큰
Weather 날씨	Countertop 조리대	

A그룹에게는 사선이 있는 글자와 사선이 없는 글자의 수를 세어보라고 한다. 그리고 B그룹에게는 각 단어의 뜻을 생각하고 마음에 드는 정도에 따라 1부터 10까지 점수를 매겨보라고 한다. 단어들이 적힌 종이를 걷은 다음 몇 분 뒤에 각 그룹에게 기억나는 단어들을 적어보라고 한다.

이 실험이 남긴 드라마틱한 결과는 전 세계의 실험실에서 거듭 확인되고 있다. 실험 결과, 단어의 구조만을 살펴보았던 그룹보다 단어들의 뜻을 살펴보았던 그룹이 두세 배 정도 많은 단어를 기억했다. 그림을 가지고도 비슷한 실험을 할 수 있다. 음악을 가지고도 할 수 있다. 정보가 어떤 감각으로 들어오든 간에, 결과는 늘 똑같다.

이쯤에서 여러분은 이렇게 중얼거릴지 모른다. "음, 그게 뭐 어쨌다고?" 의미가 더 많이 깃들어 있는 대상을 더 잘 기억하는 게 당연하지 않은가? 대부분의 학자들은 이렇게 답할 것이다. "음,

당연하죠!" 당연한 것이 곧 핵심이 된다. apple이라는 단어에서 사선을 찾는 것은 자신이 즐겨 찾는 베이커리의 애플파이를 떠올리고 점수를 매겨서 10이라는 숫자를 기억하는 것만큼 정교하지 않다. 우리는 정보를 더 정교하게 부호화할 때, 특히 그것을 개인화할 때 훨씬 더 잘 기억한다. 설득력 있고 강력하게 정보를 제시하여 듣는 사람 스스로 깊이 있고 정교하게 부호화하지 않을 수 없게끔 만드는 것은 비즈니스 리더들과 교육자들에게 꼭 필요한 덕목이다.

어찌 생각하면 조금 아이러니한 일이다. 어떤 것을 좀 더 정교하게 만드는 것은 보통 그것을 더 복잡하게 만든다는 뜻이다. 복잡하면 기억체계로서는 더 부담스럽다. 그러나 사실이 그렇다. 더 복잡하면 학습이 더 잘된다!

2. 기억흔적은 정보를 처음 인식하고 처리한 부위에 저장되는 것 같다.

이 아이디어는 너무나 직관에 반하는 것이어서, 도시 전설 하나를 예로 들어 설명해야 할 것 같다. 아래의 전설은 한 대학교 이사들의 오찬에서 기조연설을 했던 사람이 들려주었다.

꽤 많은 대학 총장이 있었다. 그 대학은 화려한 분수도 설치하고 잔디도 아름답게 다듬는 등 교정을 완전히 새로 꾸몄다. 이제 각 건물을 연결하는 보도와 산책로를 만드는 일만 남았다. 그러나 그런 길들은 아예 설계조차 되어 있지 않았다. 건설업자들은 하루빨리 길을 만들려고 안달이었고, 설계를 어떻게 하면 될지 궁금해 했지만, 총장은 어떤 설계안도 내놓지 않았다. 그는 인상을 쓰며 말했다.

"길이라는 건 한번 만들면 돌이킬 수 없지요. 길은 내년에 만듭시다. 그때 설계도를 드릴게요."

건설업자들은 불만스러웠지만 총장이 주문하는 대로 할 수밖에 없었다.

새 학기가 시작되었고 학생들은 수업을 들으러 잔디밭을 지나 강의실로 갔다. 얼마 지나지 않아서 교정 여기저기에 자연스럽게 길이 생겼고, 길 사이사이에는 아름다운 초록 잔디로 된 섬이 생겼다. 그해가 끝나갈 즈음, 건물들 사이에는 놀라울 정도로 효율적인 길이 놓였다. 마침내 1년 동안 기다리던 건설업자들에게 총장이 말했다.

"이제 보도를 만드세요. 설계도는 필요 없습니다. 잔디밭 위에 만들어진 길을 보도로 만드시면 됩니다."

처음 들어온 정보대로 만들어진 설계가 곧 영구적인 길이 된 것이다.

두뇌가 정보를 저장하는 전략은 이 총장의 계획과 아주 비슷하다. 새로운 정보를 처리하려고 처음 동원한 신경의 통로들이 결국 두뇌가 그 정보를 저장하기 위해 다시 사용하는 영구적 통로가 되는 것이다. 두뇌로 들어온 새로운 정보는 잔디밭 위에 길을 만든 학생들에 비유할 수 있다. 최종 저장 부위는 그 길들을 따라 아스팔트 도로를 만든 것에 비유할 수 있다. 핵심은 정보가 들어온 길과 저장되는 길이 같다는 것이다.

이것은 두뇌에서 무엇을 의미할까? 대뇌피질 속 뉴런들은 무언가를 학습할 때 활발하게 반응하는 것은 물론 기억을 영구히 저장하는 데도 깊이 관여한다. 즉, 두뇌 속에는 기억이 끝없이 되살아나는 화수분 같은 것이 따로 없다는 뜻이다. 그 대신 기억은 대뇌피질의 표면 전체에 퍼져 있다. 처음에는 이해하기 어려울지도 모른다. 많은 사람들이 두뇌란 컴퓨터처럼 작동하는 것이며, 중앙기억장치에 연결된 (키보드 같은) 입력정보 탐지기가 있다고 믿고 싶을 것이다. 그러나 인간의 두뇌에는 입력정보 탐지기와 별개로 존재하는 하드 드라이브 같은 것은 없다. 그렇다고 해서 기억 저장소가 두뇌신경 전체에 고르게 분포되어 있다는 뜻은 아니다. 두뇌의 수많은 부위들이 각각의 입력정보를 나타내는 데 관여하고, 각 부위는 전체 기억에 조금씩 다른 방식으로 기여한다. 기억의 저장은 협력 작업이다.

3. 초기 부호화가 이루어진 조건을 되살리면 기억력을 크게 높일 수 있다.

인지심리학에서 행해진 특이한 실험 가운데, 똑같이 잠수복을 입은 잠수부들을 한 무리는 해변에 서 있게 하고 다른 한 무리는 3미터 깊이의 물속에 떠 있게 한 상태에서 두 무리의 뇌기능을 비교한 것이 있다. 두 무리의 심해 잠수부들에게 각 조건에서 임의로 선정한 단어 40개를 들려주었다. 그랬더니 단어들을 물속에서 들은 그룹은 물 밖에 올라와서 단어들을 기억할 때보다 물속에서 기억할 때 점수가 15퍼센트 높았다. 반면에 해변에서 단어를 들었던 사람들은 물속에서 단어들을 기억할 때보다 해변에서 기억할 때 점수가 15퍼센트 높았다. 따라서 사람들은 처음 정보를 받아들였을 때와 같은 조건에서 기억을 가장 잘 떠올리는 것으로 보인다. 두 번째 특성, 즉 처음 부호화할 때 썼던 뉴런을 이용해서 기억을 저장하려는 특성이 세 번째 특성에서도 효력을 발휘할 수 있을까?

이러한 경향은 너무나 확고해서, 어떤 방식으로도 학습이 이루어지기 어려운 환경에서조차 이런 경향을 이용하면 기억력이 향상된다. 위의 실험을 할 때 실험 조건으로 마리화나라든가 마취용 아산화질소까지 넣어봤으나 마찬가지 결과가 나타날 정도였다. 이 세 번째 특성은 기분에도 반응한다. 슬플 때 무언가를 학습하면, 슬픈 기분일 때 그것을 더 잘 떠올릴 수 있다. 이를 가리켜 '상황 의존적context-dependent, state-dependent 학습'이라고 한다.

닥터 메디나의
두뇌 부활 아이디어!

　자, 지금까지 정보가 정교하고, 의미가 있고, 상황이 비슷할 때 기억이 가장 잘 된다는 것을 알아봤다. 부호화 단계, 즉 학습 초기에 얼마나 충실한가가 이후 학습의 성과를 좌우하는 중요한 요소다. 실생활에서 그런 사실을 이용하려면 어떻게 해야 할까?

　첫째, 내가 어렸을 때 다니던 신발 가게에서 한 가지 지혜를 얻을 수 있다. 그 신발 가게의 문에는 손잡이가 세 개 달려 있었다. 하나는 위쪽에, 하나는 아래쪽에, 나머지 하나는 가운데에 붙어 있었다. 논리는 간단하다. 문에 손잡이가 많을수록 손님의 나이나 힘에 관계없이 문을 열고 들어오기가 더 쉽다. 다섯 살짜리 꼬마였던 나에게 그만큼 마음이 놓이는 일도 없었다. 내가 직접 열고 들어갈 수 있는 문이라니! 내가 그 문에 얼마나 홀딱 반했는지 꿈에서도 나올 정도였다. 심지어 꿈속에 나온 문에는 손잡이가 몇백 개나 달려 있었다!

　'충실한 부호화'란 한 가지 정보로 들어가는 입구에 손잡이를 몇 개나 붙일 수 있는가를 의미한다. 학습하면서 손잡이를 더 많이 만들수록 나중에 그 정보에 접근하기가 더 쉬워진다. 우리는 학습의 내용, 타이밍, 환경을 오가며 손잡이들을 덧붙일 수 있다.

두뇌는 실제 사례를 좋아한다

학습하는 사람이 정보의 '의미'에 초점을 잘 맞출수록 부호화는 더 정교하게 이루어진다. 이 원칙은 너무나 명백한 나머지 오히려 놓치기 쉽다. 그 뜻을 다시 살펴보면 다음과 같다. 한 가지 정보를 두뇌의 기억체계 속으로 집어넣을 때 그 정보의 정확한 의미를 반드시 이해해야 한다. 다른 사람의 머리에 정보를 집어넣으려면 그들에게 그 정보의 의미를 알려줘야 한다.

반대로 얘기해도 말이 된다. 학습의 의미를 모른다면, 기계적으로 정보를 외우려 들지 말 것이며, 어떻게든 그 의미를 저절로 알게 되리라고 기대하지도 마라. 그리고 설명도 제대로 하지 못하고서 상대방이 찰떡같이 알아듣기를 기대해서도 안 된다. 이것은 단어 속에 동그라미나 직선이 몇 개 있는지를 살펴보고 그 단어들을 기억하려는 것이나 마찬가지다.

학습이 잘되게끔 의미를 전달하려면 어떻게 해야 할까? 간단한 방법은 학습의 요점에 의미 있는 경험들을 집어넣는 것이다. 수업이 끝난 뒤 학생이 스스로 할 수도 있지만, 그보다는 수업 시간에 교사가 해주는 것이 더 좋은 방법이다. 이 방법은 수많은 연구를 통해 효과가 있는 것으로 밝혀졌다.

한 실험에서, 학생들이 한 가상 국가에 관해 32문단짜리 보고서를 읽었다. 보고서의 도입부는 고도로 구조화되어 있었다. 그 문단들은 각각 주제에 관련된 사례가 하나도 없거나, 하나, 둘, 아니면 세 가지씩 들어 있었다. 결과는 뚜렷했다. 문단 속에 사례가 많을수록 정보가 기억될 가능성이 높았다. 기억하는 사람에게 친숙한 실제 상황을 사례로 사용하는 것이 가장 좋다. 앞에서 언급했던 '즐겨 찾는 베이커리의 애플파이'가 생판 모르는 사람이 요리한 비현실적인 음식이 아니라, 친한 아줌마가 만든 진짜 음식이 되는 것이다. 사례는 개인적일수록 더욱 충실하게 부호화되며 기억하기도 더 쉽다.

사례를 이용하면 효과적인 이유는 무엇일까? 여기에는 같은 패턴을 보면 무의식적으로 짝부터 지으려 드는 두뇌의 경향이 한몫하는 것 같다. 새로 들어온 정보가 머릿속에 이미 존재하는 정보와 곧바로 연관될 수 있다면 정보는 더 쉽사리 처리된다. 우리는 새로운 정보를 부호화할 때 이미 머릿속에 있는 정보와 비교하여 유사점과 차이점을 찾는다. 사례를 마련하는 것은 문에 손잡이를 더 다는 것과 같으며, 정보를 더욱 정교하고 복잡하게 만들고 더 잘 부호화해서 결국 더 잘 기억되게 만든다.

두뇌는 강력한 도입부에 끌린다

도입부가 곧 전부다. 대학 시절에 아무리 생각해도 괴짜라 할 만한 교수님이 있었다. 그 교수님은 영화의 역사를 강의했는데, 하루는 예술영화들이 정서적으로 상처받기 쉬운 인물을 전통적으로 어떻게 표현해 왔는지를 설명하겠다고 했다. 그런데 강의를 하면서 교수님은 옷을 벗기 시작했다. 처음에는 스웨터를 벗더니 셔츠 단추를 풀기 시작했다. 그리고 급기야 바지 지퍼를 내리더니 바지를 발목까지 내렸다. 다행히도 바지 속에 운동복을 입고 있었다. 교수님은 눈을 빛내며 이렇게 소리쳤다.

"이제 여러분은 어떤 영화들은 정서적으로 유약한 인물을 표현할 때 신체적 노출을 사용한다는 것을 결코 잊지 못할 겁니다. 옷을 벗은 것보다 더 상처받기 쉬운 상태가 뭐가 있겠습니까?"

우리는 교수님이 사례를 더 자세히 보여주지 않아서 얼마나 감사했는지 모른다.

비록 그 교수님과 같은 방식을 추천하지는 못하겠지만, 나는 이 영화 수업의 도입부를 결코 잊지 못한다. 그 교수님의 방식이 기억에 남는다는 것은 '타이밍'의 원칙이 무엇인지 보여준다. 다시 말해 우리가 어떤 정보에 노출될 경우, 처음에 일어난 일들이 뒷날 그 정보를 정확하게 기억하는 능력에 절대적으로 이바지한다. 다른 사람들에게 정보를 성공적으로 전해 줄 수 있는 가장 중요한 요소는 바로 도입부를 강력하게 만드는 능력이라는 얘기다.

왜 이렇게 도입부를 강조할까? 한 사건의 기억은 그것을 처음 인식할 때 채택한 바로 그 장소에 저장되기 때문이다. 학습하는 순간에 더 많은 뇌구조가 동원될수록, 다시 말해 더 많은 손잡이가 만들어질수록 그 정보에 접근하기가 더 쉬워진다.

사실, 이런 생각이 통하는 전문 분야는 대학 강의 말고도 또 있다. 영화학과 교수들은 신인 감독들에게 시작되고 나서 3분 안에 관객들의 눈길을 사로잡는 영화만이 성공작이 될 수 있다고 가르친다. 전문 강사들은 프레젠테이션을 시작하고 30초 안에 청중의 호기심을 끌어야 한다고 말한다.

그러면 설득력 있는 프레젠테이션을 준비하는 비즈니스 리더들은 어떻게 해야 할까? 까다롭고 낯선 주제를 꺼내려는 교사들은 또 어떻게 해야 할까? 앞서 말한 연구 결과들이 이런 직업들의 성공에 그렇게 중요하다면, 사람들은 이에 관해 뭔가 확신에 찬 논문이 존재할 거라고 기대할지도 모르겠다. 그러나 놀랍게도, '주의' 장에서 이야기했듯, 두뇌가 현실 속 문제들에 어떻게 주의를 기울이는지에 관해서는 자료가 거의 없다. 그나마 지금까지 찾아낸 자료들을 보면 영화학과 교수들이나 연설가들이 뭔가를 알아차린 것 같기는 하다.

두뇌는 익숙한 환경에서 깨어난다
이제 우리는 뭔가를 배우는 일과 기억해 내는 일을 같은 환경에서 하면 효과가 크다는 것을 알았지만, 여기서 말하는 '같은 조건'이 딱 꼬집어 무엇인지는 잘 모른다. 그것을 알아보는 방법은 여러 가지가 있다.

나는 교사들에게 집에서 영어와 스페인어를 가르치려는 부모들과 어떻게 상담해야 할지를 놓고 컨설팅을 해준 적이 있다. 안타까운 사실은, 많은 아이들의 경우 그렇게 두 가지 언어를 배우면 두 언어 모두 습득하는 속도가 느려진다는 사실이다. 나는 물속에서 행한 실험 이야기를 들려준 다음, 집에 '스페인어 방'을 만들라고 제안했다. 단, 규칙이 하나 있는데, 바로 그 방에서는 스페인어만 하는 것이다. 방 안에 스페인 공예품이나 스페인어가 적힌 포스터를 걸어두어도 좋을 것이다. 그리고 스페인어 방에서는 영어를 사용하지 않는 것이다. 나중에 전해 들은 바에 따르면, 그 방법이 효과가 있었다고 한다.

이런 식으로 부호화할 때의 환경과 기억해 낼 때의 환경을 일치시킬 수 있다. 학습이 이루어지는 순간, 환경적 특성들 중 많은 것들이 학습 대상과 함께 기억 속에 부호화된다. 환경은 부호화를 더욱 정교하게 만들며, 이는 곧 문에 손잡이를 더 다는 것과 같다. 동일한 환경에서 나온 단서들이 서로 만나는 순간 곧바로 학습했던 것을 떠올리게 될 수도 있다. 그것들은 원래 같은 기억흔적 아래 묻혀 있었기 때문이다.

미국의 마케팅 전문가들은 이 현상을 오래전부터 잘 알고 있었다. '분홍색 토끼 태엽인형' '쿵쿵 북을 친다' '계속 움직인다' 같은 어구를 쓰고 이 세 어구에서 떠오르는 것을 써보라고 한다면 어떨까? 이 어구들 사이에 공식적 관계는 없지만, 미국에서 오랫동안 살아온 사람들이라면 대부분 '건전지'나 '에너자이저' 같은 단어를 쓸 것이다(분홍색 토끼 태엽인형이 북을 치면서 계속 움직이는 것은 건전지 메이커인 '에너자이저'의 상징이다—옮긴이).

비즈니스나 교육 같은 실생활에서 학습 환경과 기억 환경을 일치시키려면 어떻게 해야 할까? 환경이 일반적인 상황과는 극적으로 다를 때(물속과 해변이 그 좋은 예다) 결과가 가장 강력하게 나타난다. 그러나 이런 효과를 얻으려면 일반적인 환경과 얼마나 달라야 할까?

사실 그 방법은 구두시험을 준비할 때 책으로 복습하기보다는 말로 공부하는 것만큼이나 간단하다. 어쩌면 앞으로 비행기 기계공이 될 사람들은 엔진 수리 기술을 배울 때, 수리가 이뤄질 실제 작업장에서 배워야 할지도 모르겠다.

브레인 룰스 5
생각의 저장 | 단기기억

- **인간의 두뇌는 7가지 정보를 고작 30초 정도밖에 유지할 수 없다.** 이 말은 곧, 두뇌는 7자리 숫자로 된 전화번호 정도를 가까스로 다룰 수 있다는 얘기다. 만일 그 30초를 몇 분 심지어 한두 시간까지 늘리고 싶다면, 그 정보를 계속해서 되풀이해야 한다. 기억은 너무나도 순간적인 것이므로 기억하려면 반드시 반복해야 한다.

- **정보를 처음으로 접하는 순간 정교하게 부호화하면 기억력을 증진시킬 수 있다.** 남의 이름을 잘 기억하지 못하는 사람들이 많다. 만일 파티에서 처음 만난 메리라는 여자의 이름을 기억해야 한다면, 속으로 그녀에 관한 여러 가지 정보들을 되풀이하는 것이 도움이 된다.

- **교실에서 '브레인 룰스'를 적용해 보자.** 초등학교 3학년을 대상으로 오후 수업 시간, 학생들에게 구구단을 반복해 외워보게 했다. 이 실험에 참가한 반 아이들은 그날 학교에서 구구단을 반복하지 않은 반 아이들에 비해 두드러지게 좋은 결과를 보였다. 만일 두뇌를 연구하는 과학자들과 교사들이 함께 연구를 한다면, 진정한 학습은 가정이 아니라 학교에서 이루어질 것이므로 장차 '집에서 하는 숙제'라는 개념은 사라질지도 모른다.

생각의 형성 | 장기기억

브레인 룰스 6

기억은 다시 반복을 낳는다

오랫동안 교과서들은 기억이 탄생하는 과정을 괴팍한 부두 짐꾼들, 대형 서점, 짐을 선적하는 작은 부두 등에 비유해서 묘사해 왔다. 한 사건이 기억으로 남는 과정을 누군가가 책더미를 부두에 내려놓는 모습으로 비유했다. 짐꾼이 그 짐을 대형 서점으로 운반해 간다면 그 짐은 영원히 저장된다. 부두가 작아서 짐은 한 번에 몇 더미씩만 처리할 수 있다. 먼저 내린 짐을 치우기 전에 누군가가 새 책 더미라도 가져다 놓는다면 괴팍한 짐꾼들은 먼저 있던 짐을 옆으로 거칠게 밀쳐버린다.

요즘은 위와 같이 비유하는 사람은 없다. 그런 비유를 버려서 거참 속이 시원하다 싶은 이유는 충분하다. 단기기억은 위의 비유보다 훨씬 활동적이고 연속적으로 일어나며 훨씬 복잡하다. 단기기억은 사실 일시적인 기억력의 집합이 아닐까 한다. 각 능력은 정보의 특정 유형을 처리하도록 특화되어 있으며, 다른 것들과 동시에 작동한다. 이렇게 다면적인 재능을 지닌 단기기억을 '작동기억working memory'이라고 부른다. 작동기억이 무엇인지 설명하는 가장 좋은 방법은 그것이 실제로 어떻게 작동하는지를 보여주는 것이다.

작동기억을 설명하기에 세계 최초의 프로 체스 슈퍼스타인 미구엘 나지도르프Miguel Najdorf보다 더 적절한 예도 없을 것이다. 나지도르프는 누구보다 자신의 위대함을 마음 편하게 받아들인 사람이다. 그는 키가 작고 몸은 민첩하며 목소리는 매우 컸는데, 청중에게 자신의 경기를 어떻게 봤는지 설문조사를 할 정도로 독특하고 성가신 버릇이 있었다. 1939년, 나지도르프는 국가대표팀과 함께 부에노스아이레스로 경기를 하러 갔다. 2주 뒤, 독일이 나지도르프의 고국인 폴란드를 침략했다. 고국으로 돌아올 수 없었던 나지도르프는 아르헨티나에 묶여 있던 덕분에 유대인 대학살을 모면했다. 그러나 그는 부모와 네 형제, 그리고 아내를 집단수용소에서 잃었다. 살아남은 친척 중 누구라도 자신에 대한 기사를 읽고 연락해오기를 간절히 바라면서 홍보 차원에서 쉬지 않고 45경기를 한 적도 있다. 그는 그중 39경기에서 이겼고 4경기는 비겼으며 2경기에서 졌다. 그 자체로도 놀라운 기록이지만 실로 경이로운 것은······ 11시간 동안 눈을 가린 채 45경기를 치렀다는 사실이었다.

'그야말로' 나지도르프는 체스판이나 말을 전혀 보지 않은 채 체스를 뒀다. 마음으로만 경기를 한 것이다. 말을 움직일 때마다 사람이 전해 주는 정보와 시각화한 체스판의 모습 등 작동기억의 몇 가지 요소들이 나지도르프의 머릿속에서 동시에 움직였다. 작동기억은 우리의 머릿속에서도 마찬가지 역할을 한다. 효율성 면에서는 나지도르프의 경우와 조금 다르겠지만.

작동기억은 분주하고 일시적인 일터이자, 두뇌가 새로 습득한 정보를 처리하는 작업대로 알려져 있다. 작동기억의 특성을 밝혀내는 데 가장 공헌한 사람은 영국의 과학자 앨런 배들리Alan Baddeley다. 배들리는 작동기억을 청각, 시각, 실행 등 3가지 구성 요소를 지닌 모형으로 묘사했다.

첫 번째로 청각 요소는 일부 청각정보를 간직하게 해주며 언어정보에 할당된다. 배들리는 이것을 '음운론적 고리phonological loop'라고 불렀다. 나지도르프의 경기 상대들은 체스 말이 어떻게 움직이는지 말로 표현해 줘야 했기 때문에 나지도르프는 이 요소를 이용할 수 있었다.

두 번째 요소인 시각 요소는 시각정보를 유지시켜 준다. 이 기억 등록기는 두뇌가 만나는 이미지와 공간적 입력정보에 할당된다. 배들리는 이것을 '시공간 잡기장visuo-spatial sketchpad'이라고 불렀다. 나지도르프는 머릿속에서 각 경기를 시각화할 때 이 요소를 사용했을 것이다.

세 번째 요소는 감독 기능을 하며, '중앙 집행부central executive'라 불린다. 이 부분은 작동기억의 활동을 모두 기록한다. 나지도르프는 각 경기를 구분하는 데 이 능력을 사용했을 것이다.

이후에 출간한 책에서 배들리는 네 번째 요소로 '일화적 완충장치 episodic buffer'를 추가로 제안했는데, 사람이 들을 수 있는 모든 '이야기'에 할당된다. 이 완충장치는 아직 널리 연구되지 않았다.

이런 평행 시스템들이 몇 개나 있는지는 아직 밝혀지지 않았지만, 학자들은 모든 평행 시스템에 두 가지 중요한 특징이 있다는 데 동의한다. 모든 시스템의 용량과 지속 기간에는 제한이 있다는 것이다.

좀 더 지속적인 형태로 변환되지 않는 정보는 곧 사라질 것이다. 기억하겠지만, 우리의 친구 에빙하우스는 단기기억과 장기기억이라는 두 가지 기억체계의 존재를 최초로 증명한 인물이었다. 그는 뒤이어 특정 조건하에서 단기기억을 반복하면 장기기억으로 변환할 수 있다는 것을 증명했다. 단기기억의 흔적을 더 길고 튼튼한 기억으로 변환하는 과정을 기억의 형성 consolidation 이라고 부른다.

기억의 형성

처음에 기억흔적은 유연하고 불안정하며 달라질 수밖에 없고 자칫하면 사라질 수도 있다. 하루 동안 우리의 머릿속에 입력되는 정보는 대부분 여기에 해당한다. 그러나 몇몇 기억은 우리 머릿속에 남는다. 그런 기억들은 처음에는 약했지만 시간이 가면서 강해지고 지속성을 갖는다. 그리고 마침내는 끝없이 되살아날 수 있고 변화에도 끄떡없어 보이는 경지에 이른다. 물론 앞으로도 보겠지만, 그런 기억들은 기대만큼 안정적이지 못할 수도 있다. 그럼에도 불구하고 우리는 이런 형태를 '장기기억'이라고 부른다.

장기기억에는 작동기억처럼 여러 유형이 있는 듯한데, 그 대부분은 상호작용을 한다. 그러나 작동기억과 달리, 장기기억의 유형에 어떤 것들이 있는지에 대해서는 완전한 합의가 이뤄지지 못했다. 학자들 대부분은 '의미론적 기억체계semantic memory system'가 있다고 믿는데, 이 체계는 이모할머니가 가장 좋아하는 드레스라든가 고등학교 시절의 몸무게 같은 것들을 기억한다. 또한 '일화적 기억episodic memory'이라는 것이 있다고 믿는 학자들도 많은데, 이는 '25회 고등학교 동창 모임'처럼 인물, 플롯, 날짜와 시간 등이 포함된 과거의 경험들을 기억한다. 그 한 갈래가 '자전적 기억autobiographical memory'으로, 아주 친숙한 인물, 즉 자기 자신을 주인공으로 해서 기억하는 것이다.

우리는 이렇듯 기억에 안정성을 부여하는 메커니즘이 새로 습득되는 기억들에만 영향을 끼친다고 생각해 왔다. 기억이 단단하게 굳기만 하면 처음의 약한 상태로 돌아가지 않는다고 생각했던 것이다. 그러나 이제는 그렇게 생각하지 않는다.

다음의 일화는 당시 여섯 살이던 아들과 함께 개 품평회에 관한 TV 다큐멘터리를 보는 동안 일어났던 일이다. 카메라가 주둥이가 검은 독일산 셰퍼드를 비출 때, 내가 우리 아들만한 나이였을 때 일이 떠올랐다.

1960년에 우리 뒷집에서는 개를 한 마리 키웠는데, 주인은 토요일마다 개에게 밥을 주지 않았다. 배가 고픈 개는 매주 토요일 아침 8시면 울타리를 넘어 우리 집 뜰로 와서는 양철 쓰레기통으로 돌진하여 내용물을 꺼내 아침식사를 하곤 했다. 개의 방문에 진저리를 치던 우리 아버지는 마침내 어느 금요일 밤, 쓰레기통에 전기를 통하게 해서 개의 젖은 코가 쓰레기통에 닿으면 전기가 오르게 만들기로 계획을 세웠다. 다음 날 아침, 아버지는 '개 감전 쇼'를 보라고 온 가족을 깨웠다. 그러나 아버지의 기대를 무너뜨리기라도 하듯, 개는 8시 30분이 되도록 울타리를 넘어오지 않았다. 그 대신 개는 영역 표시를 하러 왔다. 그전에 우리 뒤뜰 몇 군데에 영역을 표시해 놓았던 것이다. 개가 양철 쓰레기통에 가까이 다가오자 아버지는 다시 미소를 지었고, 개가 한쪽 다리를 들고 쓰레기통에 영역을 표시하려는 순간 아버지가 외쳤다.

"좋았어!"

개가 쓰레기통에 영역을 표시하는 동시에 개의 몸이 크게 한 바퀴 돌았다. 개의 뇌신경은 몹시 흥분했고, 나는 문득 놈의 번식 능력에 문제가 생겼을까 봐 크게 우려되기 시작했다. 개는 크게 짖으며 주인에게로 달려갔다. 그리고 다시는 우리 집 뒤뜰에 발을 들이지 않았다. 실은 우리 집에서 반경 10미터 이내로는 얼씬도 하지 않았다. 그 개는 주둥이가 까만 독일산 셰퍼드로, 그날 TV 다큐멘터리에 나왔던 개와 똑같이 생겼었다. 그런데 나는 1960년 이후로 그 사건에 대해서 한 번도 생각한 적이 없다.

개에 대한 기억을 의식으로 불러들일 때 그 기억에는 물리적으로 어떤 일이 일어날까? 장기기억 저장소에 있던 기억들이 의식으로 불려나올 때, 그 기억은 처음의 불안정한 성질로 되돌아간다는 증거들이 점점 늘어나고 있다. 새로 만들어낸 작동기억인 양 행동하는 이 기억들이 다시 영속적인 형태로 남으려면 재가공을 해야 할지도 모른다. 이 말은 곧, 우리 집 뒤뜰에서 감전된 개 이야기를 내 기억 속에 한 번 떠올릴 때마다 그 기억은 아예 처음부터 다시 형성되기 시작되어야 한다는 것이다. 이 과정을 공식적으로 '재형성reconsolidation'이라고 부른다. 이로써 과학자들은 기억의 안정성이라는 개념에 의심을 품기 시작했다. 장기기억의 형성이 한 차례에 쭉 이어서 이루어지지 않고 기억흔적이 다시 활성화될 때마다 되풀이되는 일이라면, 우리 두뇌 속의 영구적인 저장고는 우리가 기억하지 않기로 한 기억들을 위해서만 존재하는 셈이 된다! 이런, 맙소사. 그렇다면 우리 삶에서 뭔가 영구적인 것은 결코 의식할 수 없다는 말인가? 그렇게 생각하는 과학자들도 있다. 그리고 그게 사실이라면, 내가 지금부터 소개할 학습 중 반복에 관한 사례는 말할 수 없이 중요하다.

기억의 인출

기억을 인출하는 시스템은 너무나 강력한 나머지 과거에 대한 생각을 바꿀 수는 있으나 그 생각을 대체할 것은 주지 않는다는 점에서 마치 급진주의자 대학교수들 같다. 정확히 어떻게 그런 일이 일어나는지는 문제 해결의 핵심인 동시에 아직 찾지 못한 퍼즐 조각이다. 그러나 학자들은 인출 메커니즘을 두 가지 일반적 모형으로 구성했다. 그중 하나는 도서관을 떠올리는 수동적인 모형이고, 다른 하나는 범죄 현장이라고 가정하는 공격적인 모형이다.

도서관 모형에서 기억은 도서관에 책을 보관하듯 우리 머릿속에 저장된다. 인출은 서고를 검색하여 특정 책을 골라내라는 명령으로 시작된다. 책을 고르면 그 내용이 깨어 있는 의식 속으로 불려 나와 기억이 인출된다. 이런 단조로운 과정은 때로 '재생인출 reproductive retrieval'이라고 불린다.

또 다른 모형은 우리의 기억이 거대한 범죄 현장의 집합체라고 상상한다. 각각의 범죄 현장은 셜록 홈스를 한 명씩 거느리고 있다. 인출은 셜록 홈스를 범죄 현장으로 불러들이면서 시작된다. 현장에는 늘 단편적인 기억들이 흩어져 있다. 홈스는 현장에 남아 있는 부분적인 증거들을 조사한다. 그는 추론과 추측을 바탕으로 원래 저장되어 있던 것들을 새롭게 짜맞춘다. 이 모형에서 인출이란 완전히 재생된, 세부사항들까지 생생하게 수록된 책을 수동적으로 조사하는 게 아니라 단편적인 자료들을 바탕으로 사실들을 다시 만들어내려고 적극적으로 조사하는 것이다.

어느 쪽이 옳을까? 대답은 놀랍게도 '양쪽 다 옳다'이다. 고대 철학자들과 현대 과학자들은 인간의 기억인출 시스템이 여러 가지 유형이라는 데 동의한다. 그중 어느 시스템을 사용하느냐는 우리가 찾는 정보의 유형과, 기억이 처음 형성된 뒤로 시간이 얼마나 지났느냐에 달려 있다. 이 범상치 않은 사실에 대해서는 조금 더 설명할 필요가 있다.

기억의 빈틈 메우기

학습하고 난 뒤 비교적 초기에는 인출 시스템이 꽤 구체적이고 상세하게 기억을 재생해 낸다. 이는 도서관 모형에 비유할 수 있다. 그러나 시간이 흐르면서 우리는 셜록 홈스 스타일로 옮겨간다. 시간이 지날수록 전에는 명료했던 사건과 사실들이 희미해지기 때문이다. 그렇게 해서 생기는 틈을 메우기 위해서 두뇌는 부분적인 기억의 단편과 추론, 노골적인 추측에 의존해야 하고, 때로는 (이게 가장 불안한 부분인데) 실제 사건과 관계도 없는 기억에 의존한다. 어딘가 좀 허술한 상상력을 지닌 탐정처럼 기억을 그야말로 '재구축'하는 것이다. 이것은 모두 일관성 있는 이야기를 만들어내자고 하는 일인데, 현실이 엄연히 존재하는 상황에서도 두뇌는 이야기를 만들어내기를 좋아한다. 따라서 시간이 가면서 두뇌의 재생 시스템 중 상당 부분이 구체적이고 세부적인 재생 reproduction에서부터 일반적이고 추상적인 회상 recall으로 서서히 바뀌어가는 것으로 보인다.

여러분이 고등학교 신입생이며 다니엘 오퍼라는 정신과의사를 안다고 해보자. 오퍼 박사는 여러분에게 몇 가지 질문이 적힌 설문지를 나눠준다. 예를 들어, 종교가 당신이 성장하는 데 도움이 되었습니까? 선생님에게 체벌을 받은 적이 있습니까? 부모님이 스포츠를 열심히 하도록 독려하셨습니까? 이번에는 그로부터 34년 뒤를 상상해 보자. 오퍼 박사는 여러분에게 똑같은 설문지를 주면서 답을 하라고 한다. 여러분은 모르지만, 박사는 여러분이 고등학생 때 작성했던 설문지를 가지고 있다. 두 설문지의 답변이 얼마나 비슷할까? 섬찟할 정도로 다르다. 사실, 사춘기 때 여러분이 부호화한 기억들은 어른이 되어 지니고 있는 기억과 대부분 다르다. 오퍼 박사는 그런 사실을 끈기 있게 실제 실험을 통해 알아냈다. 체벌에 관한 설문을 한번 보자. 성인이 된 뒤에 학생 시절 체벌을 받았다고 기억하는 사람들은 전체의 3분의 1이었지만, 사춘기 때는 90퍼센트 가까이 그렇다고 대답했었다. 이 자료는 셜록 홈스 스타일의 기억인출 방식이 얼마나 부정확한지를 증명하는 한 가지 예일 뿐이다.

두뇌가 일관성 있고 조리 있는 이야기를 만들어내기 위해 거짓 정보를 끼워넣을 수도 있다는 생각은, 당황스럽고 혼란스러운 세계에서 사람들이 질서를 추구한다는 욕망을 반증한다. 두뇌는 끊임없이 새로운 정보를 받아들이고 그중 일부를 이전 경험들로 가득 찬 머릿속에 저장해야 한다. 따라서 새로운 정보를 전에 만났던 정보와 결합하려고 하는 것도 나름대로 말이 된다. 이 말은 곧 새로운 정보가 정기적으로 기존 정보를 새롭게 빚어내고, 그 결과물을 새롭게 저장하라고 돌려보낸다는 뜻이다. 이게 무슨 말이냐고? 쉽게 말해서, 이제 막 얻은 지식이 과거의 기억 속으로 배어들어가서, 두 가지가 한데 엉킬 수 있다는 의미다. 그러면 우리는 대략적으로나마 현실을 볼 수 있을까? 물론 그럴 수 있다. 그런데 이러다 보면 '범죄-정의 시스템'이 발끈할 수도 있다.

반복으로 기억을 붙잡다

사람의 기억체계가 이렇게 노골적으로 일반화를 좋아한다면, 과연 믿을 만한 장기기억이 만들어질 희망은 있는 걸까? 두뇌의 법칙이 명랑하게 제안하는 대로라면, 대답은 '그렇다'이다. 기억은 학습하는 그 순간에 고정되지는 않지만, 어느 정도 간격을 두고 반복하면 고정될 수 있다. 기억이 잠재적으로 비즈니스나 교육과 연관된다는 것을 생각하면, 지금이야말로 그 문제에 대해서 얘기해봐야 할 때다.

다음은 작동기억의 음운론적 순환과 관련한 테스트다. 다음의 글자와 부호들을 30초 동안 본 다음, 글자와 부호들을 가리고 나서 다음 단락으로 넘어가자.

$$3\ \$\ 8\ ?\ A\ \%\ 9$$

보지 않고 어떤 글자들과 부호들이었는지 기억할 수 있는가? 마음속에서 리허설을 하지 않고도 그렇게 할 수 있는가? 그렇게 못한다고 해서 놀랄 건 없다. 전형적인 인간의 두뇌가 7가지 정보를 붙잡아둘 수 있는 시간은 30초 이내다. 그 짧은 시간 동안 무슨 일인가 일어나지 않는다면, 그 정보는 사라져버릴 것이다. 30초를 몇 분으로, 또는 한두 시간으로 늘리고 싶다면 계속해서 스스로를 그 정보에 노출시켜야 한다. 이런 식으로 반복하는 것을 '유지시연 maintenance rehearsal'이라고도 한다. 이제 우리는 유지시연

이 일반적으로 어떤 대상을 작동기억 내에서, 그것도 짧은 시간 동안 유지하는 데 효과적이라는 것을 안다. 또한 정보를 장기기억으로 만드는 더 좋은 방법이 있다는 것도 안다. 그 방법을 설명하려면, 내가 사람이 죽는 것을 처음으로 보았던 경험을 이야기해야 할 것 같다.

사실 나는 지금껏 사람이 죽는 것을 모두 여덟 번 봤다. 공군 관리의 아들이었던 나는 하늘을 나는 군용기를 볼 기회가 많았다. 어느 날 오후, 화물 수송기 하나가 그때까지 내가 한 번도 직접 본 적 없고 그 뒤로도 보지 못한 광경을 연출했다. 그 수송기는 소용돌이치며 하늘에서 땅으로 떨어졌다. 그리고 내가 서 있던 곳에서 150미터쯤 떨어진 땅에 쑤셔 박혔다. 무려 150미터나 떨어져 있었는데도 그 충격파와 폭발로 인한 열기를 온몸으로 느낄 수 있었다.

이 정보를 가지고 내가 할 수 있는 일은 두 가지였다. 혼자 마음속으로 간직하거나 사람들에게 얘기하거나. 나는 후자를 택했다. 황급히 집으로 돌아와 부모님께 말씀드리고 친구들에게 전화를 걸었다. 나는 친구들을 만나 음료를 마시면서 사고에 대해 이야기를 나눴다. 엔진이 꺼지는 소리, 깜짝 놀랐던 일, 그리고 공포. 사고가 너무 끔찍했기 때문에 우리는 그 다음 주까지도 질리도록 그 이야기를 했다. 한 선생님은 수업 중에 그 이야기를 꺼내지 못하게 했다. 티셔츠에 '충분히 많이 얘기했거든요.'라는 글자를 박아야겠다고 협박하면서.

어째서 나는 이 이야기를 이렇게 세세하게 기억하고 있을까? 아무리 티셔츠로 협박을 해도, 그 경험에 대해 떠들어대고 싶었던 나의 열망이 주된 원인일 것이다. 사고가 일어난 뒤에 계속해서 사고 이야기를 하면서 기본적인 사실을 다시금 체험했고, 거기서 얻은 인상은 더욱 정교해져 갔다. 이런 현상을 가리켜 '정교화 시연elaborative rehearsal'이라고 한다. 이는 기억인출을 확고하게 하는 데 가장 효과적인 반복 형태다. 많은 연구를 통해 **어떤 사건이 일어난 직후**에 그것에 대해 생각하거나 말을 하면 그 사건을 훨씬 잘 기억한다는 것이 밝혀졌다. 이런 경향은 법을 집행하는 사람들에게는 엄청나게 중요하다. 그래서 범죄가 일어난 뒤 증인에게 가능한 한 빨리 정보를 회상하게 하는 것이 그토록 중요한 것이다.

에빙하우스는 거의 100년 전에 반복의 힘을 철저하고도 상세하게 보여주었다. 그가 만든 '망각곡선forgetting curves'을 보면, 처음 어떤 일을 경험한 뒤 한두 시간이 지나면 기억의 상당 부분이 사라진다는 것을 알 수 있다. 그는 반복을 통해 이런 현상을 줄일 수 있다고 입증했다. 정보에 다시 노출되는 과정에서 타이밍은 아주 결정적이므로, 세 가지 방법으로 탐구해 보겠다.

일정한 간격을 두고 정보를 입력하라

젖은 콘크리트가 마르면서 단단해지는 것과 마찬가지로, 기억이 영구히 자리를 잡으려면 시간이 필요하다. 그리고 단단해지는 중에도 인간의 기억은 변화하지 못해 안달이다. 아마도 새롭게 부호화된 정보가 이미 존재하는 기억흔적의 모양을 바꾸거나 없애버릴 수 있기 때문에 그럴 것이다. 그런 간섭은 학습이 중단 없이 연속적으로 이루어질 때 일어나는데, 사실 회의실이나 교실에서 그런 일이 빈번히 벌어진다. 멈추지도 못하고 되풀이하지도 못하게끔 정보가 물밀듯이 밀어닥치면 혼동이 일어날 가능성은 높아진다.

다행히 기쁜 소식도 있다. 정보가 일정 간격을 두고 주기적으로 전달될 때는 그런 간섭이 일어나지 않는다. 사실, 일정 간격을 두고 정보에 반복적으로 노출되는 것은 두뇌 속에 기억을 새기는 가장 강력한 방법이다. 왜 이런 현상이 일어날까? 학습해야 할 정보의 전기적 표현이 여러 번 반복되면서 천천히 쌓이면, 정보를 저장하는 데 동원된 신경 네트워크는 서서히 정보의 전반적인 모습을 바꾸고, 앞서 비슷한 경우에 동원했던 네트워크를 **간섭하지 않는다**. 끊임없이 주기적으로 반복하면 이미 들어앉은 정보를 간섭하기보다는 지식의 토대에 **덧붙일** 수 있는 경험을 만들어낸다는 얘기다.

두뇌에는 생생한 기억을 끄집어낼 때면 빠지지 않고 활성화되는 부위가 있다. 그 부위는 좌측 하부 전전두엽 안에 있다. 학습하는 동안 이 부위가 움직이는 모습을 fMRI^functional magnetic resonance imaging(기능성 자기공명영상) 기계로 촬영해서 보면 저장한 정보를 말끔하게 인출해 낼 수 있을지를 예측할 수 있다. 이 부위의 움직임은 상당히 신뢰할 만하다. 한 남자가 뭔가를 제대로 기억할지 못할지를 알아보고 싶다면? 그에게 물어볼 필요도 없다. fMRI 기계를 들여다보고 그 사람의 좌측 하부 전전두엽이 어떻게 움직이는지만 보면 된다.

과학자 로버트 와그너^Robert Wagner는 이 사실을 바탕으로 한 가지 실험을 고안했다. 와그너는 두 그룹의 학생들에게 단어들을 암기하게 했다. 한 그룹에게는 단어를 계속 반복해서 보여주었다. 벼락치기 시험공부를 하는 학생들의 행동과 비슷하다고 보면 된다. 다른 한 그룹에게는 시간 간격을 좀 더 길게 두고 단어들을 보여주었다. 기억의 정확도 면에서, 첫 번째 그룹이 두 번째 그룹보다 성적이 훨씬 나빴다. 그들의 좌측 하부 전전두엽은 움직임이 확 줄어들었다. 이 결과를 보고 하버드대학의 심리학 교수 댄 쉑터[Dan Schacter]는 이렇게 말했다.

"기말시험을 준비할 시간이 일주일밖에 없다면, 그리고 한 과목을 열 번밖에 공부할 수 없다면, 한꺼번에 열 번 보기보다는 일주일 동안 간격을 두고 열 번 보는 게 낫다."

한데 모아 생각하면, 반복과 기억 사이의 관계는 명확하다. 어떤 정보를 나중에 기억해 내고 싶다면 그 정보를 반복해서 본다. 그리고 기억의 질을 높이고 싶다면 **더 정교한** 방식으로 정보를 반복해서 본다. 정보를 최대한 생생하게 기억하고 싶다면 더 정교한 방식으로 정보를 보되, 일정한 간격을 두고 본다. 새로운 정보가 한꺼번에 몰려 들어오는 것보다는 기억 저장소에서 새로운 정보가 서서히 뒤섞일 때 학습이 가장 효율적으로 이루어진다. 그렇다면 왜 그런 모형을 사무실과 교실에서 활용하지 않는 걸까? 그것은 비즈니스 리더들과 교육자들이 《신경과학 저널》을 읽지 않기 때문이기도 하고, 읽었더라도 아직은 시간 간격을 얼마나 두어야 그런 마법이 일어나는지 확신하지 못하기 때문이기도 하다. 하지만 타이밍 문제는 주요 연구 주제는 아니다. 사실, 기억의 형성은 타이밍에 따라 딱 두 범주로 나눌 수 있다. 빠르거나 느리거나. 타이밍 문제가 어떻게 기억의 형성 과정에 끼어들 수 있는지 설명하기 위해 잠깐 내가 아내를 만났던 이야기를 하겠다.

불꽃 튀는 관심

아내 카리를 처음 만났을 때 나는 다른 사람과 사귀고 있었다. 그것은 카리도 마찬가지였다. 그러나 카리를 만난 뒤 나는 그녀를 잊을 수가 없었다. 카리는 아름답고 재능이 많았으며 에미상 후보에 오르기도 했던 작곡가였고 내가 만났던 사람들 중 가장 친절했다. 6개월 뒤 카리도 나도 모두 '애인 구함' 상태가 되자 나는 바로 카리에게 데이트 신청을 했다. 첫 데이트에서 우리는 아주 즐거운 시간을 보냈고, 그 뒤로 카리 생각이 더 많이 났다. 알고 보니 카리도 마찬가지였다. 나는 다시 데이트 신청을 했고, 우리는 곧 정기적으로 데이트하는 사이가 되었다. 2개월쯤 지나자, 나는 카리를 만날 때마다 가슴이 쿵쾅거렸고 속이 울렁거렸으며 손에서는 땀이 났다. 그리고 마침내 그녀를 보지 않아도 맥박이 빨라지는 현상이 나타났다. 그녀의 사진만 보아도, 그녀가 쓰는 향수 냄새만 맡아도, 그녀가 작곡한 음악만 들어도 맥박이 빨라졌다. 그녀 생각을 잠깐만 해도 몇 시간씩 기분이 좋았다. 그러니까, 나는 사랑에 빠졌던 것이다.

무슨 일이 그런 변화를 일으켰을까? 카리라는 멋진 여성을 자꾸 만나면서 나는 그녀의 존재에 점점 더 민감해졌고, (향수 냄새 같은) 작은 단서에도 반응은 점점 더 커져갔다. 그 효과는 오랫동안 지속되어 30년 가까이 계속되었다. 사랑이 일어나는 까닭이 뭔지 알아내는 것은 시인이나 정신과의사들에게 맡겨두자. 만나는 횟수가 제한될수록 반응이 점점 더 강해질 수 있다는 생각은 뉴런이 무언가를 배우는 방법의 핵심에 자리잡고 있다. 하지만 그것은 '로맨스'가 아니라 '장기 시냅스 강화LTP, Long-term Potentiation'라고 불린다.

장기 시냅스 강화, 즉 LTP를 설명하려면 행동과학 연구라는 고차원적 세계에서 세포 및 분자 연구라는 좀 더 근본적인 세계로 내려올 필요가 있다. 실험실의 세균 배양용 접시에서 해마 뉴런 두 개가 시냅스로 연결된 채 사이좋게 살고 있다고 해보자. 시냅스 위쪽에 있는 뉴런을 '선생님'이라고 부르고 시냅스 아래에 있는 뉴런을 '학생'이라고 하자. 선생님 뉴런의 목표는 전기로 된 정보를 학생에게 전하는 것이다. 선생님 뉴런에게 자극을 주어서 세포가 학생에게 전기신호를 보낼 수 있도록 하자. 잠깐 동안 학생은 자극을 받고 그에 대한 응답으로 흥분을 한다. 선생님과 학생 사이의 시냅스 상호작용은 일시적으로 '강화된다'고 할 수 있다. 이런 현상을 '초기 LTP'라고 한다.

불행히도, 그 흥분은 한두 시간 정도밖에 지속되지 않는다. 학생 뉴런이 90분 이내에 선생님으로부터 같은 정보를 다시 받지 않으면, 학생 뉴런의 흥분은 사라질 것이다. 세포는 말 그대로 제로 상태가 되어 아무 일도 없었다는 듯 행동하고 자신을 찾아올 다른 신호를 기다린다.

초기 LTP는 선생님 뉴런의 목적은 물론 진짜 선생님들의 목적과도 명백하게 어긋난다. 그렇다면 처음에 일어난 흥분을 어떻게 해야 영원히 지속시킬 수 있을까? 학생의 일시적인 반응을 장기적인 반응으로 바꿀 방법이 있을까?

물론 방법은 있다. 정보를 일정 기간이 지난 뒤 **반복하는 것**이다. 선생님 세포가 신호를 한 번만 전한다면, 학생 세포는 그 흥분을 순간적으로만 경험할 것이다. 그러나 정보가 일정 간격을 두고 거듭 전해진다면(세균 배양용 접시 속에 있는 세포들은 10분 간격으로 총 세 번 자극을 받는다), 선생님 뉴런과 학생 뉴런 사이의 관계는 변화하기 시작한다. 데이트를 몇 번 하고 난 뒤 나와 카리의 관계처럼, 학생으로부터 점점 더 강한 출력신호를 얻으려면 선생님은 입력신호를 점점 더 적게 보내야 한다. 이 반응을 '후기 LTP'라 부른다. 간격을 두고 반복하면 뉴런 두 개로 이루어진 작고 고립된 세계에서조차 학습 효과에 크게 영향을 준다.

시냅스 형성에 필요한 시간 간격은 분과 시간으로 측정되기 때문에 '빠른 형성 fast consolidation'이라고 불린다. 그러나 시간이 짧다고 해서 그 중요성을 망각해서는 안 된다. 이렇게 전개되는 관계의 어느 한 부분에라도 조작이 끼어들면—행동이나 약물, 유전자를 이용하여—기억 형성 전체가 차단될 것이다.

위와 같은 데이터는 학습에서 반복이 무척 중요하다는 확고한 증거를 제공한다. 적어도 접시 속에 있는 뉴런 두 개에 대해서라면 말이다. 교실에 있는 두 사람 사이는 어떨까? 비교적 단순한 세포의 세계는 복잡한 두뇌 세계와는 아주 딴판이다. 뉴런 한 개가 수백 개의 시냅스를 거쳐 다른 뉴런들과 연결되어 있는 경우도 흔하다.

여기서 우리는 훨씬 더 긴 기간을 단위로 측정하는 기억 형성의 유형을 만난다. 이것은 때로 '시스템 형성system consolidation'이라 불리고, 때로는 '느린 형성slow consolidation'이라 불리기도 한다. 곧 살펴보겠지만, '느린'이라는 단어가 아무래도 더 어울려 보인다.

시끌벅적 결혼 이야기

시냅스 형성과 시스템 형성의 차이점을 설명하려면 핵전쟁 얘기를 꺼내는 것이 좋겠다. 1968년 8월 22일, 냉전이 더욱 불타오르던 시기였다. 당시 나는 독일 중부에 있는 공군기지에서 가족과 함께 살면서 중학교에서 역사를 공부하고 있었다. 불행히도 그곳은 유럽에 핵폭탄을 떨어뜨린다면 바로 우리 머리 위에서 터질 만한 곳이었다.

당시 내가 역사 수업을 듣던 교실에 여러분이 함께 있었더라면, 여러분도 그 수업이 듣기 싫었을 것이다. 나폴레옹 전쟁이라는 흥미롭고 열정적인 주제에도 불구하고, 정말로 그곳에 있기 싫어했던 프랑스 출신 선생님은 수업을 단조롭고 따분하게 진행하고 있었다. 그렇다고 해서 그 전날 일어난 일에 몰입할 수 있었던 것도 아니다. 그 전날인 1968년 8월 21일, 소련군과 바르샤바조약기구 5개국의 연합군이 체코슬로바키아를 침공했다. 우리가 살고 있던 공군기지는 고도의 경계 태세에 들어갔고, 미 공군의 일원이었던 우리 아버지는 그 전날 저녁에 기지를 떠난 상태였다. 그리고 불길하게도 아버지는 아직 돌아오지 않고 있었다.

선생님은 벽에 붙어 있는 커다란 아우스터리츠Austerlitz 전투 그림을 가리키면서 나폴레옹의 초기 전쟁에 대해 지루하게 설명하고 있었다. 그런데 갑자기 선생님의 화난 목소리가 들렸다.

"이걸 두 번씩 물어봐야 되니?"

전날 일어난 전쟁 걱정을 하고 있던 나는 문득 정신을 차리고 고개를 들었다. 그러자 선생님이 바로 내 옆에 서서 나를 내려다보고 있었다.

"이 전투에서 나폴레옹의 적이 누구였느냐고 물었어."

선생님이 날카로운 목소리로 말했다. 그제야 나는 선생님이 나에게 질문하고 있었다는 것을 깨달았다. 그리고 얼떨결에 머릿속에 떠오른 말을 내뱉었다.

"바르샤바 조약군이오! 아닌가? 아! 소련군이오!"

다행히도 선생님은 유머감각이 조금 있었고, 그날의 상황을 이해하고 있었다. 반 아이들이 모두 웃었고, 선생님의 얼굴도 펴졌다. 선생님은 내 어깨를 두드리고 못 말리겠다는 듯 고개를 저으며 다시 교단으로 돌아갔다.

"당시 나폴레옹의 적은 러시아와 오스트리아 연합군이었어요."

그리고 잠시 뒤 덧붙였다.

"나폴레옹은 그들을 아주 제대로 혼내줬죠."

이 부끄러운 기억을 40년 가까이 지나서도 떠올리는 데는 많은 기억체계들이 도움을 주었다. 시스템 형성에서 타이밍과 관련한 특성을 설명하기 위해서는 이 기억에 담긴 상세한 의미들을 몇 가지 이용해야겠다.

나폴레옹이 오스트리아와 러시아 연합군을 물리쳤던 아우스터리츠 전투와 마찬가지로 우리의 신경에도 신경군대가 몇 가지 있다. 첫 번째 군대는 대기가 전투가 벌어지는 땅을 감싸듯 두뇌를 감싸고 있는 대뇌피질로, 신경으로 이루어진 얇은 막이다. 두 번째 군대는 중뇌 측두엽medial temporal lobe이다. 이곳에는 이미 우리와 친숙한 늙은 병사, 해마가 살고 있다. 대뇌 변연계limbic system에서 가장 중요한 부분인 해마는 여러 가지 유형의 기억들이 장기기억의 특성을 갖도록 도와준다. 우리가 앞서 얘기했던 뉴런의 '선생님-학생' 관계가 해마 속에서 일어난다.

　대뇌피질과 중뇌 측두엽이 교신하는 방식을 보면 장기기억이 어떻게 만들어지는지 알 수 있다. 대뇌피질에서 튀어나온 뉴런은 측두엽을 향해 꾸불꾸불 나아가면서 대뇌피질이 무엇을 받아들였는지를 슬쩍 흘려서 해마가 엿듣게 한다. 마찬가지로 측두엽에서 솟아난 뉴런들도 대뇌피질을 향해 꿈틀꿈틀 되돌아오며 다시 한 번 엿들을 기회를 제공한다. 이런 순환 때문에 해마는 자극을 받은 피질 부위에 명령을 내리는 동시에 그곳에서 정보를 모은다. 이러한 순환 덕분에 우리는 기억을 할 수 있고, 그 순환은 지금 내가 여러분에게 이렇게 이야기하는 능력을 갖추는 데 큰 역할을 한다.

　이들 신경 연합군은 마지막으로 장기기억의 생성이라는 위업을 달성한다. 정확히 어떤 과정을 거쳐 안정된 기억을 제공하는지는 30년간의 연구로도 알아내지 못했다. 하지만 이 신경군대들이 의사소통할 때 어떤 특징이 있는지는 몇 가지 알고 있다.

1 감각정보는 대뇌피질에서 해마로 전달되고, 기억은 그 연결을

반대방향으로 거슬러 와서 대뇌피질에서 만들어진다.

2 신경들의 전기적 결합은 놀라울 정도로 시끄럽게 시작된다. 애초의 자극이 사라진 지 한참 지나서도 사건 당사자인 대뇌피질 뉴런들과 해마는 여전히 시끌벅적 그 얘기를 떠들어댄다. 그날 밤 잠자리에 들 때도 해마는 아우스터리츠에 관한 신호들을 대뇌피질로 보내고, 잠들어 있는 동안에도 그 기억을 계속해서 재연replay하느라 바쁘다. 이렇게 오프라인 상태에서도 기억을 처리한다는 것은 사람들이 규칙적으로 잠을 자야 하는 강력한 이유가 된다. 학습에서 수면의 중요성은 7장에서 자세하게 설명할 것이다.

3 관련 부위들이 활발히 움직이는 동안, 그것들이 전달하는 기억은 모두 불안정하고 변경될 수 있지만, 그 상태로 계속 머물지는 않는다.

4 시간이 어느 정도 지나면, 해마는 대뇌피질과 잡고 있던 손을 놓아주면서 사실상 관계를 끝내버린다. 대뇌피질은 그 사건의 기억을 지닌 채 홀로 남는다. 그러나 중요한 게 아직 남았다. 바로 일종의 '소송절차 보류 통고'(상대방이 알 때까지 소송절차를 보류한다는 의미의 법률용어—옮긴이)다. 해마는 대뇌피질의 기억이 일단 완전히 형성되었을 경우에만, 즉 기억이 일시적이고 변경 가능한 상태에서 영구적이고 고정된 상태로 바뀌었을

때에만 이혼소송을 진행한다. 이 과정은 시스템 형성의 핵심이며, 여기에는 특정 기억흔적을 지속시키는 두뇌 부위들의 복잡한 재구성이 수반된다.

그렇다면 한 가지 정보가 장기적으로 저장되고 완전히 안정되려면 시간이 어느 정도 걸릴까? 질문을 살짝 바꾸어봐도 좋겠다. 해마가 대뇌피질과 관계를 정리하고 확실히 이혼하려면 시간이 얼마 정도 걸릴까? 몇 시간? 며칠? 몇 달? 이 대답을 처음 듣는 사람은 너나 할 것 없이 깜짝 놀란다. 자, 놀라지 말고 들으시라. 그 과정에는 **몇 년**이 걸릴 수도 있다.

끊임없이 움직이는 기억

수술로 해마를 제거하는 바람에 새로운 정보를 부호화하는 능력을 잃어버렸던 H.M.이라는 사람이 기억나는가? H.M.은 한 시간 간격으로 당신을 두 번 만나도 처음 만났던 것을 기억하지 못한다. 이렇게 새로운 정보를 부호화하여 장기적으로 저장하지 못하는 증상을 '전향성 기억상실 anterograde amnesia'이라고 한다. 그런데 이 유명한 환자는 '역행성 기억상실 retrograde amnesia'도 앓고 있었다. 역행성 기억상실이란 지난날의 기억을 잃어버리는 것이다. H.M.에게 수술 3년 전의 일을 물으면 아무것도 기억하지 못한다. 그럼 수술

7년 전의 일은? 마찬가지다. 여기까지만 얘기하면 H.M.이 해마를 잃어버리면서 기억을 완전히 잃어버렸다고 단정할지도 모른다. 그러나 그에게 훨씬 먼 옛날 이야기를, 그러니까 아주 어린 시절에 있었던 일을 물어보면, 그는 나나 여러분처럼 더할 나위 없이 정상적으로 옛일들을 떠올린다. 가족, 살았던 곳, 여러 가지 사건의 사소한 부분들까지. 다음은 H.M.을 오랫동안 연구했던 사람과 H.M.이 나눈 대화의 일부다.

연구원 특별히 기억나는 일이 있습니까? 크리스마스나, 생일이나, 부활절이나.
(이 연구원은 몇십 년째 H.M.을 연구하고 있지만, H.M.은 이 연구원을 전혀 기억하지 못하고, 볼 때마다 처음 만난다고 생각한다.)
H.M. 크리스마스 기억이 나요.
연구원 크리스마스 때 어떤 일이 있었는데요?
H.M. 저희 아버지는 남부 출신인데, 남부에서는 크리스마스를 보내는 방법이 이곳 북부와 달랐대요. 남부에서는 크리스마스트리도 세우지 않는대요. 어쨌든 아버지는 루이지애나에서 태어나셨지만 북부로 올라오셨어요. 저는 아버지가 태어난 마을 이름도 알아요.

H.M.이 먼 과거의 세부적인 일을 기억한다면, 기억상실이 시작된 지점이 분명 있을 것이다. 그게 어디였을까? 정밀분석 결과,

그가 수술을 받기 11년 전부터 기억이 잠잠해지기 시작한 것으로 밝혀졌다. 그의 기억을 그래프로 그려본다면, 처음에는 무척 높은 지점을 그리다가 수술 11년 전에 갑자기 거의 0에 가깝게 떨어져서는 그 뒤로 끝까지 그 상태를 벗어나지 못할 것이다.

그것은 무슨 의미일까? 해마가 모든 기억 능력에 영향을 끼친다면, 해마를 전부 제거했을 때 모든 기억 능력이 파괴되어야 한다. 그야말로 기억을 깨끗이 닦아내는 셈이다. 그러나 실제는 그렇지 않다. 해마는 어떤 사건을 장기 저장하기로 결정한 뒤 10년이 넘도록 그 기억의 형성에 관여한다. 그런 다음 기억은 뇌 속의 다른 부위로 옮겨가는데, 그곳은 H.M.이 수술로 뇌손상을 받은 곳과 무관한 부위다. 그래서 H.M.이 그곳에 있는 기억은 '인출'할 수 있는 것이다. H.M.과 같은 환자들을 보면 해마가 새로 생긴 기억흔적에서 여러 해 동안 손을 떼지 않는다는 것을 알 수 있다. 며칠도 몇 달도 아니다. 무려 **몇 년**이다. 때로는 십 년이 넘기도 한다. 불안정한 기억을 영속성 있는 기억으로 변형시키는 시스템 형성을 완성시키는 데도 몇 년이 걸릴 수 있다. 그동안 그 기억은 불안정한 상태다.

물론 이 과정에 대해 던질 질문은 한두 가지가 아니다. 그중 대표적인 질문은 (기억이 불안정한) 그 사이에 기억은 어디로 가는 것일까이다. 조셉 르두 Joseph LeDoux는 광야와도 같은 두뇌신경의 세계에서 기억이 장기적으로 체류하는 현상을 설명하기 위해 '떠돌이 기억 nomadic memory'이라는 용어를 만들었다. 그러나 그 말로는 질문에 답이 되지 않는다. 기억이 어디로 가는지, **과연 어디로든**

가기는 하는지는 현재 아무도 모른다. 다른 질문들도 보자. 해마는 왜 몇 년 동안 가꿔온 대뇌피질과의 관계를 포기하는 것일까? 기억이 완전히 형성되고 나서 마지막으로 가는 곳은 어디일까? 이 질문에 대한 답은 조금은 더 명확하다. 기억이 마지막으로 찾아가는 안식처는 영화광들에게 아주 익숙한 곳이다. 특히 〈오즈의 마법사 The Wizard of Oz〉나 〈타임머신 The Time Machine〉, 1968년 작 〈혹성탈출 Planet of the Apes〉 같은 영화를 좋아한다면.

〈혹성탈출〉은 소련이 체코슬로바키아를 침략했던 1968년에 개봉한 영화로, 종말론적 주제를 담고 있다. 배우 찰턴 헤스턴이 연기한 주인공은 우주비행사로, 유인원들이 지배하는 행성에 불시착한다. 영화의 마지막에서 찰턴 헤스턴은 악한 원숭이 무리를 피해 해변을 걷는다. 그런데 갑자기 카메라 밖으로 뭔가 엄청나게 중요한 것이 보였는지, 그가 털썩 무릎을 꿇는다. 그는 이렇게 외친다. "네놈들이 결국 해냈구나. 다들 지옥으로 꺼져버려!" 그리고 흐느끼면서 주먹으로 파도를 친다.

카메라가 뒤로 빠지면서 어디서 많이 본 조각의 윤곽이 보인다. 그리고 이어서 모래 속에 반쯤 파묻힌 자유의 여신상이 모습을 드러내고, 관객은 헤스턴이 경악에 차 외친 이유를 알게 된다. 영화 내내 오랜 여정을 거쳤지만, 그는 외계의 땅에서 모험을 한 것이 아니었다. 그는 지구를 떠나지 않았었다. 영화가 끝을 맺은 장소는 영화가 시작한 곳이었다. 시간 차이만 있었을 뿐이다. 그가 탄 우주선은 먼 미래의 어느 순간, 지구 종말 이후 유인원이 지배하는 지구에 불시착한 것이었다. 완전히 형성된 기억이 마지막으로 머무는 곳에 관한 연구 자료를 보았을 때, 나는 곧바로 이 영화가 떠올랐다.

해마가 대뇌피질로부터 정보를 받고 다시 그것을 돌려보낸다는 사실을 기억할 것이다. 서술기억은 자극을 처음 처리하는 데 동원된 대뇌피질 시스템과 동일한 부분에 영구히 저장되는 것으로 보인다. 다시 말해서, 기억이 마지막으로 머무는 곳은 처음 기억을 처리한 바로 그곳이다. 달라지는 것은 시간뿐. 연구 자료에는 기억의 저장뿐 아니라 재생에 관한 이야기도 많이 담겨 있다. 완전히 무르익은 기억흔적을 10년 뒤에 인출하는 것은 어쩌면 그저 그 기억이 생긴 지 몇 밀리세컨드(1초의 1,000분의 1)밖에 안 되었던 학습의 초기 순간을 재구성하려는 시도일지도 모른다! 자, 지금껏 얘기한 장기기억 인출 모형을 정리하면 다음과 같다.

1 장기기억은 기억이 여러 번 복원된 결과 대뇌피질에 시냅스의 변화가 축적되어 생긴다.
2 이런 복원은 해마가 관장하는데, 그 기간은 몇 년이 될 수도 있다.
3 결국 그 기억은 중뇌 측두엽에서 벗어나 새롭고 좀 더 안정된 기억흔적이 되어 대뇌피질에 영원히 저장된다.
4 기억인출 메커니즘은 학습이 처음 이루어진 순간에 동원했던 뉴런의 원래 모습을 재구성하는 것일지도 모른다.

망각, 생존의 우선순위를 정하다

　1886년에 태어난 러시아 기자 솔로몬 셰레셰프스키Solomon Shereshevskii는 기억용량이 거의 무제한인 듯했다. 기억의 저장과 인출 두 가지 모두에서 그랬다. 과학자들은 그에게 숫자와 글자로 이루어진 암기 목록을 준 다음 그의 기억력을 테스트했다. 그는 각 항목을 3~4초 동안 '시각화'만 하면 모두 완벽하게 기억했다. 외워야 할 것들이 70개가 넘어도 말이다. 목록을 거꾸로 뒤에서부터 암기하기도 했다.

　한 실험에서 과학자가 셰레셰프스키에게 글자와 숫자로 이루어진 복잡한 공식을 보여주었다. 그리고 인출 실험을 딱 한 번 한 다음(이때 셰레셰프스키는 하나도 틀리지 않고 완벽하게 기억했다) 공식 목록을 상자에 넣었다. 그리고 15년을 기다렸다. 15년이 지난 어느 날, 그 과학자는 그 목록을 꺼내어 셰레셰프스키에게 공식을 외워보라고 했다. 그러자 그는 조금도 망설이지 않고 그 공식을 외웠다. 셰레셰프스키는 모든 것을 무척이나 명료하고, 상세하고, 영구히 기억하는 나머지, 기억을 의미 있는 패턴으로 구성하는 능력을 잃었다. 그는 마치 끝도 없이 계속되는 눈보라 속에 사는 것처럼, 인생의 많은 부분을 서로 아무 관계 없는 감각정보들의 눈보라로 보았다. 그는 '큰 그림'을 볼 수 없었다. 다시 말해, 서로 관련 있는 경험들 사이의 공통점을 알아차리거나 더 크고 반복적인 패턴을 찾지 못했다. 은유와 직유로 가득한 시를 그는 이해할 수 없었다. 사실, 그는 아마도 지금 이 문장의 의미도 이해하지 못할 것이다. 셰레셰프스키는 아무것도 잊어버리지 못했고, 그것은 그가 살아가는 방식에 영향을 주었다.

서술기억을 처리하는 과정의 마지막 단계는 망각이다. 망각이 인간의 능력에 결정적 역할을 하는 까닭은 아주 간단하다. 우리는 망각 때문에 인생의 우선순위를 정할 수 있다. 생존과 무관한 일과 생존에 아주 중요한 일을 같은 순위에 놓는다면 인지공간을 낭비하게 된다. 그래서 우리는 중요하지 않은 일에 관한 기억을 일부러 덜 안정되게 만들어버린다. 그것들을 **잊어버리는 것**이다.

망각에는 여러 형태가 있다. 망각 연구의 아버지라 할 만한 댄 쉑터는 저서 《기억의 7가지 원죄 The Seven Sins of Memory》에서 어떤 사실을 알고 있지만 혀끝에서만 맴돌 뿐 말로 나오지 않는 '설단현상 Tip-of-the-tongue issues', 열쇠나 안경 등을 어디에 두었는지 기억하지 못하거나 약속을 잊어버리는 '방심 absent-mindedness', 아는 사실인데 막상 기억하려 하면 떠오르지 않는 '차폐 blocking', 정보의 출처를 잘못 기억하는 '오귀인 misattribution', 현재의 기분이 과거의 기억을 왜곡하는 '편향 biases', 실제로 있던 일이 아닌데도 그렇다고 암시를 받으면 실제로 있었다고 생각하는 '피암시성 suggestibility' 등으로 망각의 범주들을 정리했다. 망각은 종류와 상관없이 모두 한 가지 공통점을 가지고 있다. 다른 정보들을 위해서 어떤 정보들을 버린다는 점이다. 그 덕분에 망각은 인류가 지구를 정복하는 데 일등공신이 되었다.

닥터 메디나의 두뇌 부활 아이디어!

교실이나 회의실을 정복하려면 지금까지 얘기한 정보들을 어떻게 이용해야 할까? 정보에 재노출되는 효과가 극대화되는 타이밍을 연구하는 것은 학자들과 마케팅 담당자같이 현장에서 뛰는 사람들이 열린 경쟁을 통해 뭔가 생산적인 일을 할 수 있는 무대다. 예를 들어, 다음과 같은 정보가 마케팅에서 어떤 의미를 갖는지 우리는 전혀 모른다. 메시지를 얼마나 자주 반복해야 사람들이 물건을 구입할까? 사람들이 어떤 정보를 6개월 또는 1년 뒤에 기억할지 못할지를 결정하는 것은 무엇인가?

몇 분, 몇 시간

평범한 고등학생의 하루는 50분 단위의 시간 대여섯 개로 나뉜다. 그 단위는 되풀이되지 않는 (그리고 속도가 일정한) 정보의 물결로 이루어져 있다. 작동기억에 필요한 타이밍의 요건을 골격으로 삼는다면, 여러분은 이런 식의 시간 단위를 어떻게 바꾸겠는가? 어쩌면 이 세상에서 가장 별난 교실 정경이 떠오를지도 모른다. 내가 상상하는 것은 다음과 같다.

미래의 교실에서는 수업을 25분 단위로 나누고, 하루 중에 주기적으로 반복한다. A과목을 25분 동안 가르치고 나면 90분 뒤에 앞서 배웠던 A과목을 반복하고, 그다음에 한 번 더 반복한다. 모든 수업을 이런 방식으로 나눠서 배치하는 것이다. 시간표를 이런 식으로 짜면 단위시간당 처리할 수 있는 정보의 양은 줄어들기 때문에 연간 수업일수는 조금 늘어날 것이다.

며칠, 몇 주

앞서 로버트 와그너 박사의 실험이 기억나는가? 덕분에 우리는 며칠, 몇 주에 걸쳐 '여러 번 복원하면multiple reinstatement' 분명히 기억에 도움이 된다는 것을 알았다.

미래의 학교에서는 3, 4일마다 그 전 72시간이나 96시간 동안 배웠던 내용을 복습할 수도 있다. 이 '복습휴가' 기간에는 먼저 배웠던 정보들을 압축하여 전달한다. 학생들은 처음 학습했을 때 필기한 내용과 복습 시간에 선생님이 말씀하시는 내용을 비교하며 공부할 수 있다. 이러면 정보는 훨씬 정교해질 것이고, 선생님이 정확한 정보를 전달하는 데에도 도움이 될 것이다. 형식을 갖춰 잘못된 내용을 확인하는 연습을 하면 규칙적이고 긍정적인 학습을 하는 데 선생님과 학생 모두에게 도움이 될 것이다.

그런 학습 모형을 채택하면 숙제가 필요 없어질 수도 있다. 숙제의 가장 큰 목적은 학습 내용을 반복하게 하는 것이다. 학교에서 수업을 하는 동안 반복이 이루어진다면, 집에 가서까지 학습 내용을 반복할 필요는 거의 없을 것이다. 숙제라는 발상이 중요하지 않기 때문이라는 얘기는 아니다. 단지 미래의 학교에서는 숙제가 필요하지 않을 수 있다는 것이다.

이런 학습 모형이 정말 효과가 있을까? 시간 간격을 두고 학습 내용을 반복하는 실험이 이뤄진 적이 없으니 의문점은 한두 가지가 아닐 수밖에. 좋은 성적을 내자고 한 과목을 하루에 세 번 반복할 필요가 '정말 있을까? 모든 과목을 그렇게 반복해야 할까? 반복되는 학습 내용들끼리 서로 간섭이라도 하면 학습에 방해가 되는 것은 아닐까? 복습휴가가 정말 필요할까? 그렇다면 3, 4일마다 복습휴가를 가지면 될까? 이 질문들에 대한 답은 아직 아무도 모른다.

몇 년

예를 들어, 사람들은 '초등학교 5학년생이라면 이 정도는 알고 있을 거야.'라고 기대하곤 한다. 그런데 이상하게도 지금까지 얘기한 교육 모형에서는, 학습한 내용이 학년을 마친 뒤 학생의 머릿속에 얼마만큼 남아 있을 것인가 하는 점이 빠져 있다. 기억 시스템을 형성하는 데 **몇 년**이 걸릴 수도 있다면, 학년에 따라 일정 수준의 학습을 기대하는 생각을 바꿔야 할까? 길게 보면, 학습은 어쩌면 예방접종과 같은지도 모른다. 즉, 중요한 정보들을 1년에 한 번이나 6개월에 한 번씩 반복하는 것이다.

그것이 바로 내가 꿈꾸는 수업 방식이다. 반복은 구구단, 분수, 소수 등을 끊임없이 복습하는 것으로 시작된다. 3학년 때 처음 배우고, 그 뒤로 6학년 때까지 6개월이나 1년마다 복습하는 것이다.

수학 실력이 높아지면 복습하는 내용 역시 수준 높은 이해력을 반영하게 될 것이다. **그러나 그 주기는 그대로 유지한다.** 이런 일관성 있고 규칙적으로 반복학습을 하면 오랜 시간을 지나면서 모든 학과목에, 특히 외국어에 효과가 클 것이다.

미국에서 여러 기업들, 특히 공학 분야의 기업들이 대졸사원들의 질적 수준에 실망한다는 이야기를 들어보았을 것이다. 신입사원들에게 대학에서 배웠을 거라고 생각했던 기본적인 기술을 가르치느라 많은 돈을 써야 하는 경우가 많다. 비즈니스에 대해 내가 꿈꾸는 것 가운데 하나는 기업체와 공과대학이 파트너십을 맺는 것이다. 기업은 대졸자들에게 반복학습을 실시해서 모자라는 부분을 채워준다. 이런 복원 훈련은 졸업한 다음 주부터 시작해 취업한 뒤 1년 동안 지속한다. 목표는? **직원이 새로 시작할 업무와 관련된 중요한 내용들을 복습하는 것이다.** 연구 결과에 따라 복습할 과목도 선정하고 최적의 복습 간격도 정할 수 있을 것이다.

내가 꿈꾸는 것은 기업 구성원들과 학계가 가르침에 대한 부담을 나눠 갖고, 직장에까지 학사 과정을 연장하는 것이다. 이런 이종교배를 통해 현업 전문가들은 학자들과 제휴하고, 기업들은 그 분야의 최신 기술이나 정보를 접할 수 있다(그리고 현업 전문가들은 나날이 전해 듣는 최신 정보를 학자들에게 알려줄 것이다). 내 바람대로라면, 이런 프로그램은 인기가 많아서 숙련된 엔지니어들도 재교육에 참가하기 시작할 것이고, 젊은 세대와 어깨를 맞댈 것이다. 그리고 먼저 자신들이 얼마나 많은 것을 잊어버렸는지 깨닫고 놀랄 것이고, 그다음으로는 전문 연구자들이나 젊은 학생들과 함께하는 과정이 일을 하는 데 도움이 된다는 사실에 놀랄 것이다.

  이 모든 일이 실현될 수 있을 거라고 말하고 싶지만, 아쉽게도 내가 지금 할 수 있는 말은, 기억은 학습을 하는 순간에는 고정되지 않으며 반복만이 기억을 고정시켜 준다는 것뿐이다.

브레인 룰스 6

생각의 형성 | 장기기억

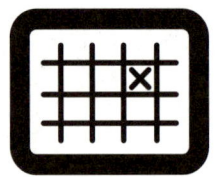

- **기억이 완전히 자리를 잡으려면 길게는 몇 년이 걸리기도 한다.** 몇 분, 몇 시간, 며칠이 아니라 몇 년이다. 여러분이 초등학교 1학년 때 배운 것이 고등학교 2학년에 될 때까지도 완전하게 기억으로 자리잡지 못할 수도 있다.

- **저자가 꿈꾸는 이상적인 학교의 모습은** 아이들이 배운 것을 각자의 집이 아니라 학교에서, 그것을 처음 배운 지 90분에서 120분쯤 지나 반복학습하는 것이다. 오늘날의 학교는 실제로 학습의 대부분이 집에서 이루어지도록 교과과정을 짜놓고 있다.

- **어떻게 하면 기억을 더 잘할 수 있을까?** 정보에 되풀이하여 노출하되, 엄밀하게 타이밍을 맞추는 것이 기억을 두뇌 속에 고정시키는 가장 효과적인 방법이다.

- **망각 덕분에 우리는 우선순위라는 것을 정할 수 있다.** 하지만 무언가를 잊지 않고 기억하고 싶다면, 그 정보를 반복해야 한다.

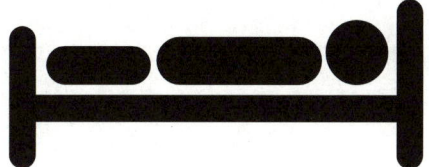

생각의 처리 | 잠

브레인 룰스 7
잠은 생각과 학습의 필수 전제조건이다

세계기록을 세워서 기네스북에 오르고, 고등학교 과학실습 프로젝트에서 A를 받고, 세계적으로 유명한 과학자를 만나는 방법 중 가장 힘든 것은 무엇일까? 1964년에 랜디 가드너Randy Gardner라는 열일곱 살 소년이 과학실습 프로젝트에서 11일 동안 자지 않으면 어떻게 되는지 알아보는 실험을 했다. 그리고 놀랍게도 랜디는 11일(264시간) 동안 자지 않는 데 성공했고, 그해에 가장 오랫동안 잠을 자지 않은 기록으로 기네스북에 올랐다. 그 프로젝트에 흥미가 있던 과학자 윌리엄 데먼트William Dement는 랜디가 잠을 자지 않고 깨어 있는 동안 그의 신체와 정신세계에서 어떤 현상이 일어나는지를 연구했다.

랜디의 정신세계에는 놀라운 변화가 일어났다. 관대하게 표현하면, 그의 정신은 제대로 작동하지 않기 시작했다. 곧바로 그는 성질이 급해졌고, 민감해졌으며, 건망증이 심해졌고, 속은 메스꺼웠다. 그리고 놀랄 일도 아니지만, 믿을 수 없을 정도로 피곤해했다. 실험 5일째가 되자 랜디는 정신분열증 증세를 보이기 시작했다. 환각을 일으켰고, 심각하게 방향감각을 잃었으며, 편집증과 피해망상에 시달렸다. 그는 그의 기억이 변했다는 죄목으로 그 지역 라디오 방송 진행자가 자신을 잡으러 온다고 생각했다. 실험 마지막 4일간 그는 운동 기능을 잃었고, 손가락은 계속 떨렸으며, 발음을 제대로 하지 못했다. 그러나 신기하게도 마지막 날까지 그는 핀볼 경기에서 데먼트 박사를 계속 이겼다. 그것도 연달아 100번이나!

그런 실험을 하는 것이 사치일 정도로 비참하게 사는 사람들도 있다. 그들은 갑자기, 그리고 영구히 다시 잠들지 못하게 된다. '치명적 가족성 불면증 fatal familial insomnia'은 지구상에서 가장 희귀한 유전성 질환으로, 이 병을 앓는 가족은 전 세계에서 20가족뿐이다. 이 병이 그렇게 희귀하다는 사실이 참으로 다행이다. 이 병은 정신건강에도 치명적인 영향을 끼치기 때문이다. 중년부터 노년까지 이 병을 앓는 사람은 열과 몸의 떨림, 심한 발한을 겪기 시작한다. 그리고 불면증이 영구적이 되어가면서 점점 더 걷잡을 수 없는 근육경련이 뒤따른다. 환자는 머잖아 심각한 우울감과 불안감을 느끼게 되고, 정신이상자가 된다. 마침내 그나마 **다행히도** 환자는 의식을 잃고 사망하게 된다.

따라서 사람이 잠을 자지 못하면 좋지 않은 일들이 일어난다는 것을 알 수 있다. 그러나 우리가 지구상에서 보내는 시간 가운데 잠자는 시간이 무려 3분의 1을 차지한다는 것을 생각하면, 사람이 **왜 잠을 자야 하는지**를 아직도 밝혀내지 못했다는 사실이 믿기지 않는다. 단서가 없었던 것은 아니다. 10년 전, 쥐의 뇌 속에 전극을 집어넣고 실험을 했던 과학자들에게서 강력한 힌트를 얻기는 했다. 그 쥐는 낮잠을 자고 나자 미로를 빠져나갈 방법을 금세 배웠다. 기록 장치는 여전히 전극에 연결된 채 작동하고 있었다. 그러나 이것이 잠의 목적과 어떤 연관이 있는지를 이해하려면, 우선 우리가 자는 동안 두뇌가 무슨 일을 하는지부터 알아봐야 한다.

글쎄, 이게 휴식이라고?

우리가 잠들었을 때 두뇌가 내는 소리를 듣는 순간, 여러분은 자신의 귀를 의심할 것이다. 소리만 들으면 두뇌가 전혀 자고 있는 것 같지 않기 때문이다. 오히려 그 '휴식'시간 동안 두뇌는 믿을 수 없을 만큼 활동적이고, 수많은 뉴런들이 타닥타닥 소리를 내며 전기 명령을 주고받는다. 뉴런들이 교신하는 패턴은 시시각각 끊임없이 변하며, 사실 두뇌는 깨어 있을 때보다 자는 동안 더 리드미컬하게 활동한다. 두뇌가 진정으로 휴식을 취하는(즉 깨어 있을 때보다 소비되는 에너지의 양이 적은) 유일한 순간은 '비(非)REM 수면(REM이란 급속안구운동 rapid eye movement을 이르는 말로, 잠을 자고 있지만 뇌파는 깨어서 알파파(α波)를 보이는 경우에 나타난다. 비REM

수면은 REM 수면을 제외한 나머지 수면을 이른다—옮긴이)'이라는 깊은 잠에 빠졌을 때뿐이다. 그러나 비REM 수면은 전체 수면주기의 20퍼센트 정도밖에 되지 않는다. 그래서 일찌감치 연구자들은 '우리가 잠을 자는 이유는 휴식을 취하기 위해서'라는 그릇된 견해에서 깨어났다. 뇌는 잠들어 있을 때도 전혀 쉬지 않는다.

그런데도 대다수 사람들은 잠을 충분히 자지 못하면 생각도 제대로 할 수 없다는 점을 증거로 잠을 자야 원기가 확실하게 회복된다고들 얘기한다. 곧 살펴보겠지만, 그 말도 어느 정도 일리는 있다. 이 지점에서 우리는 당황하게 된다. 잠자는 동안 두뇌가 사용하는 에너지를 생각하면, 정신적으로 휴식을 취하고 원기를 회복한다는 게 과연 가능할까 싶은 것이다.

잠을 자는 동안 두뇌를 제외한 신체의 다른 부분들은 진짜로 휴식을 취한다. 마치 '미니 동면'을 취하는 것처럼 말이다. 이런 사실은 두 번째 궁금증을 불러일으킨다. 잠을 자는 동안 우리는 고스란히 천적들에게 노출된다. 사실, 호시탐탐 우리를 노리는 맹수들(동부 아프리카에서 인류와 함께 진화하던 표범 같은 것들) 사이에서 무방비인 채 꿈나라로 가는 것이야말로 천적들이 꿈꾸는 바가 아니겠는가. 그 정도의 위험을 무릅쓰고도 잠을 잔다면, 잠자는 동안 뭔가 대단히 중요한 일을 해내야만 하는 게 틀림없다. 과연 무엇이 그토록 중요할까?

11일 동안 잠을 자지 않은 랜디 가드너라는 학생을 연구한 과학자는 일찍이 그런 질문들의 해답을 찾는 데 크게 기여했다. 수면 연구의 아버지라고 불리곤 하는 윌리엄 데먼트William Dement 박사는 백발에 밝은 미소를 지닌 70대 노학자다. 그는 우리의 수면 습관에 대해 핵심을 찌르는 말을 한다.

"꿈 덕분에 우리는 밤마다 조용히, 안전하게 미칠 수 있다."

데먼트 박사는 인간의 수면주기를 여러 모로 연구했다. 그가 처음으로 밝혀낸 것은, '잠자는' 뇌가 마치 전장의 병사들처럼 잔인한 생물학적 전투에 휘말려 있다는 것이다. 그 전투는 강력하며 서로 반대되는 두 가지 충동 사이에 벌어지는 격전이다. 각 충동은 신경세포 군단과 생화학물질로 이루어졌으며, 각각이 실천하고자 하는 의제(議題)는 서로 판이하다. 이 전투는 머릿속에서만 이뤄지지만, 이 전투를 중계하는 극장은 몸의 구석구석을 뒤덮고 있다. 이 싸움은 때로 '대립과정' 모형으로 불리기도 한다.

데먼트 박사는 이 두 가지 대립되는 충동을 정의하기 시작하면서, 그것들이 벌인 전쟁에서 이상한 점을 몇 가지 발견했다. 첫째, 이 군대는 밤에 우리가 잘 때뿐 아니라 낮에 깨어 있을 때도 싸운다. 둘째, 이들은 어느 한 쪽이 한 번 이기면 다음번에는 지고, 또 다음 전투에서는 이기는 식으로 날마다 번갈아 이기고 지며 전투를 계속할 팔자다. 셋째, 이 전쟁에는 최후의 승자가 없다는 점이다. 모든 인간이 날마다 밤낮으로 맞닥뜨리는 현상, 즉 주기적으로 자고 깨는 경험은 바로 이 끊임없는 교전에서 비롯된다.

이 연구는 데먼트 박사 혼자 한 것은 아니었다. 그의 멘토인 뛰어난 학자 나다니엘 클라이트만 Nathaniel Kleitman 은 일찍이 데먼트 박사에게 많은 통찰을 주었다. 데먼트가 수면 연구의 아버지라면, 클라이트만은 수면 연구의 할아버지쯤 될 것이다. 나다니엘 클라이트만은 숱 많은 눈썹을 지니고 대단히 열정적인 러시아인인데, 자기 자신뿐만 아니라 자녀들까지 기꺼이 실험 대상으로 삼은 것으로도 유명하다. 자신의 동료가 REM을 발견했을 때, 클라이트만은 곧바로 딸을 실험에 자원시켰고, 그 실험에서 곧바로 REM을 확인했다. 그러나 클라이트만의 오랜 경력 가운데 가장 재미있는 실험은 1938년에 이루어졌다. 그는 한 동료를 설득하여 켄터키주에 있는 길이 5미터가 넘는 매머드 동굴 속에서 한 달간 함께 지냈다.

클라이트만은 그 실험을 통해 햇빛도 없고 할 일도 없는 상태에서도 사람이 자고 깨는 것이 자동적으로 주기를 이루는지 알아보려 했다. 관찰 결과가 조금 혼란스럽기는 했지만, 그 실험은 그런 자동장치가 우리 몸 안에 정말로 존재한다는 단서를 최초로 제공했다. 인체 내부에는 몇 가지 생체시계가 있으며, 두뇌의 각기 다른 부위가 그것들 모두를 통제하면서 규칙적이고 리드미컬한 스케줄을 따라 잠들고 깨어나게 만든다. 이 과정은 손목시계 내부에 있는 수정 진동자가 움직이는 것과 거의 흡사하다. 시상하부hypothalamus의 일부인 시교차상핵suprachiasmatic nucleus이라는 부위에 그런 타이밍 장치가 있는 것으로 보인다. 물론 이런 규칙적으로 고동치는 리듬을 고작 차분한 손목시계에 비유하자는 것은 아니다. 우리는 앞서 그것을 격렬한 전투로 묘사했다. 클라이트만과 데먼트가 가장 크게 기여한 점 중 하나는, 자동에 가까운 수면 리듬이란 대립하는 두 군대 사이에서 끊임없이 벌어지는 전투가 낳은 결과임을 입증한 것이다.

그런 군대가 내부로부터 통제를 받는다고 생각해 보자. 우선 그들의 이름부터 설명해 보자. 한 군대는 우리를 깨우기 위해 온갖 일을 하는 뉴런, 호르몬, 그리고 다양한 기타 화학물질들로 이루어져 있다. 이 군대를 '일주기 각성 시스템 circadian arousal system'이라 부르는데, 간단히 '프로세스 C'라고 부르기도 한다. 이 군대 뜻대로만 한다면 우리는 늘 깨어 있을 수도 있다. 다행히도, 역시 신경세포와 호르몬, 다양한 화학물질로 이루어진, 비슷하게 힘이 센 적군이 있다. 이 군대는 우리를 재우기 위해서라면 무슨 일이든 한다. 이 군대는 '항상성 수면욕구 homeostatic sleep drive'라 하며, 간단히 '프로세스 S'라고도 부른다. 이 군대 뜻대로만 한다면 우리는 끊임없이 잠만 잘 것이다.

이들 간의 전쟁은 이상하고 역설적이기까지 한다. 예를 들어, 한 군대가 전장을 더 오래 통제하면 할수록 전투에서 질 가능성이 높아진다. 제풀에 지쳐서 결국 잠시 백기를 드는 셈이다. 실제로 깨어 있는 시간이 길수록(프로세스 C가 우세할 경우) 일주기 각성 시스템이 전장을 적에게 내어줄 가능성은 커진다. 그러면 우리는 잠이 든다. 대다수 사람들에게 이런 조건부 항복 행위는 16시간 정도 의식이 깨어 있은 뒤에 찾아온다. 동굴 속에 사는 사람이라 해도 마찬가지다.

반대로 자는 시간이 길면 길수록(프로세스 S가 우세할 경우) 항상성 수면욕구가 퇴각할 가능성이 높아진다. 그 결과 우리는 잠에서 깬다. 보통 프로세스 S가 조건부로 항복하기까지 걸리는 시간은 적에 비해 절반 정도다. 즉, 대다수 사람들은 8시간 정도 잠을 자고 깬다. 이 현상 역시 동굴에서 사는 사람에게도 일어난다.

전 세계적으로 20가족 정도 되는 불운한 사람들을 제외하면, 클라이트만과 데먼트, 그리고 그 밖의 학자들은 그런 역동적인 긴장감이 우리 일상생활에서 정상적이고 또 아주 중요한 부분이라는 것을 증명했다. 사실, 일주기 각성 시스템과 항상성 수면 욕구가 날마다 벌이는 전투는 그래프로 그릴 수 있을 정도로 예측하기 쉽다. 정리하면, 프로세스 S는 수면의 기간과 강도를 유지하고 프로세스 C는 수면 욕구의 추세와 타이밍을 결정한다.

그러나 이 두 군대 간의 전쟁이 아무런 통제 없이 벌어지는 않는다. 우리 몸 내부와 외부의 세력들이 우리에게 필요한 잠의 양과 우리가 자는 잠의 양을 모두 한정지으면서 전투를 통제한다. 여기서 내부 세력 중 두 가지 '수면시간 유형chronotype(하루 중 어느 때에 활동하는 것을 좋아하는가에 대한 유형, 아침형과 올빼미형 등을 가리킨다—옮긴이)'과 '낮잠시간nap zone'에 초점을 맞춰보겠다. 이 두 세력이 어떻게 작용하는지 이해하려면 전투의 복잡한 면은 놔두고 만화가 한 사람과 상담 칼럼니스트 한 사람의 삶을 따라가보면 된다. 아, 그리고 새(鳥) 이야기도 빼놓지 말아야겠다.

종달새냐 올빼미냐

유명한 상담 칼럼니스트였던 고(故) 앤 랜더스Ann Landers는 이렇게 선언했다.

"내가 준비되기 전까지는 아무도 나한테 전화하지 마세요!"

그리고 새벽 1시부터 오전 10시 사이에는 전화선을 뽑아버렸다. 왜 그랬을까? 그녀가 잠자는 시간이기 때문이다. 한편 〈딜버트 Dilbert〉를 탄생시킨 만화가 스콧 애덤스 Scott Adams는 오전 10시에 하루를 시작하는 것은 생각도 할 수 없었다.

"저는 저만의 생활 리듬이 있어요. 정오가 지나서는 창작 활동을 할 수가 없습니다. 나는 아침 6시부터 7시 사이에 만화를 그려요."

창조적인 분야에서 성공한 두 전문가 중 한 사람은 다른 사람이 일을 마칠 때쯤에야 일을 시작하는 것이다.

스콧 애덤스와 비슷한 생활 리듬을 가진 사람은 10명 중 1명 정도다. 과학책에서는 이런 사람들을 '종달새'라고 부른다('아침형'보다 유쾌한 표현이다). 일반적으로 종달새들은 정오쯤에 정신이 가장 맑으며, 점심 먹기 몇 시간 전에 작업 생산성이 가장 높다고 한다. 이들은 자명종이 필요 없다. 자명종이 울리지 않아도 대개 오전 6시 전에 일어나기 때문이다. 종달새들은 가장 좋아하는 식사가 아침식사라고 말하며, 종달새가 아닌 사람들보다 커피를 훨씬 덜 마신다. 이들은 초저녁이면 졸음이 몰려오기 시작해서 저녁 9시쯤이면 잠자리에 든다.

종달새들은 수면 스펙트럼의 정반대쪽에 있는, 10명 중 2명에 해당하는 사람들의 적이다. 그들은 바로 '저녁형 인간' 또는 '올빼미'들이다. 일반적으로 올빼미들은 저녁 6시쯤 정신이 가장 맑으며, 늦은 저녁에 생산성이 가장 높다고 한다. 그들은 새벽 3시가 되기 전에는 잠이 오지 않는다. 올빼미들은 아침에 일어나려면 반드시 자명종이 있어야 하고, 심한 경우에는 자명종이 몇 개씩 있어야 한다. 사실, 올빼미들이 자유롭게 선택할 수 있다면, 대부분은 오전 10시 전에는 일어나지 않을 것이다. 당연히 저녁형 인간들은 저녁식사를 가장 즐기며, 일을 하면서 커피를 많이 마신다. 여러분이 듣기에 올빼미형 인간들이 종달새형 인간들보다 잠을 잘 자지 못하는 것 같다면, 빙고! 여러분의 생각이 맞다. 실제로 저녁형 인간들은 평생 '잠 빚'을 지며 살아간다.

종달새들과 올빼미들의 행동은 뚜렷하게 구분된다. 학자들은 이런 패턴이 아주 어렸을 때부터 나타나며, 우리의 수면주기를 지배하는 두뇌의 유전자 속에 깊이 새겨져 있다고 생각한다. 부모 중 한 사람이 종달새형이면 자녀들 중 절반이 종달새형이 되는 것으로 나타난 연구 결과도 있다. 사실 종달새들과 올빼미들은 전체 인구의 30퍼센트 정도일 뿐이다. 나머지 70퍼센트에 해당하는 사람들은 '벌새'라고 불린다. 벌새형 인간들 중 일부는 올빼미에 가깝고, 또 일부는 종달새에 가까우며, 나머지는 그 중간 정도다. 내가 아는 한, 하루에 4~5시간만 자도 생활하는 데 불편을 느끼지 않는 사람들은 새 이름을 따서 부르지 않는다. 대신 그런 사람들을 일컬어 '건강한 불면증'에 시달린다고 한다.

그렇다면 사람은 얼마만큼 잠을 자야 할까? 근대 이후로 인류가 잠에 대해 알아낸 사실들을 생각하면, 과학자들이 그 대답을 빨리 찾아낼 거라고 기대할 수도 있다. 하지만 아직 대답은 '아무도 모른다'이다. 그렇다. 잠을 가지고 몇 세기에 걸쳐 연구해 왔으면서도 우리는 사람들이 잠을 얼마만큼 자야 하는지 모른다. 여기서 일반화는 무의미하다. 사람들에게서 얻은 데이터를 보면 획일성보다는 개별성이 나타나기 때문이다. 설상가상으로 수면 스케줄은 믿을 수 없을 정도로 역동적이다. 수면 스케줄은 나이와 함께 변한다. 성별에 따라서도 다르다. 임신을 해도 달라지고, 사춘기가 되어도 달라진다. 변수가 너무 많기 때문에 어쩐지 질문을 잘못했다는 기분이 들 정도다.

그렇다면 질문을 한번 바꿔보자. 필요 없는 잠은 어느 정도일까? 다시 말해서, 몇 시간쯤 자는 것이 정상 기능을 방해할까? 이것은 결과적으로 아주 중요한 질문인데, 잠을 너무 많이 자거나 충분히 자지 못하면 기능을 제대로 하지 못하기 때문이다. 잠을 몇 시간 자야 하든지 간에, 그것을 충족하지 못했을 경우(충분히 자지 못하거나 너무 많이 자서) 우리의 뇌에는 실제로 끔찍한 일이 일어난다.

자유 세계에서 낮잠 자기

수면 리듬이 하루 24시간 전투를 벌인다는 사실을 염두에 두고, 학자들은 밤뿐 아니라 낮에도 일어나는 작은 접전들에 대해 연구해 왔다. 그 가운데 흥미로운 것은 낮잠을 자려는 끊임없는 욕구, 그것도 하루 중 특정 시간에 낮잠을 자려는 욕구다.

미국의 36대 대통령이자 냉전시대에 자유진영을 이끌었던 린든 베인스 존슨Lyndon Baines Johnson은 날마다 오후가 되면 사무실 문을 닫고 잠옷으로 갈아입었다. 그리고 30분 동안 낮잠을 잤다. 정신이 맑아진 상태로 낮잠에서 깨어난 존슨 대통령은 보좌관들에게 낮잠 덕분에 냉전시대에 미국 대통령에게 요구되는 긴 근무시간 동안 일할 힘을 얻는다고 말하곤 했다. 대통령이 그런 식으로 행동하는 것은 솔직히 이상해 보였을 것이다. 그러나 윌리엄 데먼트 같은 학자들에게 의견을 묻는다면 존슨 대통령이야말로 지극히 정상이고, 오히려 직장에 잠옷을 가져가지 않는 우리가 이상하다고 대답할 것이다. 게다가 데먼트 박사는 그런 의견을 뒷받침할 데이터를 적잖이 모아놓았다.

하지만 존슨 대통령은 그저 지구상의 거의 모든 사람들이 경험하는 것에 반응을 보였을 뿐이었다. 그것은 여러 가지 이름으로 불리지만, 우리는 '낮잠시간'이라고 부르자. 이는 오후에 잠깐 졸릴 때를 가리킨다. 이 시간 동안에는 무언가 해낸다는 것이 거의 불가능하다. 대다수 사람들이 이럴 때 꼭 뭔가를 억지로 하려고 하는데, 그러려면 한참 동안 상당한 피로감과 싸워야 한다. 낮잠을 간절히 원하는 두뇌는 주인이 무엇을 하든 신경 쓰지 않기 때문에 실로 싸움이라 할 만하다. 여러 문화권에서 제도화해 놓은 '시에스타siesta' 개념은 명백히 이 '낮잠시간'에 대처하는 것으로 볼 수 있을 것이다.

처음에 과학자들은 낮잠이라는 존재는 잠이 부족해서 생긴 인공적인 산물일 뿐이라고만 생각하고 그 외의 가능성을 믿지 않았다. 그러나 이제는 사람들의 인식이 달라졌다. 어떤 사람들은 남들보다 낮잠 자고 싶다는 욕구를 더 강하게 느낀다. 그리고 점심을 많이 먹었기 때문에 잠이 오는 것은 아니다(점심을 많이 먹으면, 특히 탄수화물을 많이 섭취하면 낮잠을 자고 싶은 기분이 강해지긴 하지만). 오히려 낮잠은 인간 진화사의 일부인 것 같다. 밤에 오래 자고 낮에 잠깐 자는 것이 가장 자연스러운 인간의 수면 행동을 나타낸다고 생각하는 과학자들도 있다.

프로세스 S 곡선과 프로세스 C 곡선을 도표로 그려보면, 두 곡선이 오후에는 같은 위치에서 평행선을 그린다는 것을 알 수 있을 것이다. 이 곡선들이 세포와 생화학물질로 이루어진 두 군대 간에 벌어지는 전쟁의 추이를 나타낸다는 것을 기억하는가? 오후쯤 되면 그 전투는 분명 승부를 내지 못한 채 절정에 다다랐을 것이다. 이제 두 가지 충동 사이에 막상막하의 긴장이 존재하는데, 그런 상태가 지속되려면 에너지가 상당량 필요하다. 일부 학자들은 이처럼 균형을 이룬 긴장 때문에 낮잠시간이 생긴다고 생각한다. 어쨌든 낮잠시간이 중요한 것은, 그동안 우리 두뇌가 제대로 움직이지 못하기 때문이다. 직업 연설가나 강사들은 오후 3~4시에 사람들 앞에서 강연하는 것이 거의 치명적이라는 사실을 알 것이다. 낮잠시간은 말 그대로 치명적일 수도 있다. 하루 중 그 어느 때보다 그 시간대에 교통사고가 더 많이 일어나는 것을 보면.

이야기를 뒤집어보면, 미 항공우주국(NASA)에서 행한 한 연구에서는 26분 동안 낮잠을 자면 비행사의 업무 능력이 34퍼센트 향상되는 것으로 나타났다. 45분 동안 낮잠을 자면 인지능력이 역시 34퍼센트 정도 향상되고, 그 효과는 6시간 이상 지속된다는 것을 밝힌 연구도 있다. 더 나아가 어떤 연구에서는 밤샘업무를 하기 전에 30분 정도 낮잠을 자면 그날 밤을 새면서 업무 능력이 떨어지는 것을 미리 방지할 수 있다는 것까지도 입증했다.

낮잠이 이 모든 것들을 할 수 있다면, 밤새 잘 자면 또 어떤 이점이 있을지 생각해 보자. 우리 몸속 세력들을 무시할 때, 그리고 그 세력들을 기꺼이 받아들일 때 각각 어떤 일이 일어나는지 알아보자.

잠깐 '자면서' 생각해 봐

영화 배역 담당자가 나한테 전화를 걸어서 역사 속 인물 가운데 전형적으로 '똑똑하지만 제정신이 아닌 듯한' 과학자를 추천하라고 하면, 나는 디미트리 이바노비치 멘델레예프^{Dimitri Ivanovich Mendeleyev}를 다섯 손가락 안에 꼽을 것이다. 털이 많고 무척 고집이 셌던 멘델레예프는 러시아의 요승 라스푸틴^{Rasputin}의 외모와 표트르 대제의 눈빛을 지녔으며, 그 두 사람처럼 윤리적인 융통성도 결여된 사람이었다. 그는 한 여인에게 자신과 결혼해 주지 않으면 자살하겠다고 위협한 적도 있다. 그 여성은 결혼을 승낙했지만, 그 결혼은 불법이었다. 그 불쌍한 아가씨는 몰랐지만 멘델레예프는 당시 이미 유부남이었기 때문이다. 러시아 과학아카데미^{Russian Academy of Science}는 이런 불법을 저질렀다는 이유로 그를 한동안 제

명시켰었다. 하지만 지나고 보니, 멘델레예프는 혼자 힘으로 화학을 체계화한 인물인데, 처벌이 좀 과하지 않았나 싶기도 하다.

멘델레예프가 당시까지 발견된 모든 원자를 조직화해 낸 원소주기율표는 너무나 선견지명이 있는 것이어서, 당시 아직 발견되지 않은 원소들이 들어갈 자리도 있었고 그 가운데 일부 원소의 특성까지도 예측하고 있었다. 그러나 가장 특이한 점은 바로 멘델레예프가 잠을 자면서 주기율표를 처음 생각해 냈다는 사실이다. 어느 날 저녁, 그는 혼자 카드를 하면서 우주의 성질에 대해 생각하다가 잠깐 졸았다. 잠에서 깼을 때 그는 우주의 모든 원자가 어떻게 구성되었는지를 알았고, 즉시 그 유명한 주기율표를 만들었다. 흥미롭게도, 그는 원자들을 순환하는 7개 그룹으로 정리했다.

물론 잠을 자고 나서 영감을 얻었다는 과학자가 멘델레예프 하나는 아니다. "Let's sleep on it."('잠깐 생각해 볼까?'라는 뜻—옮긴이)이라는 표현 이면에 정말 뭔가 있는 건 아닐까? 평범한 잠과 비범한 배움 사이에는 어떤 관계가 있을까?

건강한 수면이 실제로 학습 효과를 상당히 향상시킨다고 입증한 데이터는 많다. 이런 결과는 수면을 연구하는 과학자들 사이에서 엄청난 흥미와 동시에 적지 않은 논쟁을 불러일으켰다. 그들은 학습을 어떻게 정의해야 할지, 그리고 향상이란 정확히 무엇인지를 놓고 논쟁한다. 그러나 수면이 학습 효과를 향상시킨 사례는 많다. 그중 한 가지 연구가 특히 두드러진다.

학생들에게 수학 문제들을 주고 문제를 푸는 방법을 알려준다. 하지만 그 문제를 더 쉽게 푸는 방법이 있다는 것은 알려주지 않는다. 그러나 학생들이 문제를 풀면서 더 쉬운 방법을 알아낼 수는 있다. 여기서 질문은 '학생들의 통찰력을 촉진할 방법이 있을까?' '아이들의 레이더망에 더 쉬운 방법이 잡히게 할 수 있을까?'이다. 그리고 두 질문에 대한 대답 모두 '있다'이다. **학생들을 재운다면 말이다.** 처음 훈련을 하고 나서 12시간이 지난 뒤 학생들에게 문제를 더 풀게 하면 20퍼센트 정도의 학생들이 더 쉬운 방법을 발견한다. 그러나 12시간 중 8시간 정도를 자게 하면 60퍼센트 정도 되는 학생들이 더 쉬운 방법을 발견한다. 이 실험을 아무리 여러 번 해봐도 늘 잠을 잔 집단이 잠을 자지 않은 집단에 비해 세 배 정도 더 성적이 좋았다.

수면은 시각적 특성을 구별하는 능력, 그리고 운동신경과 연관된 업무 능력을 향상시키는 것으로 밝혀졌다. 그리고 수면의 영향을 가장 많이 받는 학습 유형은 절차를 배우는 학습이다. 특정 단계에서 밤잠을 방해하고 아침에 테스트를 해보면 밤 동안 이루어졌어야 할 학습 향상 효과가 사라질 것이다. 특정 유형의 지적 능력에 관해서라면, 수면은 학습의 훌륭한 동반자인 것이 분명하다.

'불면'은 곧 '두뇌 유출'이다

자, 이제 수면 부족이 학습을 방해한다는 사실은 더 이상 놀랍지 않을 것이다. 사실, 성적이 우수하던 학생도 수면시간이 달라지면 성적이 무섭게 떨어질 수 있다. 모든 과목에서 늘 상위 10퍼센트 안에 들던 학생을 예로 들어보자. 한 연구에 따르면, 그 학생이 평일에 잠을 7시간이 채 못 되게 잔다면, 그리고 주말에 40분씩 더 잔다면, 잠이 부족하지 않은 학생들 가운데 하위 9퍼센트의 성적으로 떨어지기 시작한다. 평일 동안 부족했던 잠은 주말에 가서 그 주의 누적 부족분이 되고, 부족한 잠을 보충하지 못하면 '잠빚'은 다음 주로 넘어간다.

복잡한 군대 설비를 다루는 군인들에 대한 연구 결과를 보자. 하룻밤 잠이 부족하면 인지능력이 30퍼센트 정도 떨어지고, 결과적으로 업무 능력이 떨어진다. 이틀 동안 잠이 부족하면 그 수치는 60퍼센트로 늘어난다. 다른 연구 결과들도 이런 사실을 뒷받침한다. 예를 들어, 5일간 날마다 6시간이 못 되게 잠을 잔 사람의 인지수행 능력은 48시간 동안 잠을 못 잔 사람의 인지수행 능력과 같아진다.

최근에는 수면과 완전히 무관해 보이는 다른 기능들과 수면의 관련성을 밝혀내는 연구들도 이루어지기 시작했다. 예를 들어, 잠이 부족하면 섭취한 음식을 이용하는 능력이 3분의 1 수준으로 떨어진다. 인슐린을 만들고 뇌가 가장 좋아하는 디저트인 포도당에서 에너지를 뽑아내는 능력 또한 형편없이 떨어지기 시작한다. 그와 동시에 포도당을 더 섭취하고 싶다는 욕구를 느끼게 되는데, 이는 신체의 스트레스 호르몬 수치가 통제할 수 없을 정도로 증가하기 때문이다. 그런데도 계속 잠을 부족하게 자면 노화 과정이 가속화된다. 예를 들어, 건강한 30세 사람이 6일 동안 잠이 부족하면(실험에서는 하루에 4시간씩만 자도록 했다), 신체 화학물질의 일부가 60세 노인의 수준으로 바뀌었다. 그리고 수면시간을 원래대로 되돌려놓아도 30세의 시스템으로 돌아가는 데는 일주일 가까이 걸린다.

요컨대, 잠이 부족하다는 것은 정신이 손상된다는 것을 의미한다. 잠이 부족하면 생각을 제대로 할 수가 없다. 잠이 부족하면 주의력, 실행기능, 즉각적 기억력, 작동기억, 기분, 논리적 추론 능력, 일반적 수학 지식 등이 손상된다. 결국 수면 부족은 미세한 운동 기능(핀볼 같은 것을 하는 운동신경은 제외하고!)을 포함하여 손동작의 민첩성에 손상을 입히고 러닝머신 위에서 걷는 능력같이 큼직큼직한 운동 기능에도 영향을 끼친다.

지금까지 모든 데이터를 종합해 보면, 잠은 학습과 상당히 밀접하게 연관되어 있다는 점에서 일관성을 보인다. 그 특성은 잠을 많이 자든 적게 자든 드러난다. 물론 잠이 정확히 **어떻게 학습 능력을 향상시키는지**를 설명하는 것은 **잠이 학습 능력을 향상시킨다**는 사실을 증명하는 것만큼 쉽지 않았다. 하지만 두뇌 법칙에서는 워낙 중요한 문제이므로 한번 설명해 보도록 하자.

자, 이제 놀라울 정도로 세부사항에 강한 유부남 회계사의 실화를 소개하겠다. 이 회계사는 세상모르고 잠든 상태에서 정기적으로 아내에게 밤새도록 재정 보고를 한다. 보고 내용 중 대부분은 그날 그가 일한 내용이다. (만일 그 도중에 아내가 그를 깨우면—잠꼬대 소리가 너무 크기 때문에 사실 아내는 그를 자주 깨웠다—그는 갑자기 성욕을 느끼고 관계를 가지려 든다.) 우리 모두가 이 회계사처럼 잠자는 동안 그 전에 경험했던 것을 정리할까? 이 수수께끼를 풀면 지금까지 논한 다른 데이터들뿐 아니라 우리가 잠자는 이유까지 설명할 수 있지 않을까?

이 질문들에 답하려면 10년 전 뇌 속에 전선을 한 뭉치 넣은 채 영영 잠들어야 했던 가련한 쥐 이야기를 꺼내야 한다. 여기서 '전선'은 각각의 뉴런 가까이에 부착한 전극을 가리킨다. 이 전극들을 녹음 장치에 연결하면 두뇌가 혼잣말하는 소리를, 각 뉴런이 정보를 처리하는 소리를 들을 수 있다. 작은 쥐의 뇌 속에서도 한 번에 500개의 뉴런이 내는 소리를 들을 수 있다. 그 뉴런들은 무슨 이야기를 할까? 쥐가 미로를 빠져나가는 방법을 알아내는 것처럼 새로운 정보를 받아들이는 동안 뉴런의 소리를 들으면 뭔가 범상치 않은 일이 일어나고 있다는 것을 금세 눈치 챌 것이다. '미로에 특화된' 전기자극 패턴이 나타나기 시작한다. 학습을 하는 동안 일련의 뉴런들이 모스 부호처럼 일정 간격을 두고 연속해서 딱딱 소리를 내기 시작한다. 나중에 그 쥐가 미로를 통과할 때면 그와 패턴이 똑같은 소리를 낼 것이다. 그 소리는 쥐의 새로운 미로 빠져나가기 패턴을 전기적으로 표현한 것으로 보인다(누가 뭐래도, 전극봉 500개가 감지할 수 있는 선에서는).

쥐는 잠이 들면 미로 패턴을 재생하기 시작한다. 동물의 뇌는 자는 동안 앞에서 소개한 회계사처럼 그 전에 배웠던 것을 재생한다. 그리고 그 패턴을 늘 잠의 특정 단계에서 재생하면서 끊임없이 반복한다. 그 속도는 낮에 실제로 그 행동을 할 때보다 훨씬 빠르다. 속도가 너무 빨라서 몇천 번은 반복될 정도다. 이 단계, 즉 서파수면slow wave sleep(徐波睡眠, 비REM 수면의 일부로, 뇌파가 완만하여 거의 꿈을 꾸지 않는 숙면 상태—옮긴이) 상태에서 쥐를 깨우면, 마찬가지로 범상치 않은 현상이 관찰된다. 그 다음 날 쥐가 미로를 빠져나가는 방법을 잘 기억하지 못하는 것이다. 그야말로 쥐는 학습한 날 밤에 그날 학습한 내용을 통합하는 것으로 보이고, 수면에 방해를 받으면 학습주기에도 혼란이 오는 것으로 보인다.

그렇다면 인간에게도 같은 현상이 발생하는가 하는 궁금증이 생긴다. 대답은? 우리 인간도 그런 과정을 겪을 뿐 아니라 그 방법도 훨씬 복잡하다. 쥐처럼 인간도 낮 동안 학습한 것을 밤에 서파수면 상태에서 재생하는 듯 보인다. 그러나 쥐와는 달리 수면주기의 다른 단계에서 좀 더 정서적인 기억을 재생하는 것 같다.

이런 연구 결과들로부터 놀라운 아이디어가 튀어나온다. 밤이면 우리 뇌에서는 일종의 오프라인 처리가 이루어진다는 것이다. 그렇다면 잠을 자는 것은 그저 잠시 동안 외부 세계를 차단하고 내면의 인지 세계로 주의를 돌리기 위해서일 수도 있을까? 잠을 자는 것이 학습을 하기 위해서일 수도 있을까?

설득력이 있는 얘기다. 하지만 연구의 현실 세계는 훨씬 어지럽다. '오프라인 프로세싱'이라는 개념과 모순되지는 않지만 우리의 논의를 더욱 복잡하게 만드는 연구 결과들이 적지 않기 때문이다. 예를 들어, 뇌에 손상을 입어서 서파수면 상태로 잠잘 수 없는 사람들도 기억력은 정상이거나 심지어는 더 뛰어난 경우가 있다. 항우울제를 복용하느라 REM 수면이 억제된 사람들도 마찬가지다. 앞서 알아낸 연구 결과들과 방금 얘기한 데이터를 조화롭게 받아들일 방법을 찾기 위해 과학자들은 끊임없이 격렬한 논쟁을 벌인다. 이럴 때 내릴 수 있는 결론은 늘 더 많은 연구가 필요하다는 것이다. 그러나 그저 실험실에서만 연구하는 것으로는 부족하다.

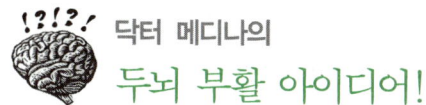
닥터 메디나의
두뇌 부활 아이디어!

기업과 학교에서 직원들과 학생들의 수면 욕구를 진지하게 받아들인다면 어떤 일이 벌어질까? 사무실과 학교는 어떤 모습을 갖게 될까? 그냥 던져보는 질문이 아니다. 수면 부족은 미국의 기업들에게 해마다 1천억 달러 이상의 손실을 안겨주고 있다. 이제 현실 속에서 연구해 볼 만한 몇 가지 아이디어를 소개하겠다.

수면시간 유형을 맞춰라
몇 가지 행동 실험을 통해 종달새형 인간과 올빼미형 인간, 그리고 벌새형 인간들을 쉽게 구별할 수 있다. 게다가 유전자 연구의 발전 덕분에, 장차 프로세스 C—프로세스 S 그래프를 그리려면 혈액검사만 해도 될지 모른다. 요컨대, 혈액검사만으로도 각자 생산성이 가장 높은 시간대를 판단하게 되는 것이다.

자, 누가 봐도 당연한 아이디어가 한 가지 있다. 각 개인의 수면 유형을 업무 스케줄과 맞추면 어떨까? 기존의 '9시 출근—5시 퇴근' 모형에서는 이미 근로자의 20퍼센트가 최적의 생산성을 발휘하지 못하고 있다. 직원들이 아침형이냐 저녁형이냐 등에 따라 업무 스케줄을 몇 가지로 만들면 어떨까? 생산성이 더 높아질지 모르고, 기존 업무 스케줄에서는 끊임없이 수면 부족에 허덕이는 사람들의 삶의 질도 높아질지 모른다. 밤에까지 문을 열어두면 건물도 더 생산적으로 이용할 수 있을지 모른다. 미래의 기업은 직원들의 수면시간 유형에 관심을 두어야만 할 것이다.

교육에서도 마찬가지다. 학생들뿐만 아니라 선생님들도 저녁형 인간일 수 있다. 같은 유형의 선생님들과 학생들을 짝을 지어 수업하게 하면 어떨까? 선생님의 교수 능력이 향상되지 않을까? 학생들은 어떨까? 선생님이나 학생이나 모두 수면 부족이 빚어내는 악영향에서 벗어나 신이 주신 IQ를 있는 한껏 활용할 수 있고 따라서 교육의 질이 향상될 수 있다.

또한 사람이 살아가는 동안 수면 욕구가 변화한다는 사실을 이용하여 다양한 수업 스케줄을 짤 수도 있다. 예를 들어, 학생들은 십대를 지나면서 일시적으로 올빼미형에 좀 더 가까워진다는 데이터가 있다. 이런 자료에 따라 일부 학군은 고등학교 수업을 오전 9시 이후에 시작하도록 했다. 타당성 있는 얘기다. (멜라토닌 같은) 수면 호르몬은 십대 시절에 최대치에 이른다. 그 또래 아이들이 특히 아침에 잠을 더 자는 것은 지극히 자연스러운 일이다. 나이를 먹으면서 우리는 잠을 덜 자는 경향을 보이고, 나이가 들수록 잠이 적게 필요하다는 증거도 있다. 어떤 직원이 처음에는 특정 업무 스케줄에서 최대의 생산성을 보인다 해도, 세월이 가면 새로운 스케줄로 바꿔야 예전만큼 높은 생산성을 보일 수도 있다.

낮잠 장려운동

'한낮의 낮잠시간'이라는 아이디어를 포착한 메트로냅스^{MetroNaps} 사의 엔지니어들은 '슬립팟^{Sleep Pod}'이라는 낮잠 장치를 개발했다. 그 기구를 처음 본 어떤 사람이 말했다.

"전기의자에서 죽은 정자 같아요!"

사실 이 기구는 사무실에서 사용하게 만든 휴대용 안락의자다. 빛을 차단하는 가리개와 소음을 차단하는 이어폰, 열을 차단하는 코일이 장착되어 있고, 가격은 1만 4천 달러가 넘는다. 뉴욕에 있는 이 회사는 4개국에 지사를 갖고 있고, 한창 사업을 확장하고 있다. 이 외에도 직장으로 낮잠을 불러들이는 곳은 적지 않다. 일본에는 낮잠 자는 방이 있는 호텔들이 생겨나고 있다. 보스턴에 살고 있는 윌리엄 앤서니^{William Anthony}라는 학자는 국민 모두가 낮잠을 잘 수 있는 '낮잠의 날'을 제정하려고 애쓰고 있다. 그는 직장에서 낮잠을 잔다고 시인한 미국인들 중 70퍼센트가 몰래 낮잠을 잔다는 것을 알아냈다. 그들이 몰래 낮잠을 자는 장소로 가장 인기 있는 곳은? 바로 자기 차 뒷좌석이었다. 그렇다면 낮잠을 자는 때는? 점심시간.

기업과 학교들이 낮잠시간의 존재를 진지하게 생각한다면 어떻게 해야 할까? 프로세스 C와 프로세스 S 곡선이 평평한 시간대에는 회의나 수업을 배치하지 않는 것이다. 그 시간대에는 중요한 프레젠테이션이나 시험을 할당하지 않는다. 그 대신 과중한 일이나 학업을 피하고 조금 여유 있게 일을 한다. 낮잠이 직원들의 생물학적 요구를 해결하는 데 필수적인 것으로서, 즉 점심식사라든가 하다못해 짧은 휴식시간만큼이라도 존중받게 되는 것이다. 기업들이 직원들에게 날마다 30분쯤 낮잠을 잘 공간을 제공할 수도 있다. 그 효과는 직원을 배려하는 정도에 정비례해서 나타날 것이다. 지적 능력 때문에 채용된 사람들이 그 능력을 최상으로 유지할 길이 열릴 것이다. 낮잠과 비행사의 업무 능력에 관한 연구에서 놀랄 만한 성과를 낸 미 항공우주국 소속 과학자 마크 로즈킨드Mark Rosekind는 다음과 같이 말했다.

"단 26분으로 사람들의 업무수행 능력을 34퍼센트나 향상시킬 수 있는 전략이 낮잠 말고 또 있습니까?"

한숨 자면서 생각해 봅시다

밤잠을 푹 자는 것이 어떤 것인지를 안다면, 기업에 흔히 있는 '문제 해결팀'은 무작정 쉴 새 없이 문제에 부딪히지 말고 잠시 후퇴함으로써 어려운 문제를 해결할 수도 있을 것이다. 문제 해결을 위해 모인 직원들에게 문제를 제시하고 해결책을 생각해 보라고 한다. 그러나 바로 결론을 도출하게 하지 말고 함께 의견을 공유하게 한 뒤 8시간 정도 잠을 자게 한다. 실험실에서 학생들의 문제 해결률이 올라갔듯이, 이들이 잠에서 깼을 때에도 해결책을 찾을 가능성이 높아질까? 정말 궁금하기 짝이 없는 문제다. 한번 알아볼 만하지 않을까?

브레인 룰스 7
생각의 처리 | 잠

- **우리가 잠을 잘 때도 두뇌는 전혀 쉬지 않는다.** 오히려 믿기 힘들 만큼 활동적이다!
- **평생의 3분의 1을 잠을 자며 보내는 만큼 잠은 아주 중요하다.** 잠이 부족하면 주의력, 실행기능, 작동기억, 기분, 수리능력, 논리 추론 능력이 떨어질 뿐만 아니라 심지어는 동작의 민첩성까지 손상된다.
- **사람이 잠을 얼마나 자야 하는지에 대해서는 아직 확실하게 밝혀진 바가 없다!** 필요한 잠의 양은 나이, 성별, 임신, 사춘기, 그리고 기타 요인에 따라 달라진다.
- **낮잠 욕구를 느끼는 건 자연스러운 일이다.** 오후에 어쩐지 피곤하다고 느껴본 적이 있을 것이다. 그건 사람의 두뇌가 정말로 낮잠을 자고 싶기 때문에 나타나는 현상이다. 여러분이 밤에 한창 잠든 때에서 12시간쯤 지난 오후 3시쯤이면, 두뇌가 바라는 것은 오로지 낮잠이다.
- **잠깐 낮잠을 자면 업무 능률이 오를 수 있다.** 미 우주항공국에서 진행된 한 연구 결과, 26분간 낮잠을 잔 파일럿들은 업무 성과가 34퍼센트 향상되었다.

생각의 와해 | 스트레스

브레인 룰스 8

뇌는 스트레스를 받으면 일탈한다

지금부터 내가 얘기하는 실험은 아무리 생각해 보아도 도덕적으로 문제가 좀 있었다.

잘생긴 독일산 셰퍼드가 철제 우리의 한쪽 구석에 낑낑거리며 누워 있다. 그 개는 강한 전기충격을 받느라 고통스러워하며 울부짖는다. 이상하게도, 그 개는 쉽게 도망칠 수도 있다. 우리의 반대쪽 구석에는 전기충격이 전혀 전달되지 않는다. 얕은 장벽이 양쪽을 나누고 있을 뿐이다. 충격이 가해지면 개는 안전한 곳으로 뛰어 넘어가면 된다. 그러나 그 개는 전기가 흐르는 쪽 구석에 누워서 충격이 올 때마다 낑낑거린다. 전기충격을 덜 느끼도록 이 개의 몸에서 무언가를 제거하기라도 했나 보다.

대체 이 개에게 무슨 일이 있었던 것일까?

우리 속에 들어가기 며칠 전에 이 개는 전선이 들어 있는 목줄에 매여서 밤낮으로 전기충격을 받았다. 처음에는 전기충격에 대해 **반응을 했다**. 고통스러워하며 울부짖었다. 오줌을 싸기도 했다. 목줄을 잡아당겨서 전기충격이 주는 고통에서 벗어나려고 애썼다. 하지만 아무 소용 없었다. 시간이 가고 며칠이 지나면서 그 개는 결국 저항하기를 포기하고 말았다. 왜 그랬을까? 이 개는 아주 분명한 메시지, 즉 '이 고통은 멈추지 않을 것이다. 전기충격은 영원히 계속될 것이다. **도망칠 곳은 없다**'라는 메시지를 전달받은 것이다. 그래서 전기가 통하던 목줄을 벗기고 도망갈 길이 있는 우리에 들어간 뒤에도 이 개는 도망갈 수 있다는 사실을 깨닫지 못했다.

심리학에 친숙한 사람이라면 지금 내가 얘기하는 것이 1960년대 후반에 전설적인 심리학자 마틴 셀리그먼Martin Seligman이 했던 유명한 실험이라는 것을 알 것이다. 셀리그먼은 불가피성과 그에 따른 인지능력의 와해라는 두 가지 개념을 묘사하기 위해 '학습된 무기력learned helplessness'이라는 용어를 만들었다. 많은 동물들이 처벌을 피할 수 없을 것 같은 상황에서 비슷하게 행동하는데, 인간도 마찬가지다. 집단수용소에 갇혔던 사람들은 무시무시한 환경에서 이런 증상들을 경험했다. 몇몇 수용소에서는 그것을 가리켜 '가멜Gamel'이라고 부르기도 했는데, 가멜은 독일어 '가멜른Gameln'에서 온 말로 '썩는'이라는 뜻이다. 별로 뜻밖의 일은 아니겠지만, 이후 셀리그먼은 인간이 낙천주의에 어떻게 반응하는지도 연구하여 자신의 연구 경력에 균형을 맞추었다.

심하고 만성적인 스트레스가 얼마나 끔찍하기에 그토록 괴이하게 행동 변화를 일으키는 것일까? 왜 멀쩡하던 학습 과정이 그토록 근본적으로 변화하는 것일까? 우선 스트레스의 정의를 살펴보고 생물학적 반응에 대해 이야기한 다음, 스트레스와 학습의 관계를 살펴보자. 그리고 동시에 결혼과 육아에 대해, 직장에 대해, 초등학교 4학년 선생님이었던 우리 어머니가 처음이자 마지막으로 욕하는 것을 목격한 이야기를 할 것이다. 바로 그때가 우리 어머니가 처음으로 '진짜' 학습된 무기력에 부닥쳤을 때였다.

공포와 짜릿함의 차이

스트레스의 정의를 내려보고 싶은데, 정신적인 것들이 대개 그렇듯 갑자기 혼란스러워진다. 우선, 모든 스트레스가 똑같지는 않다. 특정 유형의 스트레스는 학습 효과를 떨어뜨리지만, 어떤 유형의 스트레스는 학습을 **촉진한다**. 둘째, 사람이 자기가 언제 스트레스를 받는지 감지하기란 쉽지 않다. 스카이다이빙을 오락으로 즐기는 사람도 있는 한편, 악몽 같은 경험으로 여길 사람도 있는 법이다. 비행기에서 뛰어내리는 일이란 본래 누구에게나 스트레스를 주는 일일까? 대답은 '아니다'이며, 바로 이 지점에서 스트레스의 주관적 본질이 두드러진다.

우리의 몸 역시 스트레스를 정의하는 데는 별로 도움이 되지 않는다. 여러 가지 심리적 반응 중에 어떤 사람이 스트레스를 느끼는지 아닌지를 과학자에게 보여줄 수 있는 것은 없다. 이유는? 우리는 천적을 만났을 때 공포에 떨며 움츠러드는 것과 똑같은 신체 메커니즘을 성관계를 할 때도 이용한다. 심지어 추수감사절 저녁 식사를 할 때에도 똑같은 신체 반응을 보인다. 우리 몸에게는 날카로운 이를 가진 호랑이나 오르가슴이나 칠면조 고기나 죄다 비슷하게 보이는 셈이다. 생리적으로 흥분한 상태는 스트레스의 산물이기도 하지만 기쁨을 느낄 때에도 나타난다.

그렇다면 과학자가 할 일은 무엇일까? 몇 년 전에 뛰어난 과학자 김진석과 데이비드 다이아몬드David Diamond는 스트레스의 기초를 두루 포함하는 '3요소'를 정의했다. 그들의 견해에서, 그 세 가지가 동시에 발생하면 사람은 스트레스를 받는다.

정의 1 스트레스에 대한 생리적 반응은 분명 존재하며, 그것은 외부 요인에 의해 측정할 수 있다. 나는 이것을 18개월이던 내 아들이 저녁식사에서 당근을 처음 봤을 때 분명하게 보았다. 아이는 곧바로 불같이 화를 냈다. 소리를 지르고 울면서 기저귀에 오줌을 쌌다. 아이가 생리적으로 흥분한 상태라는 것은 식탁 주변 몇 미터 안에 있던 사람이라면 누구라도 알아차릴 수 있었을 것이다.

정의 2 스트레스 요인을 '피해야 하는 것'으로 인식한다. 이런 사실은 간단한 질문으로 측정할 수 있다. "이 경험의 강도를 낮추거나 피할 재간이 있다면, 그렇게 하겠는가?"라는 질문이 그것이다. 이 질문에 대해 앞에서 말한 18개월 된 내 아들은 명확하게 의사를 표현했다. 아이는 몇 초 안에 당근을 집어서 바닥에 던져버렸다. 그리고 능숙하게 의자에서 내려가 더니 당근을 밟아서 뭉개려고 했다. '피해야 할 것인지' 묻는 질문에 이만한 대답도 없지 않겠는가.

정의 3 스트레스 요인을 '통제하지 못한다'고 느낀다. 지배하지 못하면 못할수록 스트레스는 더 심하게 느껴진다. 이런 통제 요인, 그리고 그의 단짝 쌍둥이인 '예측 가능성'이 학습된 무기력의 밑바탕을 이룬다. 우리 아이는 아빠가 아이에게 당근을 먹이고 싶어한다는 것을 알았기 때문에, 그리고 아이는 아빠가 시키는 대로 하는 데 익숙했기 때문에 최대한 강하게 반응했다. 논점은 '통제'였다. 내가 바닥에 떨어진 당근을 집어서 씻은 다음 배를 문지르며 '냠냠' 하고 소리를 냈지만, 아이는 당근을 먹지 않았다. 어쩌면 그보다 더 중요한 것은, 아이는 당근을 전혀 먹고 싶지 않았지만 아빠가 당근을 전부 먹게 만들 거라고 생각했다는 점이다. 통제할 수 없는 당근은 통제할 수 없는 행동과 같은 것이었다.

이상의 세 가지 요소가 삼위일체로 함께 작용하는 것을 느낀다면 실험실 같은 환경에서 쉽사리 측정하는 종류의 스트레스를 받는 것이다. 이 책에서 스트레스에 대해 이야기할 때는 보통 이와 같은 상황을 가리키는 것이다.

스트레스가 머릿속에서 넘쳐흐르면

우리는 몸이 스트레스에 반응하는 것을 느낄 수 있다. 맥박이 빨라지고, 혈압이 올라가며, 기운 빠지는 것이 느껴진다. 이것이 바로 유명한 호르몬 '아드레날린adrenaline'의 작용이다. 아드레날린은 두뇌 속의 시상하부에서 분비된다. 시상하부는 머리 한가운데에 있는 크기가 콩알만 한 기관이다. 감각기관들이 스트레스를 감지하면 시상하부는 저 아래 콩팥 바로 위에 있는 부신adrenal gland(副腎)에게 신호를 보낸다. 그러면 부신은 곧바로 많은 양의 아드레날린을 혈액 속으로 내보낸다. 이러한 과정은 '맞서 싸우거나 도망가기' 반응이라는 결과로 나타난다.

그러나 여기에 그보다 덜 유명한 호르몬 하나가 더 작용한다. '코티솔cortisol'이라는 호르몬인데, 이 호르몬 역시 부신에서 분비되며 아드레날린만큼 강력하다. 코티솔은 인간이 스트레스에 보이는 반응 중 '엘리트 기동부대'라고 할 수 있다. 코티솔은 스트레스 요인으로부터 우리를 지켜주는 두 번째 병사이며, 조금만 있어도 스트레스의 가장 불쾌한 측면을 없애고 정상적인 상태로 돌아오게 해준다.

우리의 몸은 왜 이런 성가시고 곤란한 일을 겪어야 할까? 답은 아주 간단하다. 유연하고 곧바로 사용할 수 있으며 고도로 조절되는 스트레스 반응이 없다면, 우리는 죽고 말 것이다. 두뇌는 이 세상에서 가장 복잡하고 정교한 생존기관이라는 사실을 상기하자. 두뇌의 복잡한 면들은 모두 조금은 에로틱하고 대단히 이기적인 목표를 향해 만들어진 것이다. 그 목표는 바로 '우리 유전자를 다음 세대로 퍼뜨릴 수 있을 만큼 오래 살기'다. 스트레스에 대한 우리의 반응은 그 목표에서 '오래 살기' 부분에 이바지한다. 스트레스는 인간의 출산을 위협하는 요인들을 관리하는 데 도움을 준다.

진화 초기에 인류는 무엇으로부터 성행위를 억제하는 위협을 받았던 것일까? 은퇴에 대한 걱정 따위는 위협의 요소가 아니었을 것이다. 여러분이 동부 아프리카 초원에 있는 동굴에 산다고 상상해 보자. 깨어 있는 동안 여러분은 어떤 걱정을 할까? 걱정거리 '톱 10' 목록에는 여러분을 잡아먹을 수 있는 맹수들이 오를 것이며, 그 맹수들이 사람에게 입히는 부상도 포함될 것이다. 오늘날에는 다리가 부러지면 의사한테 가면 된다. 그러나 먼 옛날에는 다리가 부러지는 것은 곧 죽음을 의미하는 경우가 많았다. 그날의 날씨, 그날 먹을 식량 등 여러 가지 **당장** 필요한 것들이 주요 걱정거리들이었을 것이다. 모두 나이를 먹는 것과는 관계없는 요구 사항들이다.

왜 그렇게 당장 필요한 것들이 문제였을까? 인류 초기의 몇백만 년 동안 인류가 맞닥뜨렸던 생존 문제들 대부분은 해결하는 데 몇 시간, 심한 경우 몇 분도 걸리지 않았다. 호랑이가 우리를 쫓아온다면 우리는 호랑이에게 잡아먹히거나, 도망치거나, 아니면 호랑이에게 창을 꽂거나 했을 텐데, 어느 쪽이든 간에 결판은 30초 안에 났을 것이다. 결론적으로 우리의 스트레스 반응은 몇 년이 아니라 겨우 몇 초 지속되는 문제를 해결하고자 생겨난 것이다. 우선 우리 근육은 가능한 한 빨리 움직여서 우리를 해치려는 존재로부터 벗어나게 하기 위해 설계되었다. 스트레스에 재빨리 반응하지 못하는 사람들을 관찰해 보면 이런 즉각적인 반응이 얼마나 중요한지 알 수 있다. 예를 들어, 애디슨병 Addison's disease('원발성 만성 부신피질 기능부전'이라고도 한다―옮긴이)을 앓고 있다면, 사자의 공격을 받는 경우처럼 극심한 스트레스를 느끼는 상황에서도 혈압이 올라가지 않는다. 오히려 혈압이 심각하게 곤두박질쳐서 쇼크 상태에 빠지거나 기운이 빠져서 축 늘어질 수도 있다. 그러면 불구가 되거나 사자밥이 되는 것은 시간문제다.

  오늘날 우리의 스트레스는 사자와 마주친 몇 초간 지속되는 것이 아니라 정신없는 직장에서, 울어대는 아기와 함께, 그리고 돈 문제로 몇 시간, 며칠, 때로는 몇 달 동안 지속된다. 그러나 인체의 시스템은 그렇게 긴 시간 동안 이어지는 스트레스를 염두에 두고 만들어지지 않았다. 적당량 분비되던 호르몬이 계속 쌓여서 많아지거나, 양은 적당하더라도 너무 오랫동안 몸 안에 머물면 해로운 존재가 된다. 그래서 정교하게 조율된 시스템이 통제를 벗어나 철제 우리 속에 있던 개에게, 또는 성적표에, 또는 업무 평가에 영향을 끼치게 되는 것이다.

코감기는 물론 건망증까지

스트레스는 우리의 두뇌만 해치는 것이 아니다. 단기적인 경우라면, 심한 스트레스는 심장혈관의 기능을 향상시키기도 한다. 차바퀴 아래에 깔린 손자를 구하려고 차의 한쪽을 들어올린 할머니 이야기 같은 도시 전설은 바로 여기서 나오는 것이리라. 그러나 장기적으로 보면, 아드레날린이 너무 많이 분비되면 제어하지 못할 정도로 혈압이 높아진다. 갑작스럽게 혈압이 높아지면 혈관 내부에 사포처럼 까칠까칠한 얼룩이 남는다. 이 얼룩은 상처가 되고, 혈액 내의 끈끈한 물질이 상처에 쌓이면서 동맥을 막는다. 심장혈관에서 이런 일이 생기면 심장마비가 일어나고, 뇌에서는 뇌졸중이 생긴다. 만성 스트레스로 고생하는 사람들이 심장마비와 뇌졸중을 일으킬 위험이 높아지는 것은 전혀 놀랄 일이 아니다.

스트레스는 면역반응에도 영향을 끼친다. 우선 스트레스 반응은 피부와 같이 인체에서 가장 약한 부분으로 백혈구를 보내서 싸울 태세를 갖추게 만든다. 스트레스가 심한 사람은 독감 예방주사에도 더 잘 반응한다. 그러나 만성 스트레스는 이런 영향을 뒤집어서 백혈구 병사들의 수를 감소시키고 무기를 빼앗으며 심지어는 대놓고 죽이기도 한다. 스트레스가 오랫동안 지속되면 항체 생성에 관여하는 면역체계의 일부를 파괴한다. 그렇게 되면 감염과 싸우는 능력에 결함이 생긴다. 또한 만성 스트레스를 겪게 되면 면역체계는 앞뒤 안 가리고 적군이 아닌 아군, 예를 들어 자기 자신의 몸을 향해서까지 무작정 총을 발사하고 만다.

만성 스트레스를 겪는 사람들은 더 자주 아프다. 아니, **훨씬** 더 자주 아프다. 한 연구 결과에 따르면, 스트레스를 받는 사람은 그렇지 않은 사람보다 감기에 걸릴 확률이 세 배나 높다. 사회적인 스트레스에 한 달 넘게 시달리는 사람은 감기 바이러스에 특히 취약해진다. 또한 천식과 당뇨병 같은 자가면역질환(자신의 항원에 대하여 항체를 만들어서 생기는 면역병—옮긴이)에 걸릴 가능성도 커진다.

면역체계가 스트레스에 얼마나 민감한지 UCLA의 연극과 학생들을 대상으로 한 실험을 보자. 학생들에게 자신의 삶에서 가장 우울했던 일을 하루 종일 생각하고, 과학자들 앞에서 그 기분을 행동으로 나타내도록 해보았다. 그런 뒤 **과학자들은 학생들의 혈액을 채취했다**. 이 실험을 하는 동안 학생들은 메소드 연기를 한다(무서움을 표현할 때는 무서운 일을 생각하고, 그 기억을 되새기면서 대사를 한다). 한 그룹은 행복한 기억만을 이용해서 연기를 하고, 다른 그룹은 슬픈 기억만을 이용해서 연기를 한다. 그리고 과학자들은 이들의 혈액 샘플을 모니터하며 면역 '능력'을 체크한다. 하루 종일 기분이 좋아지게 하는 대본에 따라 연기를 한 사람들은 면역체계가 건강했다. 그들의 면역세포는 풍성하고 활기가 넘치며 언제든 일할 준비가 되어 있었다. 반면에 하루 종일 우울한 대본을 가지고 연기를 한 사람들은 뜻밖의 결과를 보여주었다. 면역반응이 현저하게 떨어진 것이다. 그들의 면역세포는 윤택하지도 않았고 활발하지도 않았으며 일할 준비도 되어 있지 않았다. 이 배우들은 감염에 훨씬 취약했다.

두뇌는 면역체계만큼이나 스트레스의 영향을 받는다. 기억의 요새인 해마에는 코티솔 수용체가 점점이 박혀 있다. 그로 인해 해마는 스트레스 신호에 **아주** 민감하게 반응한다. 스트레스가 심하지 않으면 두뇌는 더 잘 작동해서 문제를 더 효과적으로 해결하고 정보를 더 오래 간직할 수 있다. 여기에는 진화론적 원인이 숨어 있다. 목숨을 위협하는 사건들이란 우리가 기억할 수 있는 가장 중요한 경험들에 속한다. 그런 사건들은 초원에서 번개와도 같은 속도로 일어나는데, 그런 경험들을 기억으로 가장 빠르게 넘길 수 있는 사람들이(그리고 역시 번개와 같은 속도로 그 기억을 정확히 재생할 수 있는 사람들이) 그렇게 하지 못하는 사람들보다 살아남을 가능성이 더 높다. 실제로 연구 결과에 따르면, 스트레스를 받았던 경험의 기억은 두뇌에 거의 순간적으로 형성되고, 위기상황이 닥치면 무척 빠르게 재생된다.

하지만 스트레스가 너무 심하거나 오래도록 지속되면 학습에 해를 끼치기 시작하며, 그 영향은 실로 파괴적이다. 스트레스가 학습에 끼치는 영향은 일상생활에서도 볼 수 있다. 스트레스를 받는 사람들은 수학을 별로 잘하지 못한다. 언어도 그리 효율적으로 처리하지 못한다. 단기기억이든 장기기억이든 기억력도 좋지 않다. 스트레스를 받는 사람들은 그렇지 않는 사람들에 비해 오래전에 얻은 정보를 새로운 시나리오로 일반화하거나 각색하는 능력이 떨어진다. 스트레스 때문에 집중하지 못하는 것이다. 만성 스트레스는 거의 모든 면에서 학습 능력의 적이다. 스트레스 수치가 높은 사람들은 스트레스 수치가 낮은 사람들에 비해 인지능력 테스트에서 50퍼센트나 낮은 점수를 받았다는 연구 결과도 있다. 특히 스트레스는 일이나 학업에서 두각을 나타내려면 없어서는 안 될 서술기억(단언해서 말할 수 있는 것들)과 실행능력(문제 해결과 관련된 사고 유형)에 손상을 입힌다.

나쁜 놈, 좋은 놈

이렇듯 인간의 지적 능력에 대한 명백한 공격의 밑바탕에는 두 가지 분자를 둘러싼 생물학 이야기가 면면히 흐르고 있다. 그 분자들 중 하나는 악한, 하나는 영웅이다. 악한은 앞에서 얘기했던 코티솔이다. 이것은 통칭 '글루코코티코이드'라는 혀 깨물기 딱 좋은 이름으로 불리는 여러 가지 호르몬들의 일부다(앞으로 이것들을 스트레스 호르몬이라고 부르겠다). 이 호르몬들은 신장 위에 지붕처럼 올라앉은 부신에서 분비된다. 부신이 신경에서 보내는 신호에 정교하게 반응하는 모습을 보면 마치 그것이 원래 두뇌의 일부였다가 아랫배로 내려앉은 것 같다.

스트레스 호르몬이 신경체계 한가운데까지 거리낌 없이 들어간다면 두뇌에 정말로 못된 짓을 할 수 있다. 만성 스트레스를 겪을 때 일어나는 현상이 바로 그것이다. 스트레스 호르몬은 해마 안에 있는 세포를 특히 좋아하는 것 같은데, 해마는 학습에 여러 모로 깊이 관여하므로 이것은 보통 문제가 아니다. 스트레스 호르몬은 해마 속 세포를 다른 스트레스에 더 취약하게 만든다. 가장 소중한 기억의 안전한 저장소 역할을 하는 신경 네트워크의 연결을 끊을 수도 있다. 스트레스 호르몬은 해마가 새로운 아기 뉴런을 생산하지 못하게 할 수도 있다. 극단적인 상황이 되면 해마 세포를 죽일 수도 있다. 말 그대로, 심한 스트레스는 아이들이 수학능력시험에 합격하게 도와주는 바로 그 조직에 손상을 입힐 수 있다.

하지만 두뇌는 이 모든 사실을 알고 있는 듯하다. 이 박진감 넘치는 이야기에 악한만이 아니라 영웅도 등장시킨 걸 보면 말이다. 우리는 1장에서 이미 그 영웅을 만났다. 그것은 바로 'BDNF^{Brain Derived Neurotrophic Factor}(뇌유래 향신경성 인자)'다. BDNF는 뉴로트로핀^{neurotrophins}이라는 강력한 단백질 집단 중 첫째가는 단백질로, 해마 속의 BDNF는 적대적인 상황에서도 뉴런이 활발하게 자랄 수 있도록 지켜주는 군대 역할을 한다. BDNF가 충분하면 스트레스 호르몬이 뉴런을 손상시키지 못한다. BDNF는 좀 전에도 말했듯 영웅이다. 아니 그럼, 이렇게 든든한 영웅이 있는데 어떻게 신경체계가 무너질 수 있을까?

　너무 많은 스트레스 호르몬이 두뇌 속에서 지나치게 오래 머물면 문제가 생기기 시작한다. 이는 만성 스트레스 상황, 특히 학습된 무기력이 빚어내는 상황이다. 비료 역할을 하는 BDNF 군대는 무척 뛰어나긴 하지만, 강력한 글루코코티코이드가 너무 오랫동안 공격하면 제압할 수 있다. 침입자들이 철통같은 요새를 괴멸시키듯, 스트레스 호르몬이 너무 많으면 두뇌의 타고난 방어 능력을 압도하고 결국 두뇌를 쑥대밭으로 만들 것이다. 스트레스 호르몬이 많으면 해마세포 속에서 BDNF를 만드는 유전자를 없앨 수 있다. 그렇다. 스트레스 호르몬은 우리가 타고난 방어 능력을 제압할 뿐 아니라 아예 **없애버릴** 수도 있다. 그리고 스트레스 호르몬의 해로운 영향은 오랫동안 지속되는데, 이는 극도로 스트레스를 받는 사람들에게서 손쉽게 관찰할 수 있는 사실이다.

　고(故) 다이애나 황태자비가 세상을 떠나던 날 밤 그녀의 차에 탔던 보디가드를 생각해 보자. 오늘날까지 그는 교통사고 몇 시간

전과 후의 일을 전혀 기억하지 못한다. 그것은 심한 정신적 외상을 입은 사람들이 전형적으로 보이는 반응이다. 그와 뿌리는 유사하지만 증상은 가벼운 '건망증'은 스트레스가 덜 심하면서 더 널리 퍼져 있을 때 흔히 나타나는 현상이다.

스트레스의 가장 나쁜 영향 중 하나는 장기화되었을 때 사람을 우울증에 빠지게 한다는 점이다. 여기서 말하는 우울은 일상생활에서 정상적으로 경험하는 우울한 기분을 말하는 것이 아니다. 친척의 죽음과 같은 비극을 겪으면서 생기는 우울함도 아니다. 전세계에서 1년에 80만 명에 이르는 사람들에게 자살을 시도하게 만드는 질병으로서 우울증을 말하는 것이다. 만성적으로 스트레스에 노출되는 사람에게는 우울증이 올 수 있다. 우울증에 걸리면 기억, 언어, 양적 추론, 유동적 지능, 공간 지각력 등을 포함한 사고 처리 과정이 제대로 이루어지지 못한다. 우울증은 여러 가지 일상적인 부분에 영향을 끼친다. 하지만 그 특징 중 한 가지만은 우울증에 빠지지 않은 사람 눈에는 조금도 일상적이지 않게 보인다. 그 특징은 우울증에 시달리는 많은 사람들이 우울증에서 벗어날 방법이 없다고 느낀다는 점이다. 괴로움은 영원히 지속될 것이며 상황은 결코 나아지지 않을 것이라고 느낀다. 출구가 있을 때조차(사실 우울증은 치료만 받으면 완치될 가능성이 높다) 출구를 알아보지 못한다. 그들에게는 심장마비에서 벗어나는 것보다 우울증에서 벗어나기가 더 어렵다.

스트레스는 학습의 질을 떨어뜨리는 것은 분명하다. 그러나 더 중요한 것은, 스트레스가 **사람들을 해친다**는 것이다.

희망은 있다 : 유전적 완충장치

두뇌처럼 복잡한 세계에서 스트레스와 학습의 관계가 그렇게 간단할까? 그 대답은 '그렇다'일 수도 있다. 스트레스를 통제할 수 없다는 것은 대다수 사람들의 두뇌에게는 나쁜 소식이다. 물론, '대다수'가 '모두'를 의미하는 것은 아니다. 어두운 집 안에 여기저기 놓아둔 양초처럼, 몇몇 사람들은 인간 행동의 밝혀내기 쉽지 않은 측면들을 뜻밖의 명쾌함으로 풀어낸다. 그들을 통해 우리는 환경과 유전적 요인들이 얼마나 복잡하게 얽혀 있는지 알 수 있다.

질은 대도시 중심부에 있는 빈민가에서 태어났다. 그녀의 아버지는 질과 여동생이 유치원에 다닐 때부터 딸들을 성폭행했다. 질의 어머니는 신경쇠약 때문에 공공시설에 두 차례나 수용되었다. 질이 일곱 살이던 어느 날, 흥분한 아버지가 가족을 거실로 불러 모았다. 그리고 가족들 앞에서 자신의 머리에 권총을 겨눈 채 "너희가 날 이렇게 만들었어!"라고 외치고는 방아쇠를 당겼다. 어머니의 정신 상태는 점점 더 나빠졌고, 그 뒤로도 정신병원을 계속 들락날락했다. 어머니는 집에 있을 때면 질을 때렸다. 십대 초반부터 질은 식구들을 먹여 살리느라 일을 해야 했다.

이런 환경에서 자라난 여성이라면 나이를 먹으면서 깊은 정신적 상처와 심각한 정서적 손상으로 마약이나 혼전 임신 등을 겪었을 거라고 예상하기 쉽다. 그러나 그렇지 않았다. 질은 매력적이었고 학교에서 인기 많은 소녀로 성장했다. 공부도 잘하고 노래도 잘 불렀으며 고등학교 때는 학급회장을 했다. 모든 면에서 질은 정서적으로 안정되어 있었고, 어린 시절은 끔찍하게 불행했지만 그로부터 얻은 상처는 없는 듯 보였다.

정신의학 잡지에 실린 질의 이야기는 사람에 따라 스트레스에 반응하는 방식이 다르다는 사실을 보여준다. 정신의학자들은 보통 사람보다 특별히 스트레스를 잘 이겨내는 사람이 있다는 데 관심을 가져왔다. 분자유전학자들이 그 이유를 밝혀내기 시작했다. 어떤 사람들은 스트레스, 심지어 만성 스트레스의 영향까지도 누그러뜨리는 유전적 보체complement(혈청 내에서 효소처럼 작용하는 물질 —옮긴이)를 타고난다. 과학자들은 이 유전자들 일부를 분리해서 밝혀냈다. 머지않은 미래에 우리는 간단한 혈액검사를 통해 이 유전자들의 존재 여부에 따라 스트레스를 잘 참는 사람들과 스트레스에 민감한 사람들을 구별해 낼 수 있을지도 모른다.

균형이 허물어지는 지점

사람을 쇠약하게 만들 수도 있는 스트레스에 보이는 반응 중 전형적인 것과 예외적인 것을 어떻게 설명할 수 있을까? 그 점에 대해서는 과학자이자 정치가이며 늘 양복에 넥타이를 말쑥하게 갖춰 입는 브루스 매큐언Bruce McEwen 박사에게 물어보자.

매큐언 박사는 인간이 스트레스에 반응하는 다양한 방식을 한꺼번에 설명해 주는 강력한 틀을 개발했다. 그는 그 틀에 '알로스타

시스^{allostasis}'라는, 마치 공상과학 TV 시리즈 〈스타트렉$^{Star Trek}$〉에 등장하는 엔지니어링 매뉴얼에서 뽑아낸 듯한 이름을 붙였다. 알로^{allo}는 '변하기 쉬운'이라는 뜻의 그리스어에서 왔고, 스타시스^{stasis}는 '균형상태'를 뜻한다. 스스로 변화하면서 신체가 안정되도록 돕는 체계가 있다는 것이다. 인체의 스트레스 시스템과 복잡한 하부조직이 그중 하나다. 두뇌는 잠재적 위협에 반응하여 이런 신체의 전체적인 변화들―행동을 포함하여―을 조정한다.

이 모형에서는 스트레스 자체는 해롭지도 않고 독성도 없다고 말한다. 스트레스가 해로워지느냐 마느냐 하는 것은 외부 세계와 스트레스를 다루는 우리의 생리학적 능력이 복잡하게 상호작용한 결과다. 스트레스에 대한 신체의 반응은 스트레스의 길이와 강도, 그리고 그 사람의 신체에 달려 있다. 매큐언 박사는 스트레스가 독성을 지니게 되는 지점을 '알로스테틱 부하$^{allostatic\ load}$'라고 부른다. 이는 곧 '균형이 허물어지는 지점'을 의미한다. 우리 어머니가 처음이자 마지막으로 욕을 했을 때가 바로 그런 순간이었을 것이다. 내가 가장 낮은 성적을 받았을 때도 바로 그런 순간이었을 것이다. 우리는 모두 스트레스가 실생활에 구체적으로 어떤 영향을 끼치는지 보여주는 일화가 몇 개씩은 있을 것이다.

앞에서도 얘기했듯이, 우리 어머니는 초등학교 4학년 담임선생님이었다. 그날 나는 위층 내 방에 있었는데, 엄마는 내가 방에 있다는 걸 모른 채 같은 층에 있는 엄마 방에서 시험지를 채점하고 있었다. 엄마가 아주 예뻐하던 여학생이 하나 있었다. 여기서는 그 학생을 켈리라고 해두자. 켈리는 모든 선생님들이 바라 마지않

학생이었다. 똑똑하고, 차분하며, 친구들도 많았다. 켈리는 첫 학기에는 성적이 무척 좋았다.

그런데 두 번째 학기부터 아이가 달라졌다. 엄마는 크리스마스 방학 이후 켈리를 본 순간 뭔가 잘못되었다는 것을 감지했다. 켈리는 하루 종일 눈을 내리뜨고 있었고, 일주일 뒤에는 처음으로 학교에서 친구와 싸웠다. 그 다음 주에는 시험을 봤는데, 처음으로 C를 받았다. 그나마 그 점수가 그 학기 최고 성적이었다. 다른 과목은 모두 D 아니면 F를 받았으니까. 켈리는 교장실로 자주 불려갔다. 엄마는 켈리에게 무슨 일이 일어났는지 알아보기로 했다. 그리고 켈리의 부모가 크리스마스 방학 동안 이혼을 하기로 했고, 그 문제로 가족들이 자주 다퉜다는 걸 알게 되었다. 집안 문제가 심각해지면서 학교에서도 문제가 심각해졌다. 그리고 눈 내리던 그날, 엄마는 켈리에게 세 번째로 D를 주면서 욕을 했다.

"제기랄!"

엄마는 낮은 목소리로 말하더니 이어서 소리를 질렀다.

"내 과목에서 켈리의 성적이 형편없는 건 내가 잘못 가르쳐서가 아니란 말이야!"

나는 그 자리에 그대로 얼어붙었다.

가정에서 느끼는 정서적 안정감이 아이의 학교생활을 크게 좌우할 수도 있다는 것을 보여주는 일화다.

가정 내 스트레스가 아이에게 끼치는 영향

이번에는 가정에서 발생하는 스트레스를 집중적으로 살펴보겠다. 가정 내 스트레스는 아이가 학교생활을 잘하고 공부를 잘할 능력, 나아가 성인이 된 뒤 직장생활을 잘할 능력에까지 크게 영향을 주기 때문이다.

무척 흔한 경우로, 부모가 싸우는 것을 보고 자라는 아이들의 경우를 생각해 보자. 아이들은 부모 사이에서 갈등과 다툼이 해결되지 않으면 대단히 좌절감을 느낀다. 아이들은 귀를 막고, 주먹을 꽉 쥔 채 움직이지 않고 서 있고, 울고, 부모를 노려보고, 그만하라고 애원을 한다. 여러 연구를 통해 아이들은(6개월 정도밖에 안 된 어린아이들조차도) 어른들의 분쟁에 생리학적으로 반응한다는 사실이 밝혀졌다. 심장박동이 빨라지고 혈압이 높아지는 것이 그 예다. 부모가 끊임없이 싸우는 것을 보며 자라는 아이들은 모두 나이에 상관없이 그렇지 않은 아이들에 비해 소변에서 스트레스 호르몬이 많이 검출되었다. 그런 아이들은 감정을 조절하고 화를 가라앉히고 다른 것에 주의를 돌리는 것을 어려워한다. 부모의 싸움을 멈추게 할 도리가 없다는 데서 무력감을 느끼면 아이들은 정서적으로 상처를 입는다. 알다시피, 통제력은 스트레스를 인식하는 데 강력한 영향을 끼친다. 통제력을 잃은 아이들은 학업을 포함해 삶의 여러 부분에 영향을 받는다. 알로스테틱 부하를 경험하는 것이다.

나 역시 스트레스가 성적에 어떤 영향을 끼치는지 직접 경험한 적이 있다. 내가 고등학교 3학년 때, 엄마가 목숨을 잃을 수도 있는 병에 걸렸다는 진단을 받았다. 어느 날, 엄마가 병원에 다녀와서 저녁식사를 준비하려던 참이었다. 엄마는 벽을 바라보고 선 채 엄마의 병이 치명적일 수 있다는 사실을 더듬거리며 얘기했다. 그러나 그것이 전부가 아니었다. 아버지는 엄마의 상태를 조금은 알고 있었지만 그 정도인지는 모르는 채 이혼 서류를 접수한 상태였다. 누가 주먹으로 내 배를 세게 친 것만 같았다. 몇 초 동안은 움직일 수도 없었다. 그리고 그다음 13주 동안은 실로 재난이었다. 수업에 집중할 수가 없었다. 눈은 교과서를 보고 있지만 머릿속에는 다른 생각만 떠올랐다. 내게 글을 가르쳐주고 책을 사랑하게 만들어준 엄마도, 엄마와 함께 만들어온 행복한 가정도 모두 사라지는구나, 하는 생각만 떠올랐다. 당시 엄마는 자신의 기분을 한마디도 입 밖에 내지 않았다. 내가 상상하는 것보다 훨씬 끔찍했을 그 기분을. 어떻게 반응해야 좋을지 몰랐던 친구들은 내가 그들에게서 멀어지는 것과 동시에 내게서 멀어져갔다. 나는 집중력을 잃었고, 내 정신은 어렸을 때 수준으로 후퇴했다. 성적은 곤두박질쳤다. 나는 난생처음 D를 받았다. 그것이 내가 학교 다니면서 받은 유일한 D였다. 그러나 그때 나는 성적에 전혀 신경 쓸 수 없는 상태였다.

 오랜 세월이 지났어도 그때 일에 대해 얘기하는 것은 쉽지 않다. 어쨌든 그 경험은 스트레스가 학업에 얼마나 큰 영향을 끼치는지 잘 보여준다. 스트레스를 받은 두뇌는 그렇지 않은 두뇌와 똑같은 방식으로 학습하지 못한다. 그래도 내 슬픔과 스트레스에는 끝이라는 게 있었다. 스트레스가 영원히 함께할 것 같은 집에서 자란다고 상상해 보자. 스트레스가 학업에 그토록 심각하게 영향을 끼치는데, 극도의 불안감 속에 사는 아이들이 안정된 분위기에서 자라는 아이들보다 학업 성적이 떨어지리라는 것은 뻔하지 않겠는가.

학자들이 알아낸 사실은 이것과 딱 들어맞았다. 부부간 불화는 거의 모든 연령대 아이들의 학업 성적에 부정적인 영향을 끼쳤다. 스트레스와 학습에 대한 초창기 연구에서는 시간에 따른 성적의 변화에 초점을 맞추었다. 그리고 부모가 이혼한 집단과 그렇지 않은 집단이 학업 성적에서 놀라울 정도로 차이가 나는 것을 알아냈다. 또한 부모가 함께 살더라도 사이가 나빠서 아이들이 정서적으로 안정되지 못하면 성적이 낮다는 것도 밝혀졌다. (후속 연구에 따르면, 아이들의 성적이 떨어지는 이유는 이혼 자체보다는 사이 나쁜 부모의 잦은 다툼 때문인 것으로 나타났다.)

다툼이 격렬할수록 학업 성적은 더욱 떨어졌다. 분열된 가정에서 자라는 아이들은 그렇지 않은 아이들에 비해 지능과 재능이 모두 뒤떨어졌다. 그런 아이들은 퇴학을 당하거나 십대에 임신할 가능성이 세 배로 높고, 가난하게 살 가능성도 다섯 배나 높다. 사회 운동가 바버라 화이트헤드Barbara Whitehead는 《애틀랜틱 먼슬리Atlantic Monthly》 지에 기고한 글에서 이렇게 말했다.

"많은 아이들이 가정에서 일어나는 다툼에 정서적으로 불안정하고 마음이 산란한 나머지 구구단 같은 현실 세계의 일에 정신을 집중하지 못한다."

신체건강 또한 나빠진다. 장기결석이나 무단결석이 증가한다. 스트레스가 면역체계에 손상을 입혀서 발병 위험성을 높이기 때문에 장기적으로 결석할 가능성이 높아지는 것이다. 증거는 조금 빈약하지만, 분위기가 적대적인 가정에서 자라는 아이들은 우울증이나 불안장애 같은 정신장애를 앓을 위험성이 훨씬 높다는 연구 결과들이 가면 갈수록 많이 나오고 있다. 그런 장애 때문에 학업 성과와 밀접한 관계에 있는 인지과정에 혼란이 생길 수 있다. 아이들이 자라 어른이 되어도 어린 시절 스트레스의 영향은 남을 수 있다. 실제로, 한때는 우수한 업무 능력으로 많은 이들의 존경을 받았던 리사 노왁Lisa Nowak처럼 형편없이 망가질 수 있는 것이다.

스트레스가 직장생활에 끼치는 영향

리사 노왁이라는 이름을 들어보았는가? 노왁은 전투기 조종사이자 전자전electronics warfare 전문가로, 예쁘고 똑똑한 여성이다. 그녀는 몇백만 달러의 정부 지원을 받아 우주비행사 훈련을 받았다. 두 아이의 엄마였던 그녀는 당시 이혼을 코앞에 두고 있었다. 그리고 한 달 뒤에는 생애 가장 중요한 임무를 수행할 예정이었다. 그녀는 우주왕복선 선장으로 우주비행을 하기로 되어 있었다.

여기서 오랫동안 쌓여온 스트레스가 등장한다. 노왁은 자동차에 흉기를 싣고, 변장을 한 뒤, 우주에서 화장실에 가는 시간을 줄이기 위해 사용하는 성인용 기저귀까지 준비했다. 그러고 나서 자신이 좋아하는 동료 우주비행사를 가로챌 거라고 의심되는 여성을 납치하기 위해 올랜도에서 휴스턴까지 쉬지 않고 차를 몰았다. 그 결과, 고도의 기술을 지닌 이 엔지니어는 최고난도 기술을 요하는 책임자 임무를 수행하는 대신 납치와 강도 미수로 재판을 기다리고 있다. 그녀가 다시는 우주비행을 할 수 없을 거라고 생각하면 슬픔을 넘어서 가슴이 찢어질 정도다. 게다가 그녀를 훈련시키는 데 들어간 어마어마한 돈은 모두 허공으로 날아가지 않았나! 하지만 그 몇백만 달러도 이 세상의 모든 직장에서 스트레스 때문에 허비되는 비용에 비하면 새 발의 피다.

스트레스는 면역체계를 공격하여 병에 걸릴 가능성을 높인다. 스트레스는 혈압을 높이고, 심장마비와 뇌졸중 등 발작과 자가면역질환에 걸릴 위험성을 높인다. 이로 인해 건강보험료와 연금 비용은 늘어날 수밖에 없다. 또한 해마다 장기 결근으로 사라지는 5억 5천만 근무일 중 스트레스가 결근 원인의 절반 이상을 차지한다. 스트레스를 받는 직원들은 사소한 구실이라도 만들어 출근하지 않으려 하고, 지각을 하는 경우도 흔하다. 그러나 경영진은 직장 내 스트레스에 대한 대책을 세우지 않는다. 미국 질병통제예방센터the Centers for Disease Control and Prevention는 의료비 지출의 80퍼센트가 스트레스와 관련이 있다고 단언한다. 직원들이 스트레스를 느낀다는 것은 코티솔이 다량 분비되고, 회의에 자주 빠지며, 툭하면 병원에 가야 한다는 얘기다. 그게 다가 아니다. 스트레스가 장기화되면 우울증에 걸릴 수 있고, 이는 사고능력을 저하시켜 기업의 지적 자산에 해를 입힌다. 이렇듯 스트레스는 세 가지 측면에서 업무 생산성에 손해를 끼친다.

첫째, 우울증은 두뇌가 타고난 즉각적 반응 능력을 떨어뜨린다. 무용수가 관절염에 걸리면 절뚝거리는 것과 마찬가지다. 유동적 지능, 문제해결 능력(양적 추론 포함), 기억 형성은 우울증의 영향을 크게 받는데, 그 결과 창의성과 혁신 능력이 손상된다. 관절염에 걸리면 관절과 근육이 망가지는 것과 마찬가지다. 지식기반 경제에서는 **지적 능력이 생존의 열쇠**다. 그러니 경쟁력과 개인의 주가, 그리고 최종 성과 면에서 이보다 나쁜 소식이 어디 있겠는가. 사실, 1990년에 우울증으로 인해 미국 기업들이 치른 비용은 530억 달러에 달했다. 그중 생산성 저하 때문에 들어간 비용이 330억 달러로 가장 큰 비중을 차지한다.

둘째, 창의성을 잃은 사람들 때문에 의료비용이 더 많이 든다. 따라서 스트레스는 직원들의 기여도를 떨어뜨릴 뿐만 아니라, 바로 그 직원들이 기업의 내적 자원을 갉아먹기 시작한다. 단지 정신건강과 관련된 비용만 늘어나는 게 아니다. 우울증을 앓는 사람들은 여러 가지 다른 질병에 걸릴 위험성도 크다.

셋째, 진이 빠진 사람들은 스스로 그만두지 않아도 해고당하는 경우가 많다. 이직률이 높아지면 생산성은 떨어지며, 당연히 채용비용과 훈련 비용이 늘어난다. 여기서 서글픈 사실은, 인간의 신경세포가 치명타를 입으면 그것은 곧 그 사람의 경쟁력에 치명타가 된다는 것이다. 많은 연구 결과에서 얻은 통계를 분석하면 더욱 우울한 상황이 나온다. 기업들이 스트레스로 인해 드는 돈은 연간

2천억~3천억 달러에 달한다. 1분기에 750억 달러가 사라지는 것이다.

우리는 크게 세 가지 면에서 직장이 스트레스를 주는지 아닌지를 판단할 수 있다. 스트레스의 유형, 업무가 주는 자극과 지루함 사이의 균형, 그리고 직원들 가정생활의 질이다. 비즈니스 리더들은 어떤 유형의 스트레스가 사람들의 생산성을 떨어뜨리는지 오랫동안 연구했고, 마틴 셀리그먼의 실험에서 독일산 셰퍼드가 내린 것과 같은 결론에 도달했다. 즉, 통제할 수 있는지가 결정적이라는 것이다. 다음 두 가지 불길한 사실이 조합되면 직업적 스트레스는 초강력 폭풍으로 변신하여 공격해 온다. (1) 회사가 당신에게 거는 기대가 무척 크다. (2) 당신은 일을 잘 해낼 것인지 어떨지를 스스로 제어하지 못한다. 내 귀에는 이것이야말로 학습된 무기력의 공식처럼 들린다!

긍정적으로 생각하면, 자신에 대한 통제력을 회복하면 생산성을 다시 높일 수 있다. 한 기업에서 통제에 기반을 둔 스트레스 관리 프로그램을 시행한 뒤 조사를 해보았다. 스트레스 관리 프로그램을 시행하고 2년이 지난 뒤 그 기업은 수당에서만 15만 달러를 절약했다. 그러나 스트레스 관리 프로그램을 운용하는 데는 고작 6천 달러가 들었을 뿐이다. 그리고 프로그램을 16시간만 가동해도, 고혈압 진단을 받은 직원들의 혈압이 치명적인 수치까지 올라가는 횟수가 줄어들었다.

통제만이 유일하게 생산성에 영향을 주는 요인은 아니다. 조립 라인에서 날마다 똑같은 일을 지루하게 반복하는 직원들은 분명히 자신의 일을 통제하고 있다. 그러나 지루함도 두뇌를 마비시키는 스트레스 요인이 된다. 어떻게 하면 일을 재미있게 만들 수 있을까? 연구 결과에 따르면, 불확실성이 어느 정도 있는 것이 생산성에 도움이 된다. 특히 똑똑하고 동기부여가 된 직원들에게는 더 크게 도움이 된다. 그들에게 필요한 것은 통제 가능성과 통제 불능이 균형을 이루는 것이다. 뭔가 조금 불확실하다는 느낌이 들면 그들은 독특한 문제 해결 전략을 활용하려고 할 것이다.

세 번째 특징은 사실 경영자가 참견할 일은 아니다. 가정생활이 직장생활에 끼치는 영향에 관한 얘기니까. 사적인 문제와 업무 생산성 사이에는 분명히 관계가 있다. 어디 직장에서 사용하는 뇌와 집에서 사용하는 뇌가 따로 있겠는가. 직장에서 받는 스트레스는 가정생활에 영향을 주고 가정에서 더 많은 스트레스를 만들어낸다. 그리고 가정에서 스트레스를 많이 받으면 직장에서 또 더 많은 스트레스를 받게 된다. 그리고 이는 다시 가정생활에 영향을 준다. 이런 치명적인 악순환을 학자들은 '직장-가정 갈등 work-family conflict'이라고 부른다. 직장에서 자율적으로 일을 잘해 나간다는 자신감이 생기면 동료들과 문제를 해결할 기회도 생긴다. 하지만 가정생활이 엉망인 사람은 스트레스가 주는 부정적 영향에 시달릴 것이고, 그의 고용주마저 악영향을 받을 수 있다.

학업 성과든 업무 성과든 가정 내 정서적 안정으로부터 크게 영향을 받는다는 사실에서 벗어나지 못한다. 본래는 무척 개인적이지만 그 효과는 지독하게도 공적인 일에 과연 손쓸 방법이 있을까? 대답은 놀랍게도 '그렇다'일지도 모른다.

내 아이를 위한 '부부 사랑'의 기술

결혼을 전문으로 연구하는 학자인 존 가트맨John Gottman 박사는 부부를 3분만 만나보면 그들의 관계가 어떻게 될지 예측할 수 있다. 그가 결혼생활의 성공과 실패를 예측하는 능력은 90퍼센트에 가까울 정도로 정확하다. 어쩌면 그가 미국의 교육과 비즈니스 분야의 미래를 쥐고 있는지도 모른다.

다른 사람들의 결혼생활을 어떻게 그렇게 잘 예측할 수 있을까? 여러 해 동안 부부들을 세심하게 관찰한 결과, 가트맨 박사는 어떤 행동들이 결혼생활을 결정짓는지 가려낼 수 있었다. 물론 그런 행동들에는 긍정적인 행동도 있고 부정적 행동도 있다. 그러나 그런 구분만으로는 부족했다. 그것은 의사가 환자에게 불치병에 걸렸으나 치료할 방법이 없다고 말하는 것과 마찬가지였다. 그래서 가트맨 박사는 결혼생활을 예측하게 해주는 사실들을 이용해서 사람들에게 더 나은 미래를 선사하기 위해 연구를 시작했다. 그는 몇십 년 동안 연구한 결과를 기반으로 하여 결혼생활 중재 프로그램을 고안했다. 결혼생활을 성공으로 이끄는 행동들은 장려하고 실패로 이끄는 행동들은 없애는 데 초점을 맞춘 프로그램이었다. 가트맨 박사의 결혼생활 중재 프로그램은 이혼율을 거의 50퍼센트까지 낮췄다.

그의 결혼생활 중재 프로그램은 어떤 역할을 할까? 그 프로그램은 남편과 아내 사이에서 적대적 행동의 빈도와 강도를 낮춰주었다. 그 프로그램을 통해 행동과 말을 변화시킨 사람들은 결혼생활뿐만 아니라 다른 면에서도 긍정적 효과를 톡톡히 보았다. 특히 자녀가 있는 경우에는 더했다. 상관관계는 명확했다. 가트맨 박사는 요즘은 부모의 스트레스 반응만이 아니라 자녀들의 소변 샘플만 관찰해도 결혼생활이 어떤지 예측할 수 있다고 말한다.

자, 방금 한 얘기를 제대로 한번 풀어볼 필요가 있다. 결혼생활에 대해 연구하는 가트맨 박사는 신혼부부를 늘 많이 만날 수밖에 없다. 그리고 그는 부부들이 부모가 되는 무렵부터 상대방에게 적의가 담긴 행동을 급격히 많이 하게 된다는 사실을 알아냈다. 여기에는 만성 수면 부족에서 시작하여 혼자서는 아무것도 못하는 아기에게 해줘야 할 일이 점점 늘어간다는 사실에 이르기까지(아기들은 평균 1분에 세 번 정도 어른의 도움이 필요하다) 여러 가지 이유가 있다. 아기가 돌이 되었을 때쯤 결혼생활의 만족도는 70퍼센트까지 떨어진다. 그리고 산후우울증의 위험성은 25퍼센트에서 62퍼센트로 증가한다. 자연히 부부가 이혼할 확률 역시 높아지는데, 이는 곧 아기들이 폭풍우가 휘몰아치는 정서 세계에서 태어난다는 사실을 의미하기도 한다.

가트맨 박사와 동료 학자인 앨리슨 샤피로[Alyson Shapiro]는 이런 사실을 보고 한 가지 아이디어가 떠올랐다. 아내가 임신했을 때 결혼생활 중재 프로그램을 적용하면 어떨까 하는 것이었다. 즉, 적개심의 수문이 열리기 전에, 우울증에 걸릴 확률이 지붕을 뚫고 치솟기 전에 말이다. 가트맨 박사가 생각하기에, 그렇게 한다면 통계적으로는 결혼생활이 상당히 화목해질 것이 분명했다. 중요한 문제는 아이들이었다. 정서적으로 안정된 환경이 아기의 신경체계가 발달하는 데 어떤 영향을 끼칠까? 박사는 답을 찾아보기로 했다.

아이를 임신한 부부를 대상으로 부부관계에 문제가 있든 없든 간에 결혼생활 중재 프로그램을 적용하고, 아이의 발달 과정을 평가하는 연구가 몇 년에 걸쳐 이루어졌다. 그리고 이 연구를 통해 가트맨과 샤피로 박사는 대단히 값진 정보를 밝혀냈다. 결혼생활 중재 프로그램을 적용한 가정에서 자란 아기들은 이 실험의 통제집단(두 집단을 비교 실험하는 경우, 실험자가 조작하는 변인의 영향을 받지 않도록 하는 집단—옮긴이), 즉 중재 프로그램을 적용하지 않은 환경에서 자란 아기들과 아주 딴판이었다. 그들의 신경체계는 전혀 다르게 발달했고, 행동 역시 달랐다. 중재 프로그램을 실시한 가정에서 자란 아기들은 별로 울지 않았다. 그리고 주의를 전환하는 데 능숙했으며, 외부의 스트레스 요인에 대해서도 훨씬 안정된 방식으로 대처했다. 생리적으로 측정해 봐도, 중재 프로그램을 실시한 가정에서 자란 아기들은 감정이 건강하게 조절되는 반면, 그렇지 못한 아기들은 신경체계에 질서가 잡히지 않았다. 이렇게 주목할 만한 차이점은 유용하고도 상식적인 사실을 깨우쳐주었다. 부모의 정서를 안정시키면 결혼생활뿐 아니라 아이까지 변화시킬 수 있었던 것이다.

나는 가트맨 박사가 밝혀낸 사실들이 이 세상을 바꿔놓을 수 있다고 생각한다. 우선 성적표와 업무 평가서부터.

닥터 메디나의
두뇌 부활 아이디어!

사생활을 어떻게 영위하는지는 물론 각자의 몫이다. 그러나 유감스럽게도, 사생활에서 벌어지는 일들이 공적인 삶에 영향을 끼치는 경우가 많다. 최근에 텍사스에서 태평양 북서부의 한 도시로 이주한 한 사람의 범죄 역사를 보자. 그 사람은 자신의 새 집이 너무나 **싫어서** 떠나기로 마음먹었다. 그래서 그는 이웃의 차를 훔쳐서(그 달에만 두 번째 차량 절도였다) 공항까지 몇 킬로미터를 달려간 다음 그 차를 버렸다. 그리고 보안검색 요원과 공항 게이트 담당자를 모두 속이고 텍사스까지 가는 비행기에 무임탑승했다. 이 모든 짓에 성공한 그는 놀랍게도 열 번째 생일을 몇 달 앞두고 있었다. 여러분도 짐작할 수 있겠지만, 이 아이는 문제가 많은 가정에서 자랐다. 뭔가 조치를 취하지 않으면 이 아이를 기르는 사적인 문제는 머잖아 대단히 공적인 문제가 될 것이다. 이것은 그 아이 하나의 문제가 아니다. 어떻게 하면 스트레스를 받는 뇌가 스트레스를 받지 않는 뇌와 다르게 학습한다는 두뇌 법칙을 가지고 아이들을 기르고, 교육하고, 일하는 방법을 효율적으로 변화시킬 수 있을까? 나는 이 문제를 놓고 한참을 생각해 보았다.

부모들부터 가르쳐라

요즘 공식적인 교육 시스템은 대체로 여덟 살 무렵, 초등학교 1학년에서 시작된다. 1학년 때 배우는 것은 쓰기 조금, 읽기 조금, 그리고 수학 조금이다. 선생님은 전혀 모르는 사람인 경우가 대부분이다. 그리고 여기에는 중요한 한 가지가 빠져 있다. 가정이 안정되어 있는지는 철저히 무시된다. 아이가 앞으로 학교생활을 잘할지를 예측하게 해주는 가장 중요한 인자들 중 하나인데도 말이다. 가정생활의 영향을 진지하게 고려한다면 어떻게 해야 할까?

1학년 학생들이 여덟 살짜리 아이들이 아닌 교육 시스템을 상상해 보자. 아이들 대신 부모들이 1학년이 돼서 교육을 받는 것이다. 수업 내용은? 가트맨 박사가 고안한 대로, 아이의 신경체계까지 변화시키는 방법을 이용하여 안정된 가정을 꾸리는 법을 배우는 것이다. 산부인과에서부터 결혼생활 중재 프로그램을 시작할 수도 있을 것이다. 마치 라마즈 호흡법 강의처럼 말이다. 보건 시스템과 교육 시스템 사이에는 독특한 파트너십이 존재할 수 있다. 아이가 태어나는 바로 그 순간부터 교육을 가정의 문제로 만들어주는 것이다.

부모들이 참가하는 1학년 과정은 아이가 태어난 다음 주부터 바로 시작한다. 언어 습득에서부터 활동적인 놀이시간까지 아기들만을 위해 고안된 커리큘럼 속에서 아기들의 놀라운 인지능력은 충분히 자유롭게 발휘될 수 있다. (이것은, 아이가 태어난 뒤 1년 동안 아기를 아인슈타인 같은 천재로 만들어준다는 괴상한 제품을 만들어내라는 요구가 절대 아니다. 그런 제품들 대부분은 테스트도 거치지 않았고, 그중 일부는 오히려 학습에 해롭다는 사실이 밝혀졌다. 내가 상상하는 것은 아직은 세상에 없는, 분별 있고 신중하고 엄격하게 검증을 거친 교육법이다. 교육자들과 두뇌과학자들이 함께 연구해 볼 만한 주제다.) 이와 더불어 부모들이 가끔씩 '결혼생활 쇄신 과정'을 수강할 수도 있을 것이다. 정서적으로 안정된 환경에서 몇 년을 보낸 아이가 학업에서 어떤 성과를 보일지 상상이 가는가? 내가 꿈꾸는 환경 속에서 아이는 활짝 꽃을 피울 것이다.

미래의 학생들에게 이런 중재 프로그램을 실시하는 병원이나 학교는 아직 없다. 그리고 아기들의 인지능력을 이용할 정식 커리큘럼도 전무하다. 그러나 지금 당장 그런 인지능력을 개발하고 시험할 수는 있다. 두뇌과학자들과 교육자들이 협력하면 된다. 필요한 것은 교육을 위해 협력하려는 의지와 모험심뿐이다.

무료 가정 상담과 탁아 서비스

역사적으로 사람들은 어떤 일을 시작하고 처음 몇 년 동안에 가장 좋은 성과를 내놓아왔다. 세상을 바꿔놓은 위대한 업적을 그 시기에 이루는 사람들도 드물지 않다. 경제학 분야에서 노벨상을 수상한 연구는 대부분 그 학자가 연구를 시작하고 10년이 되기 전에 이루어졌다. 알버트 아인슈타인은 자신의 독창적 아이디어들을 대부분 스물여섯 살 때 발표했다. 그러니 기업들이 젊고 지적 능력을 갖춘 사람들을 뽑으려고 할 만도 하다.

오늘날의 경제에서 문제는 사람들이 일을 가장 잘할 법한 바로 그 시기에 가정을 꾸리기 시작한다는 것이다. 사람들은 인생에서 가장 심하게 스트레스를 받는 시기에 생산적인 일을 하느라 애써야 한다. 기업들이 이런 인생사의 '공교로운 충돌'을 심각하게 받아들이고 무언가 수를 써준다면 어떻게 될까? 예를 들면, 갓 결혼했거나 아기를 가진 직원들에게는 가트맨의 결혼생활 중재 프로그램을 제공하는 것이다. 그러면 가정에서 받은 스트레스가 직장에까지 연장되는 상황을 되돌릴 수 있을까? 가능할 것이다. 그런 개입은 생산성을 높일 수 있을 것이며, 더 나아가 애사심과 충성심도 이끌어낼 수 있을 것이다.

회사 역시 이 시기에 유능하고 똑똑한 직원을 잃을 위험이 있다. 능력 있는 사람들, 그중에서도 특히 여성들이 일과 가정 사이에서 터무니없는 결정을 내리기 쉽기 때문이다. 21세기에는 경제활동 측면에서 두 가지 부류가 탄생했다. 하나는 아이로부터 자유로운 부류이고(아이가 없거나 아이를 길러야 하는 일차적 책임을 지지 않는 사람들), 다른 하나는 아이들에게 매여 있는 부류다(아이를 직접 길러야 하는 책임을 맡은 사람들). 성비 면에서 이 부류는 균형이 거의 맞지 않는다. 하버드대학교 경제학과 교수인 클로디아 골딘$^{\text{Claudia Goldin}}$에 따르면, 아이들에게 매여 있는 사람들 중 여성이 차지하는 비율은 거의 90퍼센트에 이른다.

능력 있는 사람들이 일과 가정, 둘 중 하나를 선택하지 않아도 된다면 어떨까? 회사에서 아이를 돌봐준다면 어떨까? 분명 여성들에게 대대적인 환영을 받을 것이며, 기업 내의 성비는 균형을 이룬다. 그렇다면 탁아 서비스에 드는 비용을 상쇄할 만큼 생산성을 높일 수 있을까? 연구해 볼 가치가 충분한 질문이다. 중요한 것은 탁아 서비스가 기업들에게 현 세대에서 더욱 안정된 직원들을 보장해 줄 수 있으며, 더 건강한 다음 세대 일꾼들을 길러내는 일이라는 점이다.

근로자들에게 힘을

스트레스 관리법을 다룬 책들이 시중에 쏟아져 나온다. 그중에는 오히려 사람을 더 혼란스럽게 만드는 책들도 있고, 상당한 통찰력을 제시하는 책들도 있다. 그중 우수한 책들이 공통적으로 하는 얘기가 있다. 성공적으로 스트레스를 관리하려면 무엇보다 먼저 자기 삶을 통제하라는 말이다. 이는 관리자나 인력자원 전문가는 마음만 먹으면 강력한 예측 능력을 얼마든지 쓸 수 있다는 뜻이다. 스트레스 때문에 생겨난 문제점들을 알아차리려면 직원들이 가장 무기력하게 느끼는 상황들만 관찰하면 된다. 김진석과 데이비드 다이아몬드의 '스트레스에 대한 3요소 정의'에 따른 설문지를 작성하여, 그저 '싫다'는 막연한 기분이 아니라 '무기력하다'는 좀 더 협의의 문제를 지속적으로 평가하는 것이다. 그리고 그다음 단계에서 그런 상황을 변화시키는 것이다.

지금까지 소개한 것들은 두뇌과학자들과 비즈니스 리더들이 '직장 내 스트레스의 생물학'이라는 주제를 놓고 산학협동으로 연구한다면 실현될 가능성들 중 일부에 지나지 않는다. 그 연구 결과는 직원들의 결근율을 낮추고, 직원들이 병원에 덜 가게 해주고, 나아가 보험료도 줄일 수 있을지 모른다. 직원들에게 출구를—일로부터 벗어날 출구가 아니라 일하면서 느끼는 스트레스로부터 벗어날 출구를—지속적으로 제공해 주기만 하면, 돈만 절약되는 것이 아니라 창의력도 훨씬 더 풍부해질 것이다.

스트레스를 연구하는 학자들과 교육자들, 그리고 비즈니스 리더들이 스트레스와 사람에 대해 비슷한 결론들을 내놓는 것은 우연의 일치가 아니다. 몹시 놀라운 것은, 셀리그먼이 1970년대 중반에 자기 개에게 전기충격 주기를 멈춘 뒤로, 사람들이 그 결론의 요점들을 그저 '알아만' 왔다는 점이다. 이제는 그 연구를 생산적으로 이용해야 할 때가 되었다.

브레인 룰스 8

생각의 와해 | 스트레스

- 사람의 두뇌는 30초 정도 지속되는 스트레스에 대처하도록 만들어졌다. 도저히 통제할 수 없을 것만 같은 만성 스트레스를 견뎌내도록 만들어진 것이 아니라는 말이다. 정글에서 호랑이를 만났을 때 먹히느냐 마느냐 하는 것은 1분이면 결판이 난다. 하지만 못된 상사 아래서 지내는 것은 몇 년 동안 방문 앞에 호랑이를 두고 지내는 것과 같으며, 결혼을 잘못 하는 것은 몇 년 동안 침대 속에 호랑이를 두고 지내는 것과 같다. 이런 경우, 여러분의 두뇌는 실제로 '쭈그러든다'.
- 스트레스는 세상에 존재하는 모든 종류의 인식을 실제로 손상시킨다. 스트레스를 받으면 기억과 실행기능, 운동 능력 등에 손상이 온다.
- 아이가 집에서 정서적 안정감을 느끼는지 여부는 아이가 학업 면에서 우수할지를 예측하는 요소로서 유일무이하면서 또한 강력하다. 진정으로 아이가 하버드대학교에 가길 바란다면, 집에 가서 남편 또는 아내를 사랑하라.
- 누구나 두뇌는 하나다. 집에서 지낼 때 쓰는 두뇌와 직장이나 학교에서 쓰는 두뇌는 똑같은 것이다. 따라서 집에서 겪는 스트레스는 업무 성과를 내는 데 영향을 끼치며, 그 반대의 경우도 마찬가지다.

생각의 강화 | 감각통합

브레인 룰스 9
자극이 다양할수록 생각이 뚜렷해진다

팀은 E라는 글자를 볼 때마다 붉은색이 함께 보인다고 한다. 갑자기 붉은색 유리를 통해 세상을 보는 것 같다고 말한다. 그러나 E라는 글자에서 눈을 돌리면 세상은 다시 정상으로 돌아온다. O라는 글자를 보기 전까지는. O라는 글자를 보는 순간 세상은 푸른빛으로 변한다. 책을 읽는 것이 팀에게는 디스코장에서 사는 것과도 같다. 오랫동안 팀은 자신뿐 아니라 모든 사람에게 이와 같은 현상이 일어난다고 생각했다. 그러나 그런 현상이 자기한테만 일어난다는 사실을 알았을 때 (적어도 그의 주변에는 그런 경험을 하는 사람이 없었다) 그는 자신이 미치지 않았나 의심하기 시작했다.

물론 그가 겪는 현상은 정상이 아니다. 팀은 (이런 표현이 맞는지 모르겠지만) '공감각'이라는 증세를 겪고 있다. 2천 명 가운데

1명 정도가 이런 증상을 경험하고 있지만(2백 명 중 1명이라고 주장하는 사람들도 있다), 과학자들은 이 현상에 대해 아직 아는 게 거의 없다. 언뜻 보기에는 다양한 감각정보들을 처리하는 과정에 뭔가가 방해하는 것 같다. 감각을 잘못 처리할 때 무슨 일이 일어나는지를 밝혀낼 수 있다면, 감각을 제대로 처리할 때 어떤 일이 일어나는지도 더 잘 이해할 수 있을 것이다. 그래서 공감각은 두뇌가 이 세상의 많은 감각들을 어떻게 처리하는지에 관심 있는 과학자들의 호기심을 돋운다. '공감각이 학습에 끼치는 영향'이 아홉 번째 브레인 룰스, '자극이 다양할수록 생각이 뚜렷해진다'는 두뇌 법칙의 핵심이다.

감각이 기적을 일으키다 : 토요일 밤의 열기

사람이 감각으로 무언가를 느낀다는 것은 늘 작은 기적처럼 느껴진다. 한편으로 우리 머리의 내부는 어둡고 고요하며 외로운 공간이다. 그러나 다른 한편으로 우리 머리는 시각, 청각, 미각, 후각, 촉각 등을 통해 이 세상을 느끼느라 무척이나 부산하다. 어떻게 이런 일이 일어날까? 지금까지 그걸 정확하게 알아낸 사람은 하나도 없었다.

그리스인들은 뇌가 그리 많은 일을 한다고 생각하지 않았다. 진흙 덩어리처럼 머릿속에 가만히 앉아 있다고 생각했다. 아리스토텔레스는 심장이 24시간 붉은 피를 뿜으면서 인체의 모든 현상을 관장한다고 생각했다. 그는 심장이 '생명의 불길'을 품고 있다고 말했는데, 이 불길이 내뿜는 열기 덕분에 두뇌가 할 일이 생긴다고 생각했다. 두뇌가 그 열을 식히는 역할을 한다고 생각한 것이다(그는 폐도 그 일을 돕는다고 생각했다). 우리는 아리스토텔레스의 생각을 본받아 지금도 '심장heart'이라는 단어를 정신 생활의 여러 면을 묘사하는 데 사용하고 있다.

두뇌는 뼈로 된 방 속에 갇힌 채 어떻게 이 세상을 인식할까? 다음 예를 생각해 보자. 금요일 밤, 뉴욕의 한 클럽이다. 강렬한 음악과 댄스 비트는 짜증스러울 뿐 아니라 사람을 최면에 빠뜨릴 정도고, 소리는 들리는 것을 넘어서서 몸으로도 느낄 수 있을 정도다. 레이저 불빛이 클럽 내부를 현란하게 비추고 있다. 사람들이 격렬하게 몸을 움직인다. 공기 중에는 알코올과 튀긴 음식과 마약 냄새가 뒤섞여 있다. 한쪽 구석에서는 연인에게 버림받은 한 남자가 울고 있다. 클럽 내부에는 정보가 너무나 다양하고 많아서 머리가 아파오기 시작한다. 그래서 신선한 바람을 좀 쐬려고 밖으로 나온다.

이런 짤막한 장면을 통해 우리의 뇌가 동시에 처리해야 하는 감각정보의 양이 얼마나 엄청난지 상상할 수 있다. 외부의 물리적 정보들과 내부의 정서적 정보들이 끝없는 감각의 소방 호스에 담겨 뇌 속으로 밀려들어온다. 댄스 클럽 예가 극단적이라고 보일지 모른다. 그러나 거기에 담겨 있는 정보는 우리가 오전의 맨해튼 거리에서 일상적으로 경험하는 정도일 뿐이다. 우리의 뇌는 택시가 끼익 하고 멈춰 서는 소리, 가게에서 흘러나오는 프레첼 냄새,

횡단보도 신호등, 사람들의 급한 발걸음과 그들이 전날 밤 피운 담배 냄새 등을 동시에 모두 인식한다. 사람은 정말 놀라운 존재다. 두뇌과학 분야에서는 어떻게 사람이 그 많은 감각을 인식할 수 있는지를 이제야 알아내기 시작했다.

과학자들은 감각통합을 설명하기 위해서 흔히 '맥거크 효과 McGurk effect'를 예로 든다. 어떤 사람이 화들짝 놀랄 정도로 흥하게 '가^{ga}' 소리를 내는 비디오를 보았다고 가정해 보자. 그러나 당신이 모르는 사이에 과학자들이 원래 비디오의 음을 지우고 '바^{ba}'라는 소리를 더빙해 놓았다. 눈을 감고 들으면 '바'라고 들린다. 그러나 눈을 뜨고 보면, 귀는 '바'라는 소리를 듣고 있는데도 눈은 사람의 입이 '가'라고 말하는 것이 보인다. 두뇌는 이런 모순되는 상황을 어찌해야 할지 모른다. 그래서 사실이 아닌 무언가를 만들어낸다. 당신이 대부분의 사람들과 같다면, 눈을 뜨고 있을 때 당신이 듣는 소리는 '다^{da}'이다. 두뇌는 우리가 듣는 것과 보는 것 사이에서 타협, 즉 통합을 시도한다.

이런 사실을 입증하자고 실험실까지 갈 필요는 없다. 영화를 한 번 보기만 하면 된다. 스크린에서 서로에게 이야기하는 배우들은 실제로는 서로에게 아무 말도 하지 않는다. 그들의 목소리는 극장 안 사방에 설치된 스피커에서 나오는 것이지, 배우의 입에서 나오는 것이 아니다. 그렇지만 우리는 말소리가 배우의 입에서 나온다고 믿는다. 우리의 눈은 우리의 귀가 듣고 있는 낱말과 나란히 움직이는 배우의 입술을 관찰하고, 뇌는 그 경험을 결합하여 대화가 스크린에서 나온다고 믿게 만든다. 감각들이 결합하여 누군가가 우리 앞에서 말하고 있다고 인식하게 하는 것이다. 사실은 우리 앞에서 말하는 사람은 없는데도 말이다.

감각통합 시나리오

이런 분석을 통해 과학자들은 여러 감각들이 통합되는 방식을 놓고 몇 가지 이론을 제시한다. 그 이론들의 한쪽 극단에는 미국 독립전쟁 중의 영국군을 연상시키는 아이디어가 있다. 그리고 반대쪽 극단에는 미국인들이 영국군과 싸웠던 방식을 연상시키는 아이디어가 있다. 대규모 지상전의 유럽식 전통에서 벗어나지 못하던 영국군은 중앙에서 여러 가지 계획을 세웠다. 장교들은 전장의 지휘자들로부터 정보를 수집하여 명령을 내렸다. 그러나 아무런 전투 전통이 없던 미국인들은 게릴라 전법을 사용했다. 중앙 사령부와 의논하기 전에 현장에서 상황을 분석하고 결정을 내렸다.

　독립전쟁 당시 전장 위로 총성이 한 방 울렸다고 해보자. 영국군의 작전 모형에서는 우리의 감각들이 별개로 작용하면서 정보를 두뇌의 중앙 사령부의 정교한 인식 센터로 보낸다. 두뇌는 그 센터에서만 감각정보들을 결합하여 환경을 일관성 있게 인식할 수 있다. 귀는 총소리를 듣고 방금 일어난 일에 대해 청각 보고서를 작성한다. 눈은 총에서 새어나오는 연기를 보고 정보를 처리하여 사건에 대한 시각 보고서를 작성한다. 코도 화약 냄새를 맡고 후각 보고서를 작성한다. 그리고 각각의 보고서를 중앙으로 보낸다. 그곳에서 각 감각 데이터가 결합되어 하나의 인식이 만들어진다. 그리고 두뇌는 병사에게 그가 방금 경험한 일을 알려준다. 이 처리 과정은 세 단계로 나뉜다.

1단계 : 감각
우리 몸에 수없이 뚫린 구멍으로 들어오고 우리 피부에 와 닿는 에너지들을 포착하는 단계다. 외부의 정보를 두뇌가 잘 알아들을 수 있는 전기언어로 바꾸는 과정이다.

2단계 : 전달
정보가 두뇌언어로 성공적으로 변환되면, 이 언어를 두뇌의 해당 부위로 보내어 추가 처리를 거치게 한다. 시각, 청각, 촉각, 후각, 미각 신호는 모두 이런 처리를 위해 특화된 장소가 있다. 우리의 두 번째 뇌 한가운데에 있는 달걀 모양의 시상이라는 부위가 이런 작업의 대부분을 감독하는 데 도움을 준다.

3단계 : 인식
다양한 감각들이 정보를 병합하기 시작한다. 이런 통합된 신호들은 두뇌 속의 점점 더 복잡해져 가는 부위(이 부위는 실제로 '고등 부위higher regions'라고 불렸다)로 보내지고, 우리는 감각이 우리에게 전해 준 것을 인식하기 시작한다. 곧 살펴보겠지만, 이 마지막 단계는 하향식 특징과 상향식 특징을 모두 가지고 있다.

미국군 모형은 영국군 모형과는 무척 다른 방식으로 사물을 배치한다. 여기서는 처음부터 감각들이 함께 작용하고, 처리 과정 초기부터 서로에게 조언을 하고 영향을 주고받는다. 귀와 눈이 동시에 총성과 연기의 정보를 포착할 때, 이 둘은 즉시 협의에 들어간다. 그리고 어떤 상부기관과도 협의하지 않고 서로 제휴하여 어떤 일이 일어났음을 인지한다. 너른 전장에서 총이 발사되는 모습이 보는 사람의 두뇌 속에 나타난다. 여기서도 단계는 여전히 감각, 전달, 인식이다. 그러나 각 단계마다 '신호들이 즉시 의사소통을 하고, 신호 처리 과정의 다음 단계에 영향을 준다'는 것이 추가된다. 따라서 마지막 단계인 '인식'은 **통합이 시작되는 단계가 아니라 최고조에 이르는 때다.**

어떤 모형이 옳을까? 데이터를 보면 은근히 두 번째 모형 쪽에 무게가 실리지만, 사실 어느 쪽이 옳은지는 아무도 모른다. 실제로 감각들이 정확히 동등한 방식으로 서로 돕는 기미가 감질나리만큼 있기는 하다. 이 장에서는 감각과 전달에 이어 무슨 일이 일어나는지, 그러니까 우리가 인식에 도달한 다음에 무슨 일이 일어나는지에 주로 관심을 갖고 보도록 하자.

감각통합의 대단원 : 하향식, 상향식 처리

앞서 말한 '마지막 단계'가 무너질 때 무슨 일이 일어나는지를 보면 그것이 얼마나 중요한지 알 수 있다. 올리버 색스는 여러 가지 지각 처리 능력을 잃은 환자의 이야기를 전한다.

색스는 그 환자를 '리처드 박사'라고 불렀다. 리처드 박사의 시각에는 아무 문제가 없었다. 사물을 볼 수 있다. 단지 본 것을 제대로 인식하지 못할 때가 있을 뿐이었다. 예를 들어 친구가 방으로 들어와 의자에 앉을 때, 그는 친구의 다양한 신체 부위가 한 사람의 몸의 일부라는 것을 인식하지 못할 때가 있다. 그 사람이 의자에서 일어나는 순간에만 느닷없이 모든 부위가 한 사람의 몸이라는 것을 알아본다. 리처드 박사에게 축구장에 있는 사람들의 사진을 보여주면, 서로 다른 사람들이 입은 같은 색 옷들을 어떤 의미에서 '한 덩어리'라고 생각할 것이다. 옷 색깔이 같다는 공통점이 서로 다른 사람들의 일부라는 것을 깨닫지 못하는 것이다. 가장 흥미로운 것은, 여러 가지 감각이 결합된 자극이 동일한 경험에 포함된다는 것을 인식하지 못하곤 한다는 것이다. 이런 현상은 리처드 박사가 다른 사람이 말하는 것을 볼 때 관찰할 수 있다. 그는 때때로 말하는 사람의 입술의 움직임과 말하는 내용 사이에 연관을 짓지 못한다. 그가 보기에 입술의 움직임과 소리가 일치하지 않는 것이다. 그럴 때 그는 '어설프게 더빙된 외국 영화'를 보는 것 같다고 말하곤 한다.

과학자들은 세상을 하나의 총체로 보는 것이 생존을 위해 이롭다는 사실을 전제로 결합문제에 깊은 관심을 가져왔다. 그들은 이런 질문들을 던졌다. 시상이 전파^{distribution}의 의무를 다하고 나면 그다음에는 어떤 일이 일어날까? 정보는 지각할 수 있는 크기로 조각난 채 두뇌에 흩어졌으므로, 그것들을 제대로 인식하려면 다시 조립해야 한다(위에서 소개한 리처드 박사는 이 작업에 서툰 것이다). 서로 다른 감각으로부터 온 정보들이 두뇌 속 어디에서 어떻게 병합하기 시작하는 것일까?

병합이 '어떻게' 일어나는지보다는 '어디에서' 일어나는지 알아내기가 더 쉽다. 그 정교한 작업의 대부분은 '연합피질association cortices'이라는 부위에서 일어난다. 연합피질은 두정엽과 측두엽, 전두엽을 포함한 두뇌 전반에 걸쳐 존재하는 특수한 부위다. 이 부위가 정확히 감각과 운동을 관장하지는 않지만, 그 둘 사이의 다리 역할을 하는 것은 분명하다(그래서 연합이라는 이름이 붙었다). 과학자들은 이 부위들이 하향식 처리과정과 상향식 처리과정을 모두 거쳐 감각을 인식한다고 생각한다. 이 과정은 감각신호들이 신경 처리 과정의 윗단계로 올라가면서 작동한다. 다음 예를 보자.

작가 W. 서머셋 몸은 이런 말을 했다.

"소설을 쓰는 법칙은 세 가지밖에 없다. 불행히도 그 법칙이 무엇인지는 아무도 모른다.There are only three rules for writing a novel. Unfortunately, nobody knows what they are."

당신의 눈이 이 문장을 읽고 시상이 문장의 여러 측면을 두개골 내부 곳곳으로 보내고 나면, 상향식 처리장치가 작동하기 시작한다. 시각체계(다음에 이어질 '시각' 장에서 자세히 다룰 것이다)는 고전적인 상향식 처리장치다. 어떻게 되는 걸까? 회계회사의 감사 같은 역할을 하는 '특징 탐지 인자들'이 위 두 문장이 주는 시각적 자극을 받아들인다. 이 감사들은 서머셋이 말한 문장의 각 글자에 담긴 구조적 요소들을 모두 검사한다. 그리고 글자와 단어들을 시각적으로 개념화하여 보고서를 쓴다. 아치 모양이 뒤집어지면 U자가 된다. 직선 두 개가 90도 각도로 만나면 T자가 된다. 직선과 곡선이 결합하여 three라는 낱말이 된다. 글로 적힌 정보에는 많은 시각적 특징이 담겨 있고, 이를 보고서로 작성하는 데는 많은 노력과 시간이 필요하다. 그래서 글을 읽는 것이 정보를 뇌 속에 집어넣는 방법 중 비교적 느린 것이다.

그다음은 하향식 처리과정이다. 이것은 이사회에서 감사의 보고서를 읽고 반응을 보이는 것에 비유할 수 있다. 여러 가지 코멘트가 이루어진다. 이미 존재하는 지식에 비추어 각 부분에 대한 분석이 이루어진다. 예를 들어, 두뇌 속 이사회는 이전에 three라는 단어를 들은 적이 있고 규칙이라는 개념에 익숙하다. 몇몇 이사회 임원들은 서머셋 몸에 대해 들어본 적이 있고, 당신이 영화사 수업 시간에 본 적이 있는 〈인간의 굴레 Of Human Bondage〉라는 영화를 의식으로 불러낸다. 데이터의 흐름에 정보를 추가하거나, 데이터의 흐름으로부터 정보를 추출한다. 심지어 두뇌는 원하기만 하면 데이터의 흐름을 바꿀 수도 있다. 그리고 실제로 그렇게 하는 경우도 많다.

위와 같이 해석하는 활동은 하향식 처리과정의 영역이다. 이 시점에서 두뇌는 당신이 무언가를 인식하고 있다는 사실을 알려준다. 사람들은 각자 고유한 경험을 가지고 있기 때문에 하향식 분석을 할 때 서로 다르게 해석한다. 따라서 두 사람이 똑같은 정보를 보더라도 완전히 다르게 인식할 수 있다. 여러분의 두뇌가 이 세상을 정확히 인식하리라는 보장은 어디에도 없다. 여러분 몸의 다른 부위들은 그럴 수 있다 해도.

그리하여 인생은 복잡한 소리, 시각적 이미지, 형태, 질감, 맛, 냄새로 가득 차 있고, 두뇌는 거기에 혼란스러움까지 추가함으로써 이 세상을 단순화할 방법을 찾는다. 그러자면 많은 감각기관이 필요한데, 각 기관은 특정 감각을 담당하며 동시에 움직인다. 풍요롭고 다양한 감각을 인식하려면 중앙 신경체계가 감각기관들의 활동을 통합해야 한다. 중앙 신경체계는 훨씬 더 복잡한 상위 신경 줄기의 덤불 속으로 전기신호를 보냄으로써 여러 감각기관들의 활동을 통합한다. 그리고 마침내 우리는 무언가를 인식하게 된다.

팀워크를 통한 생존전략

공감각에는 여러 종류가 있다. 50가지가 넘는다는 보고서도 있다. 가장 이상한 점 중 하나는 두뇌회로가 혼란스러워졌을 때도 감각들은 여전히 함께 작용한다는 점이다. 어떤 단어를 보면 즉시 혀에 맛을 느끼는 사람들이 있다. '초콜릿'이라는 단어를 들으면 초콜릿의 맛이 떠오르면서 입 안에 침이 고이는 일반적인 현상과는 다르다. 소설을 읽다가 '하늘'이라는 단어를 보면 갑자기 입 안에서 신 레몬맛이 나는 식이다. 한 독창적인 실험에서는 공감각 증세가 있는 사람이 문제의 단어를 정확히 떠올리지 못하더라도 그 단어를 개괄적으로 묘사해 주기만 하면 그 맛을 느낀다는 사실을 밝혀냈다. 이런 데이터를 볼 때, 감각 처리 과정들은 서로 얽혀 있다. 따라서 아홉 번째 두뇌 법칙의 핵심은 바로 이것이다. '더 많은 감각을 자극하라.'

이런 사실에 대한 진화론적 근거는 간단하다. 초기 인류가 지내던 아프리카 초원에 널려 있는 감각정보들은 한 번에 한 가지씩 나타난 게 아니었다. 세상이 마치 무성영화 화면처럼 시각적 자극만 있다가 몇백만 년 지나 갑자기 오디오 트랙이 추가되고, 그 뒤로 냄새와 촉감이 추가된 것은 아니었다는 말이다. 인류가 나무에서 내려와 땅에 발을 디딜 무렵, 우리 조상들을 맞이한 것은 여러 가지 감각이 뒤섞인 세계였고, 그들은 이미 그 세계를 느끼는 데 선수였다.

이런 아이디어를 지지하는 몇 가지 흥미로운 실험들이 있다. 몇 년 전부터 과학자들은 fMRI를 이용해서 두뇌의 내부를 들여다볼 수 있었다. 그리고 피험자들에게 장난을 좀 쳐봤다. 사람이 말하는 영상을 보여주면서 소리는 완전히 제거한 것이다. 그러자 두뇌에서 소리를 처리하는 부위인 청각피질이 마치 소리를 듣는 것처럼 자극을 받았다. 그러나 단지 '인상을 쓰는' 비디오를 보여주면 청각피질은 자극을 받지 않았다. 청각피질이 자극을 받으려면 **소리와 연관된 시각정보**가 있어야 했다. 시각정보는 소리가 나지 않을 때도 청각정보에 영향을 주는 것이 명백해졌다.

비슷한 시기에 진행한 실험에서 연구자들은 피험자의 손에 촉각자극기를 부착해 두고, 피험자들의 손 근처에 잠깐 불빛을 비췄다.

그리고 불빛이 비칠 때 자극기 전원을 켜기도 하고 끄기도 했다. 이 실험을 아무리 여러 번 되풀이해도, 촉각 반응이 추가될 때마다 두뇌에서 시각을 담당하는 부위가 가장 강하게 반응했다. 촉감을 더함으로써 시각체계를 말 그대로 고양시킬 수 있었다. 이런 효과를 '다중양상 강화multimodal reinforcement'라고 부른다.

다중감각을 이용하면 자극을 감지하는 능력에 영향을 끼칠 수도 있다. 예를 들어 대다수 사람들은 깜박이는 불빛을 보다가 불빛의 세기를 서서히 줄이면 보는 데 어려움을 겪는다. 연구자들은 짤막한 소리와 깜박이는 빛을 단계별로 정밀하게 조합하여 빛에 대한 역치threshold(생물체가 자극에 반응하는 데 필요한 최소한의 자극의 세기를 나타내는 수치―옮긴이)가 어디쯤인지를 실험하기로 했다. 소리가 있으면 실제로 불빛을 감지하는 역치가 달라졌다. 피험자들은 소리가 함께 있을 때 정상적인 역치에서 훨씬 벗어난 수준의 빛까지도 볼 수 있었다.

이 데이터에서 두뇌는 강력한 통합 본능을 과시한다. 두뇌는 위압적인 다중감각 환경에서 발달해 왔기 때문에, 주변에 더 여러 가지 감각이 있을수록 학습 능력이 점점 더 최적화된다고 가설을 세울 수도 있다. 더 나아가서는 그 반대가 사실이라고 가설을 세울 수도 있다. 즉, '한 가지 감각만 존재하는 환경에서는 학습 효과가 떨어진다.' 이러한 결론이야말로 교육과 비즈니스 세계의 문제와 직결된다.

다중감각과 학습의 관계

인지심리학자 리처드 메이어Richard Mayer는 멀티미디어에 노출되는 것과 학습의 관계를 가장 많이 탐구한 인물이다. 그가 행한 실험은 간단하다. 방 안에 사람들을 세 그룹으로 모아놓는다. 한 그룹은 한 가지 감각(예를 들어 청각)을 통해 정보를 전달받고, 다른 그룹은 그와 다른 감각(예를 들어 시각)을 통해 첫 번째 그룹과 같은 정보를 전달받으며, 세 번째 그룹은 그 두 가지 감각을 결합해서 같은 정보를 전달받는다.

실험 결과, 다중감각 환경에 있는 그룹이 단일감각 환경에 있는 그룹보다 정보를 더 정확하게 습득하고 더 정확히 기억해 낸다. 전자의 경우에 기억이 더 선명할 뿐 아니라 더 오래간다. 문제해결 능력도 좋아진다. 심지어 20년이 지난 뒤에도 결과는 동일했다. 한 연구에서, 다중감각 정보를 받아들인 그룹은 단일감각 정보를 받아들인 그룹보다 문제 해결 시험에서 창의적인 해결책을 50퍼센트나 더 많이 만들어냈다. 심지어는 75퍼센트나 더 많이 생각해 냈다는 연구도 있다.

다중감각 정보의 이점은 신체에도 나타난다. 근육이 더 빨리 반응하고 자극을 감지하는 역치가 향상되며, 눈은 시각적 자극에 더 빨리 반응한다. 단지 시각과 청각의 결합만 그런 것이 아니다. 촉각이 시각정보와 결합되면, 촉각정보만 받아들였을 때보다 인지습득 능력이 30퍼센트는 향상된다. 이는 단일감각 데이터들을 합한 것보다 훨씬 더 크게 향상된 것이다. 이런 현상을 '초(超)부가적 통합supra-additive integration'이라고 부르기도 한다. 다시 말해서, 다중감각을 활용한 프레젠테이션이 주는 긍정적인 효과는 개별 감각들이 내는 효과들의 합계보다 크다. 간단히 말해서, '다중감각 프레젠테이션이 정답이다.'

이렇게 일관된 실험 결과들에 대해 여러 가지 해설이 있어왔는데, 그중 대다수는 작동기억과 관련이 있다. 6장에서 작동기억—예전에는 단기기억이라고만 불렸던—은 학습자가 정보를 단기간 동안 지니고 있게 하는 복잡한 작업 공간이라고 했다. 작동기억이 교실과 직장에서 얼마나 중요한지도 기억날 것이다. 작동기억의 세계에서 일어나는 일은 선생님이 가르치는 것을 학생이 학습으로 받아들이는지와 깊은 관련이 있다.

다중감각 학습에 대한 설명들은 모두 그 기계론적 핵심 속에 숨어 있는 반직관적 특성에 대해서도 다룬다. 즉, '학습하는 순간에 추가 정보를 주면 학습이 더 잘된다'는 것이다. 이 말은 마치 하이킹을 갈 때 배낭을 두 개 메고 가면 하나 메고 갈 때보다 여행을 더 빨리 해낼 수 있다는 말처럼 들린다. 이것은 우리가 5장에서 살펴보았던 '정교한' 처리 과정이다. 공식적으로 말하면 이렇다. '정보를 인식하는 처리 과정이 추가되면 학습자가 새로운 자료와 이전의 정보를 통합하는 데 도움이 된다.' 물론 다중감각으로 이루어진 경험이 더욱 정교하다. 그래서 효과가 있는 것일까? 리처드 메이어는 그렇다고 생각한다. 그리고 다른 과학자들도 인지와 회상에 관해서는 그렇게 생각한다.

공감각의 또 한 가지 예도 이런 사실을 뒷받침한다. 솔로몬 셰레셰프스키의 놀라운 능력이 기억나는가? 그는 단어 70개를 한 번만 들으면 그 단어들을 순서대로든 거꾸로든 실수 없이 암기했다. 그리고 15년 뒤에도 그 단어들을 하나도 틀리지 않고 기억해 냈다. 셰레셰프스키에게는 여러 가지 종류의 능력(또는 장애)이 있었다. 그는 어떤 색들이 따뜻하거나 차갑다고 느꼈다. 이는 흔한 일이다. 그러나 그는 숫자 1이 몸집이 좋고 당당한 남자라고 생각했고, 6은 발이 부은 남자라고 생각했다. 이는 흔한 일이 아니다. 그가 상상한 것들 중에는 거의 환각에 가까운 것도 있었다. 그는 이렇게 말했다.

"한번은 아이스크림을 사러 가서…… 종업원한테 어떤 아이스크림이 있느냐고 물어봤죠. 그랬더니 '과일 아이스크림이오'라고 하더군요. 그런데 말투가 꼭 입에서 석탄 더미가 쏟아져 나오는 것 같더라구요. 그런 식으로 대답을 하니까 도저히 아이스크림을 살 수가 없었어요."

셰레셰프스키는 자기만의 고유한 정신세계 속에 살고 있는 게 분명하다. 그러나 그를 통해 더 일반적인 원칙을 이해할 수 있다. '추가 정보가 있으면 뭐가 좋지?'라는 질문에 대해 공감각은 거의 예외 없이 '기억하는 데 도움을 주지!'라고 곧바로 씩씩하게 대답한다. 그런 만장일치를 확인한 연구자들은 오랫동안 공감각과 고도의 정신적 능력 사이에 뭔가 관계가 있는지 궁금해했다.

관계는 있다. 공감각을 경험하는 사람들은 대개 기억력이 놀라울 정도로 뛰어나다. 사진처럼 선명하고 정확한 기억력을 보이는 경우도 있다. 공감각을 경험하는 사람들 대다수는 그런 기이한 경험이 상당히 즐겁다고 말하는데, 아마 즐거운 경험을 할 때 생성되는 도파민이 기억을 형성하는 데 도움을 줄 것이다.

평범한 우리를 위한 법칙

지난 몇십 년 동안 리처드 메이어는 작동기억에 관한 기존 지식과, 경험을 통해 찾아낸 멀티미디어 정보가 학습에 끼치는 영향들을 결합하여 멀티미디어 정보에 관한 여러 가지 법칙을 뽑아냈다. 다음은 그중 다섯 가지를 요약한 것이다.

1 **멀티미디어의 원칙**multimedia principle : 학생들은 글자로만 배우는 것보다 글자와 그림으로 배울 때 더 잘 익힌다.
2 **시간 근접성의 원칙**temporal contiguity principle : 학생들은 상응하는 글자와 그림이 연속적으로 제시될 때보다 동시에 제시될 때 더 잘 익힌다.
3 **공간 근접성의 원칙**spatial contiguity principle : 학생들은 상응하는 글자와 그림이 각각 페이지와 스크린에 멀리 떨어져 제시될 때보다 서로 가까이 제시될 때 더 잘 익힌다.
4 **통일성의 원칙**coherence principle : 학생들은 관계없는 자료가 포함될 때보다 제외될 때 더 잘 익힌다.
5 **양상성의 원칙**modality principle : 학생들은 애니메이션과 자막보다는 애니메이션과 내레이션에서 더 잘 익힌다.

이 원칙들은 경험에 기반을 두고 얻어낸 훌륭한 발견들이지만,

시각과 청각이라는 두 가지 감각의 결합에만 해당된다는 아쉬움이 있다. 교육 환경에 기여할 수 있는 감각으로는 그 밖에도 세 가지가 더 있다. 어느 참전용사의 이야기를 보면서 한 가지 감각, 즉 후각을 추가하면 어떻게 되는지 알아보자.

뭔가 냄새가 나는데!

코 때문에 의과대학에서 낙제한 한 남자의 이야기를 들은 적이 있다. 그의 이야기를 완전히 이해하려면 수술실에서 어떤 냄새가 나는지 알아야 한다. 그리고 누군가를 죽인 경험이 있어야 한다. 수술을 할 때면 고약한 냄새를 맡을 수밖에 없다. 사람의 몸을 칼로 베면 당연히 혈관을 자르게 된다. 수술할 때 피가 거치적거리는 것을 막기 위해서 외과의사들은 혈관을 태워서 막는 기구를 사용한다. 권총처럼 뜨거운 이 기구를 혈관에 직접 대고 태워서 막으면 살이 타는 냄새가 수술실을 가득 채운다. 전쟁터에서도 같은 냄새가 난다.

 문제의 의대생은 베트남전에 참전했던 사람으로 전투 경험이 많았다. 베트남전이 끝나고 집에 돌아왔을 때만 해도 그는 전쟁의 기억으로 고통받는 것 같지 않았다. 외상후 스트레스 증후군도 앓지 않았고, 공부를 잘해서 의과대학에 입학했다. 그러나 의과대학에 들어온 뒤 비극이 시작되었다. 입학하고 얼마 뒤, 그는 처음으로 수술실에 들어가게 되었다. 수술실에 들어서면서 그는 살이 타는 냄새를 맡았다. 그리고 그 냄새를 맡자마자 그는 몇 년째 꽁꽁 덮어두고 있던, 전쟁터에서 적군의 얼굴에 총을 쏘았던 기억이 떠올랐다. 그는 울며 수술실에서 뛰쳐나갔다. 적군이 그의 총을 맞고 숨이 끊어져가며 내던 소리가 귓가에 울렸고, 멀리서 헬리콥터 소리가 들려왔다. 그날 하루 종일 그는 전쟁터에서 경험한 일을 고스란히 다시 겪었다. 그리고 그날 밤, 전쟁이 남긴 끔찍한 기억들이 하나둘 떠오르기 시작했다. 결국 그는 그 다음 주에 의대를 그만두고 말았다.

이 일화는 과학자들이 오래전부터 인지해 온 사실 한 가지를 설명해 준다. '냄새가 기억을 불러낼 수 있다'는 사실 말이다. 사람들은 그것을 '프루스트 효과 Proust effect'라고 부르곤 한다. 프랑스 작가 마르셀 프루스트 Marcel Proust가 장편소설 《잃어버린 시간을 찾아서 A la recherche du temps perdu》에서 냄새가 오랫동안 잊고 있던 기억을 되살려낸다고 이야기한 데서 붙은 이름이다. 과학자들은 여러 가지 실험을 통해 냄새에 기억의 인출을 촉진시키는 특별한 능력이 있는지를 연구했다. 그중 하나가 두 집단의 사람들에게 영화 한 편을 함께 보게 한 뒤 기억력 테스트를 한 것이다. 통제집단은 평범한 방에 가서 테스트를 받고, 실험집단은 팝콘 냄새로 가득한 방에서 테스트를 받는다. 그 뒤 테스트 결과를 비교하는데, 비교 대상은 기억하는 사건의 수, 기억의 정확성, 구체적 특징 등이다. 테스트 결과는 놀랍다. 이 실험 뒤, 냄새를 맡은 실험집단이 그렇지 않은 통제집단에 비해 두 배는 더 정확하게 기억했다고 보고하는 학자들도 있었다. 20퍼센트 더 정확하게 기억했다고 보고한 학자들도 있고, 10퍼센트만 더 정확하게 기억했다고 보고한 사람들도 있다.

이 데이터를 보고 두 가지 반응이 나타난다. 첫째, "우와!" 하고 반응할 수도 있고, 둘째, "왜 그렇게 결과가 제각각이야?"라고 물을 수도 있다. 실험 결과는 기억의 어떤 유형을 어떻게 평가했느냐에 따라 다르게 나타났다. 예를 들어, 기억의 유형 중에는 냄새에 특히 민감한 것이 있는가 하면, 냄새에는 아예 둔감한 것도 있었다. 피험자들에게 감정과 연관된 부분을 세세하게 기억하라고 요청했을 때, 아니면 자전적 기억을 떠올리라고 했을 때 냄새의 영향이 가장 컸다. 앞에서 소개한 베트남전 참전용사 출신 의대생의 경우처럼 말이다. 그리고 냄새가 기억과 조화를 이룰 때 결과가 가장 좋게 나온다. 예컨대, 영화를 보고 나서 휘발유 냄새가 나는 방에서 테스트를 받게 했을 때는 팝콘 냄새가 나는 방에서 했을 때보다 결과가 좋지 않았다.

서술기억을 되살리는 데 냄새는 별 효과가 없다. 냄새가 서술기억을 향상시킬 수는 있지만, 그것은 실험 전에 피험자들에게 감정을 유발시켰을 때—보통 스트레스를 느끼게 할 때—만 해당되는 얘기다. (이유는 모르겠지만 오스트레일리아 원주민 남자아이들이 할례를 당하는 영화를 보여주는 방법이 꽤나 인기가 있다.) 그러나 최근 실험에서는 사람이 잠을 자는 동안 냄새가 서술기억력을 향상시켜 준다는 사실이 밝혀졌다. 이에 대해서는 곧 살펴볼 것이다. 프루스트 효과가 존재하는 이유, 그러니까 냄새가 기억을 불러내는 이유가 있을까? 있을 수도 있다. 하지만 그 이유를 이해하려면 냄새가 뇌 속에서 어떻게 처리되는지부터 조금 알아봐야겠다.

두 눈 사이 한가운데에 커다란 우표만 한 크기로 뉴런들이 모여 있는데, 이 부위를 후각 부위라고 부른다. 이 부위의 바깥쪽 표면, 즉 코에서 공기와 가장 가까운 부분이 '후각상피 olfactory epithelium'다. 우리가 킁킁거리며 냄새를 맡을 때 냄새 분자들이 콧속으로 들어와서 그곳에 분포한 신경들과 충돌한다. 콧속이 늘 두꺼운 점액질 층(콧물과 코딱지)으로 덮여 있다는 사실을 생각하면, 이것만으로도 놀랄 일이다. 이 불굴의 생화학물질이 그럭저럭 점액을 뚫고 들어가서, 후각상피 신경들에 산재한 작은 바늘 같은 단백질 수용체를 살짝 스친다. 수용체들은 냄새를 만들어내는 분자들을 알아볼 수 있다. 그러고 나면 뉴런들은 미친 듯 흥분하고, 우리는 냄새를 맡게 된다. 그다음 과정은 뇌 속에서 일어난다. 후각상피의 신경들은 바로 위에 있는 후각망울 olfactory bulb에 있는 신경들에게 마치 휴대전화로 수다를 떠는 십대들처럼 떠들어댄다. 이 신경들은 후각상피가 후각망울에게 전한 신호들을 분류하는 것을 돕는다.

자, 여기부터가 재미있는 부분이다. 이 시점에서 다른 모든 감각 체계들이 시상으로 신호를 보내서 두뇌의 나머지 부분—인식이 일어나는 상위 차원을 포함해서—과 연결해도 되는지 허락을 구한다. 신경들이 냄새에 대한 정보를 운반하는 것은 아니다. 카퍼레이드를 하는 국가원수처럼 냄새 신호는 시상을 지나 곧바로 두뇌에 있는 목적지로 향한다. 중개인 같은 것은 전혀 필요하지 않다.

그 목적지 중 하나가 편도체다. 그리고 바로 여기서 프루스트 효과가 나타나는 이유를 이해할 수 있다. 기억을 되살릴 때 편도체는 정서적 경험의 형성만이 아니라 정서적 경험의 기억도 감독한다. 따라서 냄새는 편도체를 직접 자극하기 때문에 감정도 직접 자극하는 셈이다. 냄새 신호는 또한 조롱박피질pyriform cortex을 지나 안와전두엽orbitofrontal cortex으로 간다. 안와전두피질은 눈 바로 위 안쪽에 위치한 뇌의 일부분으로, 의사결정 과정에 깊이 관여한다. 따라서 냄새도 의사결정 과정에서 적지 않은 역할을 하는 것이다. 냄새가 마치 이렇게 말하는 것 같다.

"내 신호는 정말 중요해. 내가 너에게 잊혀지지 않는 감정을 떠올려주려고 하는데, 넌 그럼 어떡할래?"

냄새 신호는 후각 수용체 세포들이 보호막의 보호도 받지 못할 정도로 이런 지름길을 너무나 빨리 지나간다. 이것이 인체에 있는 다른 감각 수용체 세포들 대부분과 다른 점이다. 예를 들어, 망막에 있는 시각 수용체 뉴런은 각막의 보호를 받는다. 귀에서 소리를 듣게 해주는 청각 수용체 뉴런들은 고막의 보호를 받는다. 그러나 후각 수용체 뉴런을 보호하는 존재는 유일하게 코딱지뿐이다. 코딱지가 없다면 그 뉴런들은 그대로 대기에 노출되고 만다.

 닥터 메디나의
두뇌 부활 아이디어!

여러 가지 감각을 거쳐 우리에게 도달하는 다중신호들이 학습 능력을 향상시킨다는 데에는 의심의 여지가 없다. 다중신호들은 반응을 빠르게 하고, 정확도를 높이며, 자극을 감지하는 능력을 향상시키고, 학습하는 순간에 이루어지는 부호화를 풍부하게 한다. 그러나 우리의 교실과 회사에서는 이런 이점을 활용하지 못하고 있다. 다음은 다중감각을 통한 다중신호를 일과 학습에 활용할 수 있는 몇 가지 아이디어다.

교실 아이디어 : 다중감각 수업의 힘

4장에서 지적했듯, 강의가 시작되는 순간은 '인지의 성지'다. 강의가 시작되는 순간은 더 많은 학생들이 저절로 선생님에게 주의를 기울이게 만들 유일무이한 기회다. 그렇게 중대한 순간에 다중감각 정보를 담은 프레젠테이션을 펼친다면, 총체적인 집중도는 높아질 것이다. 5장과 6장에서 우리는 시간차를 두고 정보를 반복하면 기억을 고정시키는 데 도움이 된다는 사실을 확인했다. 정보를 다중감각적으로 제시한 다음, 프레젠테이션 방식도 감각의 종류를 바꿔가며 되풀이한다면 어떻게 될까? 예를 들어, 처음으로 정보를 다시 접할 때는 시각적으로 보여주고, 그다음에는 청각적으로, 세 번째에는 운동감각적으로 보여주는 것이다. 그렇게 다양한 감각으로 풍부하게 부호화된 교육 과정에 반복의 효과까지 더해지면, 기억을 더 오래 유지할 수 있을까?

자, 나머지 감각들도 무시하지 말자. 앞에서 우리는 촉각과 후각이 학습 효과를 상당히 높여준다는 사실을 알았다. 촉각과 후각을 전통적인 교수법과 결합하는 방법이 있는지 진지하게 고민해 보자. 과연 그 경우에도 학습 효과가 향상될까?

한 연구에서는 후각과 수면을 결합시키면 서술기억의 형성이 촉진된다는 사실을 밝혔다. 그 실험에서는 한 벌이 52장인 카드로 게임을 했다. 카드에는 26가지 동물이 각각 두 장씩 그려져 있었다. 카드 52장을 모두 뒤집어놓은 다음 두 장을 골라서 짝을 찾는 게임이다. 이 게임은 서술기억을 테스트하는 것이며, 짝을 이룬 카드를 더 많이 찾은 사람이 이긴다.

이 실험에서 통제집단은 정상적으로 게임을 했다. 그러나 실험집단은 장미향이 풍기는 실내에서 게임을 했다. 게임을 한 뒤 모두 잠을 자게 했다. 통제집단은 아무런 방해 없이 편안하게 자게 했다. 그러나 실험집단들이 자는 방에서 코고는 소리가 흘러나올 때쯤, 연구자들은 그 방에 게임할 때 났던 것과 똑같은 장미향을 흘려넣었다. 자고 일어난 피험자들은 그 전날 짝이 맞는 카드를 얼마나 찾았는지, 또는 어떤 카드의 짝이 맞았는지를 기억해 내는 테스트를 받았다. 향이 나지 않는 방에서 잔 피험자들은 86퍼센트를 맞혔다. 그러나 게임을 할 때 맡았던 것과 같은 장미향을 맡으며 잤던 사람들은 97퍼센트를 맞혔다. 자는 동안 정상적으로 이루어지는 기억의 오프라인 처리 과정에서 냄새가 회상 능력을 향상시켜 준다는 것이 어느 정도는 입증된 셈이다.

경쟁이 치열한 학업의 세계에는, 아이에게 단 11퍼센트의 경쟁 우위만 줄 수 있다면 무슨 일이라도 하려는 부모들이 있다. 그리고 CEO들 중에도 주주들의 우려를 무릅쓰고 그런 이점을 활용하려는 사람은 분명 있을 것이다.

감각 마케팅 : 브랜드에 감각을 입혀라

작가 주디스 비올스트Judith Viorst는 이렇게 말했다.

"힘이라는 것은 초콜릿을 네 조각으로 자른 다음 그 가운데 하나만 먹는 능력이다."

물론 여기서 그녀는 단것이 의지력에 끼치는 영향을 얘기한 것이다. 또한 이 말은 행동을 유발하는 감정의 힘에 대한 고백이기도 하다.

동기부여에 영향을 주는 것, 그것이 바로 감정이 하는 일이다. '주의' 장에서 논했듯, 두뇌는 감정을 이용해서 특정 정보를 선택하여 면밀히 검사한다. 냄새는 기억뿐 아니라 감정을 만들어내는 부위도 자극하기 때문에, 많은 사업가들이 이런 질문을 해왔다.

"냄새가 동기부여에 영향을 끼친다면, 판매에도 영향을 끼칠까요?"

한 회사에서는 냄새가 비즈니스에 끼치는 영향을 시험하고 엄청난 결과를 알아냈다. 초콜릿 자동판매기에서 초콜릿 냄새가 나게 했더니, 판매량이 60퍼센트 늘어난 것이다. 그리고 그 회사는 목이 좋지 않은 곳에 있는 아이스크림 가게에(그 가게는 큰 호텔 안에 있어서 눈에 잘 띄지 않았다) 와플과 아이스크림 냄새를 내뿜는 기계를 설치했다. 판매액은 50퍼센트 이상 치솟았으며, 이 방식을 창안한 사람은 이에 고무되어 '아로마 광고판'이라는 신조어까지 만들어냈다.

지금은 실로 '감각 마케팅' 시대다. 전 업계가 사람들의 감각 반응에 주의를 기울이기 시작했다. 그중 후각이 중심을 이룬다. 옷가게를 대상으로 실험을 했다. 여성복 코너에 여성들에게 반응이 좋다고 알려진 바닐라향을 은은하게 풍겼다. 그리고 남성복 코너에는 미리 남성들에게 좋은 반응을 얻었던 장미향을 풍기게 했다. 그 결과는 놀라웠다. 냄새를 풍기자 평소의 두 배에 달하는 매출을 기록한 것이다. 그리고 여성복 코너와 남성복 코너의 냄새를 바꾸자—여성복 코너엔 장미향을, 남성복 코너엔 바닐라향을 풍기게 하자—매출은 냄새를 풍기지 않았을 때보다 더 낮은 수준으로 떨어졌다. 결론은? 냄새는 특정 방식으로 사용할 때만 효과가 있다. 이 연구를 맡고 있는 과학자 에릭 스팽겐버그 Eric Spangenberg 는 말한다.

"좋은 냄새를 이용한다고 해서 무조건 효과가 있을 거라고 생각하면 안 됩니다. 대상과 조화를 이루는 냄새여야 합니다."

스타벅스에서는 이런 사실을 알고 직원들에게 근무시간 중에 향수를 뿌리지 못하게 했다. 향수 냄새가 커피의 매혹적인 향을 망가뜨려 고객을 끌어들이는 잠재력을 떨어뜨릴 수 있기 때문이다.

마케팅 전문가들은 브랜드를 차별화하는 데 냄새를 사용할 것을 추천하기 시작했다. 우선, 목표하는 시장의 요구에 맞는 냄새를 찾아야 한다. 기분 좋은 커피향은 바쁜 경영자에게 집의 편안함, 거래가 성사될 무렵에 느껴지는 안도감 같은 것을 떠올리게 할 수 있다. 둘째, 판매하려는 상품의 '개성'과 냄새를 통합한다. 신선한 숲의 냄새나 해변의 소금 냄새는 스포츠카를 구입하려는 잠재고객들의 모험심을 깨울 수 있다. 냄새가 기억을 일깨운다는 프루스트 효과를 기억하라.

사무실을 향기로 채워라…… 담배 냄새 말고!

비즈니스 환경에서 학습은 어떤 역할을 할까? 그 대답을 찾다 두 가지 아이디어를 떠올렸는데, 그건 아마도 강의를 했던 경험에서 비롯된 것 같다. 나는 가끔 엔지니어들에게 분자생물학을 강의하는데, 한번은 강의 중에 직접 프루스트 효과를 실험하기로 했다. 한 가지 효소에 대하여 강의할 때마다 강의실 벽에서 브루트[Brut](남성용 향수 브랜드) 향이 나오도록 한 것이다. 그리고 다른 건물에서 동일한 수업을 할 때는 향수를 쓰지 않았다. 그리고 양쪽 강의실에서 모두 향수 냄새가 나도록 하고 시험을 봤다. 이 실험을 할 때마다 똑같은 결과가 나왔다. 수업 시간에 그 향수 냄새를 맡았던 사람들이 그렇지 않은 사람들에 비해 효소에 대한 시험에서 점수를 더 잘 받았다. 때로 그 차이는 놀라울 정도였다.

그런 사실을 토대로 한 가지 아이디어가 떠올랐다. 많은 기업들은 고객들에게 자신들의 상품에 대해 '가르쳐야' 한다. 소프트웨어 설치 방법부터 비행기 엔진 수리법까지. 그런데 재정적 이유로 짧은 시간 안에 많은 내용을 교육하다 보니 다음 날만 되어도 고객들은 교육 내용의 90퍼센트를 잊어버리고 만다. (대부분의 서술기억이 퇴화하기 시작하는 것은 교육이 끝나고 나서 몇 시간 이내다.) 그러나 수업 시간마다 특정한 냄새를 풍기면 어떤 결과가 나올까? 내가 강의 시간에 브루트 향수 냄새를 풍겼던 것처럼 말이다. 학생들이 자는 동안 그 냄새를 맡게 할 수도 있을 것이다. 그러면 학생들은 수업 시간의 경험과 그 향을 연관지을 수밖에 없을 것이다.

수업이 끝난 뒤 학생들(비행기 엔진 수리법을 배우는 학생들이라고 해두자)은 각자의 회사로 돌아간다. 2주 뒤, 그들은 수리해야 할 엔진들로 가득한 방에 들어간다. 그들 중 대다수는 2주 전에 배운 내용 중 일부를 잊어버렸기 때문에 필기한 노트를 다시 들여다봐야 한다. 그렇게 수업 내용을 복습하면서 수업 중에 맡았던 냄새를 다시 맡게 한다. 이것이 두 번째 아이디어다. 그러면 기억력이 향상될까? 그들이 수리점에서 실제 엔진을 수리하는 동안 그 냄새를 맡으면 어떻게 될까? 냄새 덕분에 좋아진 기억력이 업무수행 능력을 향상시키고 실수하는 비율을 줄여줄 것이다.

터무니없는 이야기로 들리는가? 그럴지도 모른다. 사실, 진정한 다중감각 환경에서 맥락 의존적인 학습을 이끌어내려면 무척 꼼꼼하고 철저해야 한다(5장에서 예로 든 심해 잠수부들을 대상으로 한 실험을 떠올려보라). 하지만 그것이야말로 시청각 정보에 중독

되다시피 한 요즘의 교육 환경을 '넘어서려는' 새로운 사고의 첫걸음이다. 이 분야에는 많은 연구 성과가 잠재되어 있다. 두뇌과학자들과 교육자들과 비즈니스 리더들이 실용적인 방식으로 공동 작업을 해볼 만한 분야다.

브레인 룰스 9
생각의 강화 | 감각통합

- **오감은 함께 작용하게 마련이므로 함께 자극해야 한다!** 두뇌는 마치 고등학생들의 떠들썩한 파티처럼 활력 있게 딱딱거리면서 세상의 빛, 소리, 맛, 냄새, 촉감을 동시에 받아들인다.
- **냄새는 기억을 환기시키는 데 대단히 효과적이다.** 팝콘 냄새가 진동하는 곳에서 영화를 보고 세부사항을 얼마나 기억하는지 실험해 보면, 아무 냄새도 없는 곳에서 했을 때보다 10에서 50퍼센트는 더 기억한다.
- **냄새는 비즈니스에 정말 중요하다.** 스타벅스 매장에 들어서면 가장 먼저 커피향을 느낄 수 잇다. 스타벅스 관련자들은 실제로 그런 환경을 조성하기 위해 오랜 기간 동안 온갖 노력을 해왔다.
- **배움의 연결고리는 둘 이상의 감각이 연계되면 더 강화된다.** 다중감각 환경에서 학습을 하면 단일감각 환경에서 했을 때보다 학습 효과가 언제나 더 좋다. 학습한 것을 회상할 때의 정확도 역시 더 오래 지속되며, 심지어는 20년 후에도 뚜렷하게 남는 경우가 있다.

생각의 포착 | 시각

브레인 룰스 10
시각은 다른 어느 감각보다 우선한다

우리는 눈으로 사물을 보지 않는다. 두뇌로 본다. 그 증거는 54명의 와인 감정가들에게서 확인할 수 있다. 와인 감정가가 와인을 묘사하는 것을 들어본 적이 있는가? 와인의 세계에 익숙하지 않은 사람에게는 있는 대로 폼을 잡는 것처럼 들릴 수도 있고, 정신과의사가 환자를 두고 얘기하는 장면이 떠오를 수도 있다. (어쩌다 와인 시음회에 초대를 받아 간 적이 있는데, 누군가가 "……공격적이고 복잡한 느낌이 주를 이루는 가운데 수줍음이 조금 느껴지기도 하는군요." 하고 말하는 걸 들었다. 나는 바닥을 구르며 박장대소했고, 곧 황급히 문 밖으로 호송되었다.)

그러나 전문가들은 품평에 쓰는 어휘들을 무척 진지하게 사용한다. 화이트와인에만 사용하는 어휘가 있고, 레드와인에만 사용하는 어휘가 따로 있다. 화이트와인에 사용하는 어휘를 레드와인을 묘사하는 데 쓰면 안 되고, 반대로 레드와인에 사용하는 어휘를 화이트와인에 써서도 안 된다. 사람에 따라 감각을 인식하는 방법이 모두 다를진대, 나는 와인 감정가들은 얼마나 객관적일 수 있을지가 늘 궁금했다. 유럽에서 활약하는 한 무리의 두뇌과학자들도 나와 비슷한 생각을 했나 보다. 그들은 보르도대학교의 와인 감정센터에 가서 물었다.

"냄새도 없고 맛도 없는 붉은색 색소를 화이트와인에 넣은 다음 와인 감정가들에게 감정하게 하면 어떨까요?"

시각적인 면만 달라진 와인을 감정가들은 어떻게 묘사할까? 그들의 섬세한 미각은 과학자들의 계략을 꿰뚫어볼까, 아니면 그들의 후각이 시각정보에 속을까? 대답은 "그들의 코가 속을 것이다."였다. 와인 감정가들은 색만 붉게 만든 화이트와인을 맛보고는 모두 레드와인에 사용하는 어휘를 이용해서 맛을 묘사했다. 시각정보가 고도로 훈련된 다른 감각들을 누르고 이긴 것 같았다.

과학계는 잔치라도 벌일 듯 그 사실을 신나게 즐겼다. 그 실험 뒤로 〈향기의 색〉〈코는 눈이 보는 냄새를 맡는다〉 같은 제목의 학술논문이 발표되었다. 제목 너머로 심술궂게 반짝이는 학자들의 눈동자가 보일 정도다. 이런 데이터는 이 장에서 다룰 두뇌 법칙의 요점을 보여준다. 시각은 우리가 이 세상을 인식하도록 도와주는 데 그치지 않는다. 시각은 이 세상에 대한 인식을 지배한다. 시각에 관한 기초생물학을 먼저 살펴본 다음, 그 이유를 알아보자.

시각은 거대한 멀티플렉스다

'우리는 두뇌로 세상을 본다.'

오랜 세월에 걸쳐 연구하여 알아낸 사실치고는 어이없을 정도로 단순하다. 시각을 처리하는 체내 메커니즘이 이해하기 쉬워 보이기 때문에 더욱 이런 오해를 사기 쉽다. 첫째, 빛(사실은 광자의 무리)이 눈으로 들어온 뒤 눈의 각막에서 구부러진다. 각막은 우리가 콘택트렌즈를 얹어놓는, 액체로 가득 찬 조직이다. 둘째, 빛은 수정체로 들어가서 초점이 맞춰지고 망막에 가서 부딪친다. 망막은 눈 뒤쪽에 있는 뉴런들의 집합이다. 빛이 망막에 부딪치면서 망막세포에서 전기신호가 만들어지고, 그 신호는 시신경을 통해 두뇌 깊은 곳으로 들어간다. 마지막으로, 두뇌가 그렇게 들어온 전기정보를 해석하면 우리는 시각을 얻게 된다. 이 단계들은 쉬워 보이고, 100퍼센트 믿을 수 있는 것처럼 보이며, 이 세상이 어떻게 생겼는지를 완전히 정확하게 재현해 줄 것처럼 보인다.

우리는 이런 식으로 우리의 시각을 신뢰하는 데 별 의심이 없지만, 사실 앞 문장에서 얘기한 세 가지는 모두 틀렸다. 우리가 사물을 보게 되기까지의 과정은 대단히 복잡하고, 시각이 이 세상을 정확하게 재현해 주는 경우는 거의 없으며, 100퍼센트 믿을 수 있는 것도 아니다. 많은 사람들이 두뇌의 시각체계가 카메라처럼 이 세상이 제시하는 데이터를 있는 그대로 수집하여 처리한다고 생각한다. 그런 유비(類比)로는 눈의 기능을 어느 정도 설명할 수는 있지만 제대로 설명하지는 못한다. 사실, 우리 눈에 비친 환경의 모습은 두뇌가 이 세상의 모습이라고 생각하는 것을 충분히 분석해서 내놓은 의견에 지나지 않는다.

우리는 두뇌가 색, 질감, 움직임, 깊이, 형태 같은 정보를 각각 분리된 고차원적 구조에서 처리한 뒤 그런 정보들에 의미를 부여하고 나면 별안간 시지각을 경험하게 된다고 생각했다. 이것은 '감각통합' 장에서 논했던 단계와 매우 비슷하다. 즉, 감각, 자극, 인식의 단계를 상향식 또는 하향식으로 거치며 시각정보를 인식하게 된다고 생각했다. 하지만 갈수록 그런 견해를 수정해야 할 필요성이 분명해지고 있다. 이제 우리는 시각의 분석 과정이 놀라울 정도로 초기에, 즉 빛이 망막에 와서 부딪치는 그 순간에 시작된다는 것을 알았다. 예전엔 이런 충돌이 기계적이고 자동적인 과정이라고 생각했다. 즉, 광자가 망막의 뉴런에 충격을 주어서 전기신호를 만들어내면, 그 신호가 결국 우리 머릿속으로 제 갈 길을 찾아간다고 생각했다. 그 뒤 두뇌 안쪽 깊은 곳에서 지각 과정이 이루어진다고 믿었다. 그러나 이것은 현상을 너무 단순하게 설명한 정도가 아니라 아예 잘못 설명한 것이라는 뚜렷한 증거가 있다.

망막은 수동적인 안테나 같은 역할을 하는 대신, 전기 패턴을 관제센터로 보내기 전에 재빨리 처리한다. 망막 깊은 곳에 있는 특화된 뉴런들은 망막에 와서 부딪치는 광자들의 패턴을 해석하고, 그 패턴을 불완전한 '영화'로 조립한 다음, 이 영화를 머리 뒤쪽으로 보낸다. 망막은 조그마한 영화감독들의 무리로 바글거리는 것처럼 보인다. 이 영화들을 '트랙'이라고 부른다. 트랙들은 눈에 보이는 환경의 특징적 요소들을 불완전하기는 해도 일관성 있게 추상화한 것이다. 트랙 하나는 〈눈, 와이어프레임을 만나다Eye Meets Wireframe〉라고 부를 수 있는 영화 한 편을 전송한다. 이 영화는 개요들로만 이루어져 있다. 또 다른 트랙은 〈눈, 움직임을 만나다Eye Meets Motion〉라고 부를 수 있는 영화인데, 이 영화는 물체의 움직임만을 (그리고 대개는 특정한 방향으로만) 처리한다. 또 다른 트랙은 〈눈, 그림자를 만나다Eye Meets Shadows〉라는 영화다. 이런 트랙 12개 정도가 망막에서 동시에 작용하며 시계(視界)의 특징들을 해석하여 보낸다.

이 새로운 견해는 과거에는 미처 생각지도 못했던 것이다. 마치 여러분의 TV에서 장편영화가 방영되는 것은 TV 케이블에 아마추어 독립영화 감독 12명이 달라붙어서 열심히 영화를 만들어내기 때문이라는 사실을 발견한 것과도 같다.

의식의 흐름

이 영화들은 이제 시신경에서 나와서 우리 감각들의 중앙물류센터 역할을 하는 달걀 모양 구조물인 시상으로 들어간다. 이런 시각정보의 물결을 거대한 강에 비유한다면, 시상은 삼각주가 형성되기 시작하는 부분에 비유할 수 있다. 일단 시상을 떠나면 시각정보는 점점 더 여러 갈래로 나뉘는 신경의 물결을 따라 이동한다. 결국, 맨 처음 정보의 각 부분을 운반하는 수천 개의 작은 지류들이 생겨난다.

정보는 후두엽 안에 있는 시각피질이라는 크고 복잡한 부위로 흘러 들어간다. 손을 펴서 머리 뒤에 한번 대보라. 여러분의 손바닥이 닿은 면에서 머릿속으로 8밀리미터 정도 떨어진 곳이 지금 이 페이지를 볼 수 있게 하는 부위다. 다시 말해서, 머리 뒤에 손바닥을 대면 손바닥은 시각피질로부터 8밀리미터쯤 떨어져 있는 셈이다.

시각피질은 신경으로 이루어진 널따란 땅으로, 여러 개의 냇물이 특정 구획으로 흘러 들어간다. 거기에는 수천 가지 부지가 있고, 각 부지마다 특별한 기능이 있다. 어떤 부지는 사선에만 반응하고, 사선 중에서도 특정 사선에만 반응한다(어떤 부지는 40도 각도로 기운 선에만 반응하고 45도로 기운 선에는 반응하지 않는다). 또 어떤 부지들은 색 정보만 처리하고, 다른 부지들은 움직임만을 처리한다.

움직임에 반응하는 부위에 손상을 입으면 이상한 결함이 나타난다. 즉, 물체가 움직이고 있어도 그 움직임을 보지 못한다. 이런 현상은 대단히 위험할 수 있는데, 게르테라는 스위스 여성의 사례에서 이를 엿볼 수 있다. 게르테의 시각은 대부분 정상이었다. 시야에 들어온 사물들이 무엇인지 말할 수 있었고, 사람들을 알아볼 수 있었으며, 신문도 읽을 수 있었다. 그러나 들판을 뛰어가는 말이나 고속도로를 달려가는 트럭을 보면 그것들이 움직인다는 것을 보지 못한다. 그녀가 보는 것은 일련의 정지된 스냅사진들이다. 부드럽게 이어지는 움직임이 남기는 인상도, 시시각각 달라지는 위치에 대한 지각도 그녀에게는 없었다. 종류야 어떻든 '움직임'은 보지 못하는 것이다. 자연히 게르테는 길을 건널 때면 늘 두려움에 떨었다. 연속되는 스냅사진들로 보이는 세상에서 그녀는 자동차의 속도나 방향을 짐작하지 못했다. 자동차가 움직이는 것도, 심지어 자기 쪽으로 달려오는 것도 알아보지 못했다(그 물체가 자동차라는 것은 알아볼 수 있었지만). 게르테는 심지어 누군가와 얼굴을 마주 보고 이야기를 해도 전화기에 대고 이야기하는 것 같다고 했다. 말하면서 얼굴 표정이 달라지는 것을 알아볼 수 없었던 것이다. 한마디로 그녀는 '달라지는' 것이라면 그 어떤 것도 알아보지 못했다.

게르테의 경험을 통해 시각은 모듈방식modularity으로 처리된다는 것을 알 수 있다. 그러나 움직임만 그렇게 처리되는 것이 아니다. 모듈방식 덕분에 시각피질로 들어가는 수천 개의 물줄기가 개별 특징들을 따로 처리할 수 있다. 그리고 만일 그것으로 시각 이야기가 끝이라면 우리는 이 세상을 피카소의 그림처럼 뒤죽박죽인 모습으로, 조각난 물체들과 뒤섞인 색깔들과 기묘하고 마구 겹쳐진 선들로 가득한 악몽처럼 인식할지 모른다.

그러나 바로 그다음에 일어나는 작용 때문에 그런 일은 벌어지지 않는다. 시야가 있는 대로 조각난 상태에서 두뇌는 그 조각들을 다시 조립하기로 결정한다. 각각의 지류는 정보를 재결합하고, 병합하고, 알아낸 사실들을 비교하고, 분석 결과를 두뇌의 상위 처리센터로 보낸다. 그 센터들은 여러 정보원으로부터 끌어낸 복잡한 결과물을 모아서 훨씬 더 정교한 차원에서 그것들을 통합한다. 그리고 점점 더 상위로 올라가다 보면 처리된 정보는 마침내 거대한 물줄기 두 개로 모인다. 그 두 줄기 중 '복측 흐름ventral stream'

이라는 줄기는 어떤 사물이 무엇이며 무슨 색인지를 알아본다. 그리고 '등측 흐름dorsal stream'은 물체의 위치와 움직이는지 아닌지를 인식한다. 그다음 두 물줄기가 서로 만나는 부위에서 신호들을 통합한다. 그 부위는 조각난 전기신호들을 결합—재결합이라는 말이 더 정확하겠다—한다. 그러면 우리는 비로소 사물을 볼 수 있다. 시각 처리과정은 카메라가 사진을 찍는 것처럼 단순하지 않다. 그 과정은 상상할 수 있는 것보다 훨씬 더 복잡하고 뒤얽혀 있다. 이런 해체와 재집합이 일어나는 이유에 대해서는 아직 과학계에서 실질적으로 합의된 바가 없다.

우리는 일반적으로 시각기관이 이 세상에 실제로 존재하는 것들의 최신 정보를 100퍼센트 정확하게 재현해 준다고 믿는다. 왜 그렇게 믿을까? 두뇌가 나서서 우리가 인식하는 현실을 만들어내도록 돕겠다고 굳이 우기기 때문이다. 두뇌의 이 짜증나는 버릇을 설명해 주는 사례 두 가지가 있다. 하나는 있지도 않은 미니어처 경찰관들이 눈에 보인다는 사람들에 대한 것이고, 또 하나는 '낙타를 알아보는 것'에 얽힌 이야기다.

맹점 : 채우거나 속이거나

여러분이 지금 아주 적극적으로 환각을 일으키고 있다고 내가 말한다면, 여러분은 나야말로 술에 취한 게 아니냐고 되물을 것이다.

그러나 그것은 사실이다. 지금 이 순간, 즉 이 책을 읽고 있는 동안, 여러분은 이 페이지에 존재하지 않는 부분들을 인식하고 있다. 친애하는 여러분이 환각을 일으키고 있다는 얘기다. 이제 여러분의 두뇌가 실제로 없는 것을 만들어내기를 좋아하며, 눈이 전달해 주는 것을 100퍼센트 정직하게 재생하지도 않는다는 사실을 보여 줄 것이다.

우리 눈에는 시각정보를 운반하는 망막 뉴런들이 모여서 두뇌조직 깊숙한 곳으로 여행을 시작하는 곳이 있다. 그곳은 '시신경 원판optic disk'이라고 불린다. 시신경 원판은 이상한 부위다. 왜냐하면 그곳에는 정작 시각을 감지할 수 있는 세포가 하나도 없기 때문이다. 그 지점에서는 아무것도 보지 못한다. 그곳을 '맹점blind spot'이라 부르며, 각 눈에 하나씩 있다. 검정색 구멍 두 개가 끊임없이 떠다니는 것을 한 번이라도 본 적이 있는가? 맹점이 보인다면 딱 그런 모양이어야 한다. 하지만 두뇌가 한발 앞서 우리에게 장난을 친다. 신호가 시각피질로 보내지면 뇌는 그 검은 구멍의 존재를 감지하고 특이한 행동을 한다. 그 점 주변을 빙 둘러싸고 있는 시각정보를 관찰하여 그 구멍이 있는 자리에 있을 법한 게 무엇인지 계산한다. 그리고 컴퓨터의 그림판 프로그램처럼 그 점을 채운다. 이 과정은 '채우기'라고 부르지만, 사실 '속이기'라고 불러도 될 것이다. 뇌가 시각정보에서 뭔가 빠진 것을 계산하기보다는 그저 무시해 버린다고 믿는 사람들도 있다. 어느 쪽이 맞든 간에, 우리가 보는 것은 100퍼센트 정확한 세상 모습이 아니다.

뇌가 그렇게 독자적인 이미지화 시스템을 가지고 있다는 것은 놀라운 일이 아니다. 그러나 이 시스템이 얼마나 느슨한지는 '찰스 버넷 증후군Charles Bonnet Syndrome'이라는 현상을 보면 알 수 있다. 전 세계에서 수백만 명이 찰스 버넷 증후군을 앓고 있다. 하지만 그들 대부분은 그런 사실을 숨기는데, 알고 보면 그럴 수도 있겠다는 생각이 든다. 찰스 버넷 증후군을 앓는 사람들은 존재하지 않는 사물을 본다. 망막의 맹점을 채우는 기구가 고장난 것과도 같다. 어떤 사람들에게는 집에서 쓰는 생활용품들이 갑자기 시야에 나타난다. 어떤 사람들에게는 저녁식사 도중에 옆자리에 모르는 사람이 나타나기도 한다. 신경의학자 빌라야누르 라마찬드란Vilayanur Ramachandran은 난데없이 작은 경찰관 두 명이 자기들보다 더 작은 범인을 성냥갑만 한 자동차 쪽으로 데려가는 모습을 봤다는 한 여성의 사례를 보고했다. 천사, 외투를 입은 염소, 광대, 로마시대 전차, 요정 같은 것을 보았다는 환자들도 있다. 환영은 주로 저녁에 나타나며, 그다지 해롭지 않은 경우가 대부분이다. 나이든 사람들 사이에 많이 나타나고, 시각 경로에 손상을 입은 적이 있는 사람들에게 흔히 나타난다. 특이한 것은, 환자들 중 거의 모두가 그것이 환각이라는 걸 알고 있다는 사실이다. 그러나 왜 그런 현상이 일어나는지는 아직 아무도 모른다.

이것은 두뇌가 우리의 시각적 경험에 참여하는 강력한 방식들 중 하나일 뿐이다. 카메라와 거리가 먼 우리의 두뇌는 눈이 전해주는 정보를 적극적으로 해체하여 일련의 필터에 거른 뒤 두뇌가 본다고 생각하는 대로 또는 우리가 봐야 한다고 생각하는 모습대로 재구성한다.

그러나 미스터리는 아직 끝나지 않았다. 존재하지 않는 것을 제멋대로 보는 것뿐만 아니라, 정확히 **어떻게** 잘못된 정보를 재구성하는지도 특정한 법칙을 따른다. 경험은 두뇌가 우리에게 무엇을 보여주는지 결정하는 데 중요한 역할을 하고, 두뇌가 가정하는 것은 우리의 시각적 인식에서 결정적 역할을 한다. 이에 대해서는 다음에 살펴보겠다.

고대로부터 사람들은 눈은 두 개인데 우리가 시각적으로 인식하는 것은 왜 하나인지 궁금해했다. 왼쪽 눈에도 낙타가 보이고 오른쪽 눈에도 낙타가 보이는데, 낙타가 두 마리로 보이지 않는 이유가 대체 뭘까? 다음은 그 문제를 친절하게 설명해 주는 실험이다.

1 왼쪽 눈을 감고, 왼쪽 팔을 앞으로 뻗는다.
2 왼손 검지를 하늘을 가리키듯 들어올린다.
3 오른쪽 팔을 얼굴 앞 20센티미터 정도 위치로 들어올린다. 오른손 검지도 왼손 검지처럼 하늘을 가리키듯 위로 들어올린다.
4 왼쪽 눈을 감은 채 오른손 검지가 왼손 검지의 바로 왼쪽에 놓인 듯 보이게 둔다.
5 재빨리 왼쪽 눈을 뜨고 오른쪽 눈을 감는다. 이렇게 양쪽 눈을 번갈아 떴다 감았다 하기를 되풀이한다.

두 손가락을 지시에 맞게 두었다면, 양쪽 눈을 번갈아 감았다 떴다 할 때마다 오른손 검지가 왼손 검지의 왼쪽으로 갔다 오른쪽으로 갔다 할 것이다. 양쪽 눈을 다 뜨면 그런 현상은 멈춘다. 이 간단한 실험을 통해 양쪽 망막에 나타나는 이미지가 늘 다르다는 것을 알 수 있다. 또한 두뇌가 현실을 비약 없이 볼 수 있도록 양쪽 눈이 협력하여 충분한 정보를 준다는 것도 알 수 있다.

왜 낙타가 한 마리만 보일까? 왜 두 팔 끝에 왔다 갔다 하지 않고 고정되어 있는 손가락이 보일까? 뇌가 양쪽 눈에서 오는 정보에 자신의 의견을 끼워넣기 때문이다. 뇌는 수없이 계산을 하고 최선의 추정치를 우리에게 준다. 그렇다. 그것은 추정치다. 뇌는 물체가 어디 있는지 정말로 알지는 못한다. 그러나 지금 벌어지는 사건이 어떤 모습이어야 하는지 그 가능성을 가정하고 그것을 맹신한 뒤 이미지를 모방한다. 우리가 경험하는 것은 이미지가 아니다. 우리가 경험하는 것은 뇌가 믿어 의심치 않는 것이다. 뇌는 왜 이런 작용을 할까? 문제를 해결하도록 강요받기 때문이다. 풀어 말하면, 우리는 3차원 세계에 살지만 빛은 망막에 2차원 형태로 도달한다. 뇌가 정확하게 이 세상을 그려내려면 그런 불일치 현상을 처리해야 한다. 우리의 두 눈은 뇌에게 서로 다른 두 가지 시야를 주고, 이미지를 위아래와 앞뒤를 뒤집어 투영하면서 일을 더 복잡하게 만들어버린다. 그런 정보를 이해하려면 뇌는 추측을 할 수밖에 없다.

뇌는 어디에 기초해서 그런 추측을 할까? 대답을 들으면 뼛속까지 섬뜩해질 수도 있다. 뇌는 '우리가 지난날에 얻은 경험'을 토대로 추측을 한다. 뇌는 받아들인 정보를 놓고 수많은 가정을 한 뒤, 자기가 찾아낸 것들을 우리보고 음미하라며 내놓는다. 이토록 고된 과정을 거치는 데는 진화가 우리에게 베푼 친절이 뚝뚝 묻어나는 중요한 이유가 있다. 바로, 방에 낙타가 한 마리밖에 없을 때 낙타를 한 마리만 볼 수 있도록 하기 위해서다! (그리고 그 낙타의 크기와 형태를 제대로 보고 낙타가 우리를 물지, 물지 않을지 힌트를 주기 위해서다.) 이 모든 일은 눈 깜빡할 사이에 일어난다. 지금 이 순간에도 그런 작용이 일어나고 있다.

뇌가 소중한 사고의 자원을 시각에게 바쳐야겠구나, 하고 생각했다면, 그것은 옳은 결정이다. 사실 우리가 하는 일의 절반 정도를 시각이 담당한다. 이런 사실은 경험이 풍부한 와인 감정가들이 시각적 자극 앞에서 혀의 맛봉오리(미뢰)를 그토록 빨리 내던져버리고 만 이유를 설명해 준다. 그리고 거기에 이 장에서 설명하는 두뇌 법칙의 핵심이 있다.

눈에 '밟히다'

감각의 왕국에서 시각이 관대한 수상이 아니라 독재를 휘두르는 황제임을 보여주는 방법은 많다. '환영사지phantom-limb' 현상을 예로 들어보자. 그것은 팔이나 다리가 절단된 사람들이 팔다리가 원래대로 있다고 느끼는 현상이다. 팔이나 다리가 꽁꽁 얼어서 움직이지 못하는 느낌이 들기도 하고, 때로는 통증이 느껴지기도 한다. 과학자들은 시각이 우리의 감각에 얼마나 큰 영향을 주는지 증명하는 데 환영phantom을 이용해 왔다.

왼쪽 팔을 절단하는 수술을 받은 뒤에도 그 팔이 여전히 있으며 동상에 걸린 듯한 통증을 느끼는 사람이 있다. 그 사람이 탁자 앞에 앉아 있고, 탁자에는 뚜껑이 없이 둘로 나뉜 상자가 놓여 있다. 상자 앞에는 문이 두 개 있는데, 하나는 팔을 넣고 다른 하나는 팔이 잘리고 남은 부분을 넣는다. 상자 가운데에는 거울이 있어서 팔이나 팔이 잘리고 남은 부분이 거울에 비친다. 이 사람은 왼쪽 팔이 없지만, 거울에 비친 오른쪽 팔을 보면—마치 왼쪽 팔처럼 보이는—상자의 반대쪽에 있는 '환영 팔'이 갑자기 '깨어난다'. 거울에 비친 팔을 보면서 정상적인 손을 움직이면 환영 팔도 움직이는 게 느껴진다. 그리고 오른쪽 팔을 움직이는 것을 멈추면 절단된 왼쪽 팔 역시 '멈춘다'. 시각정보가 더해짐으로써 그의 뇌는 사라진 팔이 기적적으로 다시 생겨났다는 확신을 갖는다. 이 경우, 시각은 독재자일 뿐만 아니라 신앙치료사 역할까지 한다. 시각포착visual-capture(공간 파악 등에서 다른 감각보다 우위에 있는 시각—옮긴이) 효과는 너무나 강력해서 환지통(환영 팔이 느끼는 통증—옮긴이)을 없애는 데에도 쓰일 정도다.

그렇다면 시각의 우위는 어떻게 측정할 수 있을까?

한 가지 방법은 시각이 학습과 기억에 어떤 영향을 끼치는지 보여주는 것이다. 예로부터 학자들은 연구를 할 때 두 가지 유형의 기억을 이용했다. 첫째는 '재인기억recognition memory'인데, 이것은 '친숙함familiarity'이라는 개념을 설명하는 데 딱 어울리는 방법이다. 오래된 가족사진에서 몇 년 동안 만난 적도 없고 생각한 적도 없던 친척 어른의 얼굴을 볼 때 재인기억을 이용한다. 그 친척의 이름은 기억나지 않더라도 그분을 알아볼 수는 있다. 어떤 것을 보는 순간, 세부사항은 기억하지 못하더라도 그것을 예전에 봤다는 것을 아는 것이다.

학습의 다른 유형에는 이미 앞서 살펴보았던 작동기억이 개입한다. '장기기억' 장에서 자세히 설명했던 작동기억은 용량이 정해져 있고 수명이 무척 짧은 임시 저장 완충장치들의 집합체다. 시각적 단기기억은 시각정보를 저장하는 데만 쓰이는 완충장치의 일부다. 우리들 대부분은 그 완충장치에 한 번에 네 개 정도의 사물을 잡아둘 수 있다. 그러니 그 장치는 무척 작은 공간이다. 그리고 그 공간은 점점 더 작아지는 것처럼 보인다. 최근 자료에 따르면, 물체가 복잡할수록 포착할 수 있는 물체의 수는 줄어든다. 또한 물체의 수와 복잡한 정도에는 두뇌의 서로 다른 시스템이 관여한다고도 한다. 이렇게 되면, 여러분이 분개하지 않기를 바라면서 하는 말이지만, 단기기억 용량이라는 개념 전체가 혼란에 빠져버린다. 이런 한계가 시각이 우리가 무언가를 학습하는 데 사용하는 유일하고 최선의 도구일지 모른다는 사실을 더욱 놀랍게―어쩌면 더욱 우울하게―만든다.

백문이 불여일견

기억에 대해서라면 학자들은 100년도 더 전부터 그림과 글자가 매우 다른 법칙을 따른다는 사실을 알았다. 간단히 말해서, 정보가 시각적일수록 우리가 그것을 인식하고 기억할 가능성이 더 커진다. 이 현상은 누구에게나 인정받으면서 '그림 우월성 효과PSE, Pictorial Superiority Effect'라는 이름까지 얻었다.

인간의 PSE는 정말 놀랍다. 오래전에 행해진 실험들을 통해 밝혀진 바에 따르면, 사람은 며칠이 지나도 2,500개 이상의 그림을 적어도 90퍼센트 이상 정확하게 기억할 수 있다. 그림을 10초 정도만 봤을 뿐인데도! 그리고 1년 뒤에도 기억의 정확도는 여전히 63퍼센트 정도나 되었다. 〈딕과 제인을 기억하세요?Remember Dick and Jane?〉라는 깜찍한 제목의 논문에서는 시각적으로 인지한 정보가 몇십 년이 지난 뒤에도 믿을 만한 정도로 인출된다는 사실이 입증되었다.

이런 여러 실험들의 공통점은 의사소통의 다른 형태와 비교하는 것이었다. 가장 인기 있는 대상은 보통 글자나 말로 의사소통하는 것이었고, 결과는 '그림이 글자와 말을 모두 해치웠다'였다. 특정 유형의 정보를 계속 기억할 때, 글자와 말은 그림보다 효과가 그저 조금 떨어지는 정도가 아니다. **훨씬 떨어진다.** 정보를 말로 전달한 다음 72시간 뒤에 시험해 보면 사람들은 10퍼센트 정도를 기억한다. 그러나 거기에 그림을 더하면 65퍼센트를 기억한다.

글자의 비효율성도 학자들의 비상한 관심을 받아왔다. 글자가 그림보다 덜 효과적인 이유들 중 하나는 뇌가 글자들을 작은 그림들의 무리로 인식하기 때문이다. 글자가 지닌 단순한 특징들을 뇌가 따로따로 알아보지 못한다면 단어를 읽을 수 없다는 사실을 입증해 주는 자료들은 많다. 우리 뇌는 글자 대신 수백 개의 글자에 담겨 있는 수백 가지 특징들을 지닌 작고 복잡한 예술품 걸작들을 본다. 그림 중독자처럼 각 특징을 오랫동안 들여다본 다음 확인하고 나서야 다음 특징으로 넘어간다. 그런 사실은 읽기의 효율성 면에 시사하는 바가 크다. 내가 쓴 글을 읽으면서 여러분이 숨이 막힌다면, 그 이유는 이 글이 그림만 못해서가 아니라 너무 그림 같아서다. 기운 빠지는 얘기지만, 우리 뇌의 피질에게 글자란 없다.

그 사실이 꼭 명백한 것만은 아니다. 두뇌는 고무찰흙처럼 적응력이 뛰어나다. 여러 해 동안 책을 읽고 이메일을 쓰고 문자 메시지를 보내면, 글자들의 특징을 일일이 분석하는 지겹고 장황한 단계를 거칠 것 없이 흔히 보는 글자를 알아볼 수 있도록 시각체계가 단련될 것이라고 생각할 수도 있다. 그러나 그런 일은 일어나지 않는다. 아무리 책을 많이 읽은 사람이라도, 이 페이지를 읽으려면 여전히 글자들이 지닌 각각의 특징을 하나하나 곱씹어야 하며, 더는 글을 읽지 못하게 될 때까지 평생 그래야 할 것이다.

지나고 나서 생각해 보면, 그런 비효율성은 충분히 예상할 수 있는 것이다. 인류 진화의 역사는 글자로 가득한 광고판이나 워드 프로그램에 좌우된 적이 없다. 인류의 역사를 좌우한 것은 잎이 무성한 나무와 송곳니를 자랑하던 호랑이들이었다. 시각이 우리에게 그렇게 많은 의미를 지니는 이유는 아주 단순한 것일지도 모른다. 초원에서 우리의 삶을 위협하던 것들 대부분을 우리가 눈으로 보고 파악했다는 사실처럼 말이다. 식량 공급이나 번식의 기회를 알아보는 것 역시 마찬가지다.

시각정보를 선호하는 경향은 너무나 강해서, 글을 읽을 때도 우리들 대부분은 글자가 우리에게 전하는 메시지를 시각화하려고 애쓴다.

"글자는 우리가 풀어봐야 할 물건을 배달하는 우표에 지나지 않는다."

조지 버나드 쇼가 자주 했던 말이다. 오늘날에는 발달한 두뇌과학 기술이 그의 말을 뒷받침하고 있다.

코를 한 대 얻어맞다

다음은 아기에게 해볼 수 있는 조금 짓궂은 장난이다. 이런 장난을 즐기는 사람이라면 성격이 어떤지 알 만하다. 그리고 이런 장난을 쳐보면 시각 처리과정이 어떤 것인지 조금은 알 수 있다.

아기의 다리에 리본을 묶는다. 그 리본에는 종을 단다. 처음에 아기는 제멋대로 팔다리를 움직이는 것 같다. 그러나 곧 아기는 한쪽 다리를 들어올리면 종이 울린다는 사실을 알게 된다. 그러면 신이 나서 다리를 움직인다. 종이 달린 쪽 다리를 점점 더 많이 움직인다. 종은 울리고 또 울린다. 잠시 뒤 리본에서 종이 달린 부분을 잘라낸다. 그러면 종은 더 이상 울리지 않는다. 그러면 아기도 움직이지 않을까? 아니다. 아기는 여전히 다리를 들어올린다. 뭔가 잘못되었다고 생각하며 아기는 다리를 더 세게 찰 것이다. 그래도 아무 소리가 나지 않는다. 그럼 아기는 빠른 속도로 발을 몇 번 찬다. 그래도 역시 종소리는 나지 않는다. 그러면 아기는 리본을 뚫어지게 바라본다. 이런 행동은 아기가 문제에 주의를 기울이고 있다는 것을 알려준다. 사람은 시각 처리과정에 많이 의존하기 때문에 과학자들은 이렇게 기저귀를 차고 엄마젖을 먹는 아기들을 데리고도 두뇌가 주의를 기울이는 상태를 측정할 수 있다.

이 이야기는 두뇌가 세상을 인식하는 방식의 기초를 설명해 준다. 아기가 어떤 현상의 원인과 결과를 이해하기 시작하면, 아기가 세상을 바라볼 때 어떻게 주의를 기울이는지 관찰해서 판단할 수 있다. 응시행동의 중요성을 과소평가해서는 안 된다. 아기들은 시각 신호를 이용해 자신이 무언가에 주의를 기울이고 있다는 걸 보여준다. 아무도 가르쳐주지 않았는데 말이다. 결론은 이렇다. 아기들은 다양한 시각 처리과정 전용 소프트웨어를 장착하고 태어난다.

이런 결론은 사실로 밝혀졌다. 아기들은 대비가 강한 패턴을 좋아한다. 아기들은 운명 공동체의 법칙을 이해하는 것 같다. 즉, 함께 움직이는 물체들을 같은 물체의 일부로 인식한다. 예를 들어 얼룩말의 줄무늬처럼. 아기들은 사람의 얼굴과 사람이 아닌 것의 얼굴을 구별할 수 있고, 사람의 얼굴을 더 좋아하는 것 같다. 아기들은 거리에 따라 크기가 어떻게 변하는지 이해할 수 있다. 그래서 어떤 물체가 가까워져도 (그래서 더 크게 보여도) 그것이 같은 물체라는 것을 안다. 아기들은 심지어 공통된 물리적 특성에 따라 시각적 물체를 범주화할 수 있다. 시각의 우위는 아기들의 세계에서 이미 행동으로 나타나기 시작한다.

그리고 그것은 더 미세한 DNA의 세계에도 나타난다. 우리의 후각과 시각은 외부 세계에서 무슨 일이 생겼을 때 자기가 먼저 상담해 주겠다면서 싸운다. 그리고 시각이 이긴다. 사실, 냄새와 관련한 유전자의 60퍼센트 정도가 그 과정에서 손상되고, 그 유전자들은 다른 종보다 네 배는 더 빠른 속도로 퇴화한다. 그 원인은 간단하다. 시각피질과 후각피질은 신경의 부지 중 넓은 자리를 차지한다. 머릿속의 복잡한 제로섬 세계에서 둘 중 하나는 양보할 수밖에 없다.

행동, 세포, 유전자 중 어떤 것을 보든 인간의 경험에서 시각이 얼마나 중요한지 알 수 있다. 시각은 우리의 두뇌 속을 안하무인인 양 구는 초강대국처럼 활보하면서 우리가 가진 자원의 많은 부분을 소비한다. 그에 대한 답례로, 우리의 시각체계는 우리에게 외부 세계를 보여주기 전에 영화를 찍고, 환영을 만들어내며, 지난날 얻은 정보와 타협한다. 시각은 다른 감각들이 전달해 준 정보를 자기 마음대로 신나게 왜곡한다. 그리고 적어도 후각을 상대해야 할 때에는 후각의 자리마저 덥썩 차지하려다가 덜미를 잡히는 경우가 종종 있는 것 같다.

이런 무지막지한 괴물을 무시한다고 해서 과연 좋을 일이 있을까? 특히 여러분이 부모이거나 교육자이거나 비즈니스 리더이고, 도움이 된다는 증거를 찾고 싶으면 보르도의 와인 감정가를 찾아가라.

닥터 메디나의
두뇌 부활 아이디어!

나는 도날드덕 덕분에 지금 하고 있는 일을 선택할 수 있었다. 농담이 아니다! 도널드덕이 나를 설득하던 순간까지도 기억난다. 그때 나는 여덟 살이었고, 엄마와 우리 가족은 〈수학 마법세계의 도널드Donald in Mathmagic Land〉라는 27분짜리 단편 만화영화를 보러 갔다. 시각적 이미지와 짓궂은 유머감각, 그리고 동심을 이용하여 도널드덕은 나를 수학의 세계로 안내했고, 나아가 나를 수학의 세계에 빠지게 만들었다. 기하학에서 축구, 당구에 이르기까지 수학의 힘과 아름다움이 너무나 생생해서 나는 그 만화영화를 한 번 더 봐도 되느냐고 엄마에게 물었다. 엄마는 내 소원을 들어주었고, 다시 본 만화영화는 너무나 감동적이어서 결국 내가 직업을 선택하는 데도 영향을 끼쳤다. 지금도 나는 그 만화영화 테이프를 간직하고 있다. 그리고 정기적으로 아이들에게 보여주면서 아이들을 괴롭히고 있다. 〈수학 마법세계의 도널드〉는 1959년 아카데미 단편 애니메이션상을 수상했다. 사실 이 작품은 '올해의 스승상'도 받았어야 했다. 이 영화는 복잡한 정보를 학생들에게 전달할 때 움직이는 이미지가 어떤 힘을 갖는지 보여준다. 이 작품을 통해 다음과 같은 제언들을 할 수 있겠다.

그림이 왜 주의를 끄는지 배워라

교육자들은 그림이 정보를 어떻게 전달하는지부터 알아야 한다. 그림이 어떻게 사람의 주의를 끄는지에 대해서는 이미 확고하게 밝혀진 사실들이 있다. 우리는 색과 크기에 주의를 많이 기울인다. 그리고 움직이는 물체에는 특히 더 주의를 기울인다. 실제로 세렝게티 초원에서 인류를 위협했던 것들은 대개 **움직이는** 것들이었고, 두뇌는 그것을 감지하기 위해 상상을 초월할 만큼 정교한 올가미를 만들어냈다. 두뇌에는 심지어 눈이 움직일 때와 세상이 움직일 때를 구별하는 부위들도 있으며, 이 부위들은 세상의 움직임을 감지하기 위해 눈의 움직임을 닫아버리는 역할을 한다.

컴퓨터 애니메이션을 이용하라

애니메이션은 색과 위치의 중요성뿐 아니라 움직임의 중요성까지 담고 있다. 웹을 기반으로 하는 그래픽 기술이 태어남과 더불어, 교육자들이 컴퓨터를 다룰 줄 아는 것이 선택 사항이었던 시대는 끝났다. 다행히도 애니메이션 기초는 어렵지 않게 배울 수 있다. 네모와 동그라미를 그릴 줄 아는 사람이라면 누구라도 요즘 시판되는 소프트웨어를 사용해 간단한 애니메이션을 만들 수 있다. 단순한 2차원 그림들이면 충분하다. 연구 결과에 따르면, 그림이 너무 복잡하거나 사실적이면 오히려 정보를 전달하는 데 방해가 될 수 있다.

이미지의 힘을 테스트하라

특정 유형의 수업에서는 그림 우월성 효과가 나타나지만 모든 수업에서 그런 것은 아니다. 아직 데이터가 부족하다. 특정 유형의 정보를 전달할 때 특히 더 효과적인 매체가 있다. '자유'나 '양(量)' 같은 개념을 전달하는 데 그림이 이야기보다 더 효과적일까? 언어 과목을 그림으로 가르치는 게 나을까, 아니면 다른 매체가 더 효과적일까? 교사들과 학자들의 협력을 얻어 실제 교실에서 이런 문제들을 연구한다면 답을 찾을 수 있을 것이다.

글자보다는 그림으로 의사소통하라

'글자는 적게, 그림을 많이.' 1982년에 유행했던 말이다. 이 표현은 《유에스에이 투데이 USA Today》가 당시 창간하면서부터 혁신적으로 글자는 줄이고 그림을 더 많이 실은 것을 비웃는 말이었다. 사람들은 그런 스타일은 살아남을 수 없을 거라고 예언했다. 설사 살아남는다 해도 신문을 읽는 사람들에게 익숙한 서구 문명은 종말을 맞을 거라는 사람들도 있었다. 두 번째 의견에 대해서는 아직 결론을 내릴 수 없지만, 앞의 의견을 내놓은 사람들은 당황스러운 결과를 마주해야 했다. 창간 뒤 4년이 못 돼 《유에스에이 투데이》는 미국에서 두 번째로 많이 팔리는 신문이 되었고, 10년도 지나지 않아 미국에서 최대 판매부수를 자랑하게 되었다.

어떻게 된 일일까? 첫째, 그림이 글자보다 정보를 더 효과적으로 전달할 수 있다. 둘째, 미국의 근로자들은 늘 더 많은 일을 더 적은 사람들이 해야 하는 상황에서 끊임없이 과로하고 있다. 셋째,

대다수 미국인들이 여전히 신문을 읽는다. 이 세 가지 사실이 결합한 결과였다. 과로에 지친 미국인들의 바쁘고 혼란스런 세계에서는 정보를 더 효율적으로 전달하는 매체가 선호될 수밖에 없는 것이다. 《유에스에이 투데이》의 성공에서 보듯, 그런 매체가 발산하는 매력은 소비자들이 마침내 지갑을 열게 할 정도로 강력하다. 따라서 그림에 담긴 정보는 이해하는 데 힘이 덜 들기 때문에 초기에는 소비자들에게 더 매력적일 수 있다. 그림이 정보를 뉴런에 찰싹 달라붙게 하는 데 더 효과적이라는 사실은 마케팅 전문가들이 정보를 전달할 때 그림을 우선적으로 이용하는 것을 진지하게 고려해야 하는 이유가 되고도 남는다.

그림이 주의에 끼치는 초기효과를 실험해 보았다. 적외선 시선 추적 기술을 이용해서 소비자 3,600명을 대상으로 1,363개의 인쇄 광고를 테스트했다. 결론은? 그림으로 나타낸 정보가 주의를 월등하게 잘 끌었다. 그림의 크기는 상관없었다. 그림이 작고 근처에 그림 아닌 것들이 잡다하게 널려 있어도 눈은 그림을 좇았다. 그러나 아쉽게도 이 실험을 한 학자들은 정보의 기억과 시각의 관계는 확인하지 않았다.

지금 쓰는 파워포인트 프레젠테이션은 버려라

우리는 파워포인트PowerPoint라는 프레젠테이션 소프트웨어를 기업 이사회 회의실에서 대학 강의실, 학술회의장에 이르기까지 어디서나 볼 수 있다. 그런데 뭐가 문제일까? 파워포인트는 기본적으로 텍스트에 기반을 두며, 장제목과 중간제목, 소제목 등등이 여섯 단계쯤 있고, 온통 말로 되어 있다. 모든 분야의 전문가들은 텍스트로 정보를 전달하는 것이 얼마나 비효율적인지, 그리고 이미지가 얼마나 효과적인지를 알아야 한다. 그리고 다음의 두 가지를 실천해야 한다.

1 파워포인트 프레젠테이션은 이제 버려라.
2 새로운 것을 만들어라.

사실, 새것과 비교하기 위해서 옛것은 임시로라도 저장해 둬야 한다. 파워포인트 프레젠테이션은 **슬라이드 하나당** 평균 40개의 단어가 등장한다. 이 말은 곧 우리가 프레젠테이션을 보는 동안 머리로 해야 할 일이 많다는 뜻이다. 비즈니스 리더들은 새로운 프레젠테이션 디자인을 옛것과 비교 검토하고 어느 것이 더 좋은지 판단해야 한다.

브레인 룰스 10
생각의 포착 | 시각

- **우리는 그림을 기억하는 데 믿을 수 없이 뛰어나다.** 귀로 어떤 정보를 듣고 3일이 지나면 그중 10퍼센트 정도를 기억한다. 그 정보에 그림만 하나 더하면 65퍼센트를 기억할 수 있다.

- **문자도 그림은 못 당하는데,** 이는 문자가 그다지 효율적인 정보전달 방법이 아니기 때문이다. 두뇌는 글자들을 수없이 많은 작은 그림들로 인식하며, 그것들을 읽으려면 각 문자들의 특징을 식별해야만 한다.

- **왜 시각이 그토록 우위를 차지할까?** 아마도 인류가 중대한 위협, 식량 공급, 그리고 번식 기회를 파악할 때면 늘 시각을 사용했기 때문일 것이다.

- **지금 쓰고 있는 파워포인트 프레젠테이션은 그만 치워라.** 요즘 쓰는 파워포인트 프레젠테이션은 문자 위주로 구성되어 있고, 챕터와 소제목이 6단계는 된다. 어느 분야의 전문가든, 문자로 된 기억이 얼마나 비효율적이며, 이미지의 효과가 얼마나 놀라운지 깨달아야 한다. 지금껏 쓰던 파워포인트 프레젠테이션 파일들은 버리고, 새로운 것을 만들어내라.

생각의 대결 | 남과 여

브레인 룰스 11
남자와 여자는 다르게 생각하고 느낀다

 남자는 '잘난 남자', 여자는 '재수 없는 여자'였다. 그 실험 결과는 위의 두 문장으로 요약할 수 있겠다. 학자 세 명이 한 실험에서 가상으로 항공기 제조업체의 부사장을 하나 만들었다. 피험자들을 네 그룹으로 나누고, 각 그룹마다 남자와 여자를 같은 수로 배치했다. 그리고 이 가상의 부사장에 대해 평가하게 했다.

 각 그룹에게 부사장의 업무를 짤막하게 설명하고, 첫 번째 그룹에게는 부사장이 남자라고 말했다. 그리고 그 부사장의 능력과 호감도를 평가하게 했다. 그들은 부사장을 칭찬하면서 '매우 유능하고' '호감 가는' 인물이라고 평했다. 두 번째 그룹에게는 부사장이 여자라고 말했다. 두 번째 그룹 사람들은 그 부사장이 '호감은 가나 그리 유능하지 않다'고 평가했다. 성별 외에 다른 모든 요인은

같았는데도 평가가 이렇게 달랐다.

　세 번째 그룹에게는 부사장이 남성이며 그 회사가 급성장하는 데 가장 중요한 역할을 한 사람이라고 말했다. 그리고 네 번째 그룹에게는 부사장이 여성으로 회사의 슈퍼스타이며 임원으로 고속 승진했다고 말했다. 첫 번째 그룹과 마찬가지로 세 번째 그룹도 그 남자 부사장을 '매우 유능하며 호감 가는' 인물이라고 평가했다. 네 번째 그룹도 여자 부사장을 '매우 유능하다'고 평가했다. 그러나 '호감 가는' 인물이라고 평하지는 않았다. 사실, 네 번째 그룹이 부사장을 묘사한 표현 가운데에는 '적개심이 있는hostile'이라는 단어들도 들어 있었다. 첫머리에서 말한 대로, 부사장이 남자일 경우에는 '잘난 남자', 여자일 경우에는 '재수 없는 여자'였다.

　중요한 점은, 성적 편견이 현실에서 사람들에게 상처를 입힌다는 것이다. 논쟁이 끊이지 않는 두뇌와 성별의 세계를 파고들 때는 이런 사회적 영향을 염두에 두는 것이 대단히 중요하다. 남자와 여자가 관계를 맺는 방식을 들여다보면 혼란스러운 점이 한두 가지가 아니고, 그 이유을 알려고 들면 더더욱 혼란스럽다. 용어마저 헷갈려서 '섹스sex'와 '젠더gender'라는 개념 사이의 경계가 모호하다. 여기서 '섹스'는 일반적으로 생물학적 또는 해부학적 용어다. 반면에 '젠더'는 사회적 기대를 내포하는 용어다. 섹스는 DNA 속에 확고하게 정해져 있지만 젠더는 그렇지 않다. 남자의 뇌와 여자의 뇌가 다르다는 것은 우선 사람이 남자와 여자로 태어나는 과정에서부터 나타나기 시작한다.

미지의 요인을 찾아서

우리는 어떻게 남자로 태어나고 여자로 태어날까? 성별을 갖게 되기까지의 여정은 보통 성관계를 하면서 불타오르는 열정과 함께 시작된다. 성관계 중에는 정자 4억 마리가 난자를 찾기 위해 고군분투한다. 그렇게까지 어려운 일은 아니다. 인간의 난자가 영화 〈스타워즈〉에 등장하는 거대한 인공별 '데스스타'만 하다면, 정자는 전투기 'X윙 파이터'만 하다. 모든 정자와 난자의 절반이 지니고 있는 아주 중요한 염색체도 'X' 염색체라고 부른다. 염색체는 DNA가 실타래 모양으로 얽힌 것으로, 핵 속에 들어 있으며 한 사람을 만드는 데 필요한 정보, 즉 유전물질을 담고 있다. 사람이 만들어지려면 염색체가 46개 필요한데, 쉽게 생각해 46권으로 이루어진 백과사전 전질을 떠올리면 된다. 그중 23개는 엄마가 주고 23개는 아빠가 준다. 염색체 중 2개가 성 염색체인데, 그중 하나는 반드시 X 염색체여야 한다. 안 그러면 정말 큰일난다.

X 염색체를 두 개 가진 사람은 평생 여자 화장실에 갈 것이고, X 염색체와 Y 염색체를 하나씩 가진 사람은 평생 남자 화장실에 갈 것이다. Y 염색체는 정자만이 줄 수 있다. 난자에는 Y 염색체가 없으니 말이다. 따라서 성별은 남자가 결정하는 것이다. 헨리 8세의 부인들 입장에서는 헨리 8세가 그런 사실을 아는 편이 좋았을 것이다. 그는 아내 중 한 명을 왕위를 이을 후계자를 낳지 못한다는 이유로 처형했다. 그러나 정작 처형당할 사람은 사실 그 자신이었다.

성별에 따른 차이는 세 영역으로 나눌 수 있다. 유전적 차이, 신경해부학적 차이, 행동적 차이가 그것이다. 과학자들은 보통 이 세 가지 차이 중 한 가지를 연구한다. 각 차이는 공통된 연구의 바다에 따로따로 떠 있는 섬과도 같다. 여기서는 세 개의 섬을 모두 둘러볼 텐데, 우선 헨리 8세가 두 번째 아내 앤 볼린에게 깊이 사과해야 할 대죄를 저질렀는지를 분자 수준에서 설명해 보도록 하자.

Y 염색체와 관련해 가장 재미있는 사실 중 하나는, 남자를 만들어내는 데 Y 염색체가 여러 개 필요하지는 않다는 점이다. 남자 생성 프로그램을 시작하는 데 필요한 것은 SRY라는 유전자를 지니고 있는 작은 조각뿐이다. 우리가 둘러볼 섬 중 '유전자의 섬'은 SRY 유전자를 찾아낸 데이비드 C. 페이지David C. Page라는 과학자가 지배하고 있다. 50대인 페이지 박사는 실제로 보면 스물여덟 살쯤으로밖에 안 보인다. 화이트헤드 연구소the Whitehead Institute의 소장이자 MIT 공대 교수인 페이지 박사는 대단한 지성을 지닌 인물이다. 또한 매력적이며 장난기 있고 유머감각도 풍부하다. 그는 세계 최초의 분자 성 치료사molecular sex therapist다. 아니, 그보다는 성별 중개인sex broker이라고 하는 게 나을지 모르겠다. 그는 남자 태아에서 SRY 유전자를 파괴하여 여자를 만들거나, 여자 태아에게 SRY 유전자를 추가하여 남자로 만들 수 있다는 것을 알아냈다(SR은 성전환sex reversal을 의미한다). 어떻게 그런 일이 가능할까? 원래 생물학적으로 지구를 지배하게끔 되어 있는 건 남자라고 믿는 사람들이 들으면 혼란스럽겠지만, 포유류 태아에게 기본으로 설정되어 있는 조건은 여자가 되는 것이다.

두 개의 염색체 사이에는 대단히 큰 차이점이 존재한다. X 염색체는 태아 발달에 필요한 중대한 추진력의 대부분을 감당하는 반면, 작은 Y 염색체는 백만 년마다 다섯 개 정도씩 유전자들을 버려왔다. 느린 속도로 자살해 온 셈이다. 그래서 지금 Y 염색체에 있는 유전자는 100개가 채 못 된다. 그러나 X 염색체에는 1,500개 정도의 유전자가 있으며, 이는 태아의 구조를 만들 때 필요한 요소들이다. 그리고 이 유전자들은 사라지거나 쇠퇴할 기미도 전혀 보이지 않는다.

남자들은 X 염색체가 하나뿐이기 때문에 손에 넣을 수 있는 X 유전자는 모두 가져야 한다. 그러나 여성들에게는 필요한 X 유전자 양의 두 배가 있다. 밀가루가 딱 한 컵만 있으면 되는 케이크 조리법이라고 생각하면 딱이다. 거기에 밀가루를 두 컵 넣으면 케이크 맛이 이상해질 것이다. 여자 태아는 쓸 수 있는 X 염색체가 두 개라는 문제를, 성의 대결에서 가장 유서 깊은 성실은 무기를 써서 가뿐하게 해결한다. 바로 둘 중 하나를 무시하는 것이다. 이 묵묵하게 벌어지는 처리 과정을 'X 비활성화$^{X\ inactivation}$'라고 한다. 염색체 중 하나에는 호텔 방문에 걸어놓는 '깨우지 마시오' 표지판에 해당하는 분자가 붙어 있다. 과학자들은 엄마와 아빠의 X 염색체 중 하나를 골라야 하는 상황에서 어떤 것에 우선적으로 '깨우지 마시오' 표지판이 붙는지 궁금해했다.

그 대답은 아주 뜻밖이었다. **우선권을 지니는 염색체는 없었다.** 발달 중인 여자 태아의 세포를 관찰해 보니 일부는 엄마의 X 염색체에 그 표지판을 걸어두었다. 그리고 다른 세포들은 아빠의 X 염색체에 표지판을 걸어두었다. 여기까지 보면 X 염색체를 선택하는 것은 이유나 법칙 없이 무작위로 이루어지는 듯하다. 즉, 여자 태아의 세포들은 엄마와 아빠의 X 유전자 중 어느 한쪽이 활성화된 것들이 온통 모자이크처럼 복잡하게 섞여 있다는 뜻이다. 남자들이 살아남으려면 X 유전자 1,500개가 모두 필요한데, X 염색체는 하나뿐이다. 이런 상황에서 '깨우지 마시오' 표지판을 쓰는 것은 말도 안 된다. 그런 일은 절대 일어나지 않는다. 따라서 남자들한테 X 염색체가 비활성화되는 일은 없다. 그리고 남자들은 X 염색체를 엄마로부터 받을 수밖에 없으므로, X 염색체에 관한 한 모든 남자들은 말 그대로 '마마보이'일 수밖에 없다. 유전적으로 한층 복잡한 여자들과는 무척 다른 점이다. 이런 놀라운 사실이 유전자에 기초하여 처음으로 알아낸 남녀간의 잠재적 차이다.

지금 우리는 X 염색체에 담긴 1,500개 유전자 중 대다수의 기능을 알고 있다. 자, 놀라운 것은 그다음 얘기다. 그중 다수가 두뇌 기능에 관여하고, 우리가 생각하는 방식을 관장한다. 2005년에 인간 게놈이 정리되었고, X 염색체 유전자 중 상당수가 두뇌 형성에 필요한 단백질을 만들어낸다는 사실이 밝혀졌다. 이 유전자들 중 일부는 언어 기능과 사회적 행동에서부터 여러 가지 지능 유형에 이르기까지 고도의 인지능력에 관여할지 모른다. 학자들은 그런 X 염색체를 인지의 '핫스폿 hot spot'(본래 '열점'이라는 의미로, 화산이 계속 분출되거나 주변보다 온도가 높은 지점에 비유한 말—옮긴이)이라고 부른다.

이 사실들은 유전자의 섬에서 가장 중요한 영역들 중 하나다.

그렇다고 해서 그 영역만이 유일하게 중요하다거나, 유전자의 섬이 가장 중요한 섬이라는 뜻은 아니다.

클수록 더 좋은가?

유전자의 목적은 유전자가 담긴 세포의 기능을 중재할 분자를 만들어내는 것이다. 이 세포들의 집합체는 두뇌의 신경구조를 만들어낸다(그리고 신경구조는 다시 우리의 행동을 만들어낸다). 유전자의 섬을 떠나 다음으로 갈 곳은 '세포의 섬'이다. 세포의 섬은 과학자들이 두뇌 속의 큰 구조물 또는 신경구조를 연구하는 곳이다. 여기서는 성 염색체의 양에 **영향을 받지 않는** 구조물을 찾는 것이 관건이다.

    과학자들은 실험(여성 과학자들과 남성 과학자들이 함께 이끌었다는 점은 짚고 넘어가야겠다)을 통해 앞쪽 대뇌피질과 전전두엽의 차이를 찾아냈다. 이 부위는 의사결정 능력의 많은 부분을 제어한다. 이 피질의 어떤 부분은 남자보다 여자가 더 두껍다. 감정을 조절하고 일부 학습을 중재하는 대뇌 변연계는 성에 따라 차이가 있다. 가장 두드러진 차이는 편도체에 있는데, 편도체는 감정의 생성뿐 아니라 감정을 기억하는 능력까지 조절한다. 현재의 사회적 편견과는 정반대로, 이 부위는 여자보다 남자가 훨씬 크다. 휴식하고 있을 때 여성의 편도체는 주로 좌뇌와 이야기하는 반면,

남성의 편도체는 주로 우뇌와 수다를 떤다. 신경세포는 생화학물질을 써서 의사소통을 하는데, 여기에도 성별에 따라 차이가 있다. 세로토닌의 경우는 특히 두드러진다. 세로토닌은 감정과 기분을 조절하는 열쇠다(우울증 치료제인 프로작^{Prozac}은 바로 이 신경전달물질을 조절한다). 남성은 여성보다 52퍼센트 정도 빠르게 세로토닌을 합성할 수 있다. 이게 무슨 의미일까? 동물들에게 어떤 기관의 크기는 생존에서 상대적으로 차지하는 비중을 반영하는 것으로 보인다. 사람도 얼핏 보기에는 비슷해 보인다. 앞에서 살펴보았듯이 바이올리니스트들은 뇌에서 오른손을 조절하는 부위보다 왼손을 조절하는 부위가 더 크다. 그러나 신경과학자들은 아직도 뇌의 구조와 기능 사이에 어떤 연관이 있는지를 놓고 논쟁하고 있다. 아직은 신경전달물질의 분비나 두뇌의 특정 부위 크기 등에 차이가 있는 것이 과연 중요한 의미를 갖는지 확인되지 않았다.

그래도 두뇌과학자들은 계속해서 행동의 차이에 대한 의문을 탐구해 왔고, 앞으로도 그럴 것이다. 이제 안전띠를 단단히 매기 바란다. 상상의 여정에서 가장 시끄럽고 가장 지적으로 과격한 섬인 '행동의 섬'에 곧 착륙할 테니.

남과 여, 끝나지 않은 대결

이 문제에 대해서는 정말 얘기하고 싶지 않았다. 성별 고유의 행동을 묘사하는 데에는 길고도 험난한 역사가 있다. 최고의 인재들이 모인 기관도 예외일 수는 없었다. 래리 서머스Larry Summers는 하버드대학교 총장이었을 때 여학생들이 남학생들보다 수학과 과학 점수가 낮은 것을 행동유전학으로 설명할 수 있다고 말했다는 이유로 총장 자리를 잃었다. 다음의 세 가지 인용문을 보자.

"여성은 타고난 본성이 차갑기 때문에 정액을 만들어낼 수 없는 무기력한 남성이다. 그러므로 우리는 여성의 상태를 결함이나 장애로 바라봐야 한다. 그 장애가 자연의 정상적인 과정에서 생겨나긴 했어도 말이다."

_ 아리스토텔레스(기원전 384~332)

"여자아이들이 남자아이들보다 먼저 말을 배우고 먼저 걷는다. 원래 잡초가 훌륭한 농작물보다 늘 더 빨리 자라지 않는가."

_ 마르틴 루터(1483~1546)

"사람이 달에 가는 게 가능하다면…… 전 세계 남자를 모두 갖다놓을 수는 없을까?"

_ 질(1985, 마르틴 루터가 한 말에 대한 응답으로 화장실 벽에 적어놓은 낙서)

그리고 성의 지루한 대결은 계속된다. 아리스토텔레스와 질 사이에는 2천 4백 년에 가까운 세월이 있지만, 그동안 사람들의 생각은 크게 달라지지 않은 것 같다. 여성과 남성을 금성과 화성에 비유하면서 두 성의 차이점을 인간관계 개선을 위한 처방으로 확장하려는 사람들도 있다. 그리고 지금은 인류 역사에서 가장 과학적으로 발전한 시대다.

내 생각에, 문제는 대부분 통계학으로 귀착되는 것 같다.

남자와 여자는 생각하는 방식이 다를 수 있다. 그러나 과학자들이 측정할 수 있는 남녀간의 차이에 대해 이야기하면, 사람들은 과학자들이 자기 자신들 같은 개인들에 관해 이야기한다고 생각하는 경우가 많다. 그것은 **엄청난** 오해다. 과학자들은 행동의 경향을 찾을 때 개인들이 아니라 전체 개체군을 본다. 이런 연구에서 통계는 개인에게 적용되지 않는다. 어떤 경향은 드러나겠지만, 개체군 안에는 다양한 변형이 존재한다. 그리고 남성과 여성 사이에는 일치하는 부분이 많다. 신경과학자 플로 헤이즐틴Flo Haseltine은 fMRI로 촬영할 때마다 환자가 남성이냐 여성이냐에 따라 두뇌의 서로 다른 부분들이 밝아지는 것을 알아냈다. 그것이 우리의 행동과 정확히 어떻게 관련이 있는지는 완전히 별개 문제다.

첫 번째 힌트

행동의 차이에 생물학적 근원이 있다는 생각은 뇌병리학에서 시작되었다. 일반적으로 정신지체는 여성보다 남성에게서 더 흔하다. 이런 병리증상 중 다수는 X 염색체 내부의 24개 유전자들 중 하나에 돌연변이가 생기면서 나타난다. 알다시피 남성은 예비 X 염색체가 없다. 따라서 그들은 X 염색체에 손상을 입으면 그 결과를 안고 살아갈 수밖에 없다. 그러나 여성은 X 염색체에 손상을 입어도 그 결과를 무시할 수 있는 경우가 많다. 이런 사실은 두뇌 기능, 나아가 두뇌 행동에 X 염색체가 얼마나 필수적인가를 보여주는 중요한 증거 중 하나다.

정신건강 전문가들은 오래전부터 성별에 따라 정신장애의 유형과 정도에 차이가 있다는 사실을 알았다. 예를 들어, 여성보다 남성들 중에 정신분열증을 앓는 사람들이 더 많다. 그리고 사춘기 이후부터는 여성들이 남성들보다 우울증에 걸릴 확률이 두 배 이상 높으며, 그 통계치는 사춘기 직후에 나타나서는 그 뒤로 무려 50년 동안 변함이 없다. 남성들이 여성들보다 반사회적 행동을 더 많이 보이고, 불안장애는 남성들보다 여성들에게 더 흔하다. 알코올중독자와 마약중독자는 대부분 남성이다. 거식증 환자는 대부분 여성이다. 미 국립보건원 산하 정신질환연구소의 토마스 인셀 Thomas Insel 은 이렇게 말했다.

"이런 장애를 미리 판가름하기에 성별보다 더 뛰어난 단일 인자는 찾기 어렵다."

그러나 정상적 행동은 어떨까? 유전자의 섬, 세포의 섬, 행동의 섬 등에 대한 연구 사이에는 연결고리가 거의 없다. 하지만 지금 그 셋 사이에 다리를 놓는 연구가 이루어지고 있으며, 그 가운데 가장 뛰어난 연구 두 가지를 소개하겠다.

정신적 충격을 다루는 법

그 슬라이드쇼는 끔찍했다. 어린아이가 부모와 함께 길을 걷다가 차에 치이는 모습이 화면에 비친다. 그걸 보면 결코 잊지 못할 것이다. 그러나 **잊을 수 있다면** 어떨까? 두뇌의 편도체는 감정을 만들어내고 기억하는 능력에 도움을 준다. 그런데 잠깐 동안 감정을 억누를 수 있는 마법의 약이 있다면? 그런 약은 실제로 존재하며, 그 약은 남자와 여자가 감정을 서로 다르게 처리한다는 사실을 확인하는 데 사용되었다.

좌뇌형 인간이니 우뇌형 인간이니 하는 말을 들어보았을 것이다. 그리고 이것이 각각 분석적 인간형과 창조적 인간형을 나타낸다는 얘기도. 그런 얘기는 호화 유람선의 왼쪽 반으로는 배가 떠 있으며 오른쪽 반으로는 물살을 헤치고 나아간다고 말하는 것이나 마찬가지인 일종의 민간설화다. 사실은 배의 양쪽이 두 가지 과정에 모두 관여하는 것이다. 그렇다고 해서 뇌의 양쪽 반구가 똑같다는 얘기는 아니다. 우뇌는 경험의 요점을, 좌뇌는 세부사항을 기억하도록 돕는다.

과학자 래리 카힐Larry Cahill은 극심한 스트레스 상황에서(그는 피험자들에게 연쇄살인마가 등장하는 공포영화를 보여주었다) 남자와 여자의 두뇌가 어떤 반응을 보이는지 엿들었다. 그리고 알아낸 사실은 다음과 같다. 남자들은 그 경험을 할 때 뇌의 우반구에 있는 편도체가 흥분했다. 좌반구는 비교적 조용했다. 반면에 여자들은 좌반구에 있는 편도체가 흥분했고 우반구는 상대적으로 조용했다. 남자들의 우반구(요점을 주관하는 곳)가 흥분했다는 것은 남자들이 스트레스 상황에서 세부사항보다는 요점을 더 많이 기억한다는 의미일까? 같은 상황에서 여자들은 요점보다는 세부사항을 더 많이 기억할까? 래리 카힐은 이에 대한 답을 알아내기로 했다.

망각의 묘약, 즉 프로프라놀롤propranolol이라는 약은 보통 혈압을 조절하는 데 쓰이며 정서적 경험을 하는 동안 편도체를 활성화시키는 생화학물질을 억제하기도 한다. 이 약은 전쟁 때문에 생긴 정서장애의 잠재적 치료약으로 연구되고 있다.

하지만 카힐은 정신적 충격을 주는 영화를 보기에 앞서 그 약을 피험자들에게 주었다. 그리고 일주일 뒤, 피험자들의 기억력을 테스트했다. 남자들은 이야기의 요점을 기억하는 능력을 잃은 반면, 여자들은 세부사항을 기억하는 능력을 잃었다. 그렇다고 해서 이 데이터를 확대해석해서는 안 된다. 이 실험 결과는 스트레스 상황에 대한 정서적 반응만을 보여주는 것이지, 객관적 세부사항과 개요를 보여주는 것은 아니다. 이것은 회계사와 공상가 사이의 대결이 아니다.

전 세계에서 카힐의 실험 결과와 비슷한 결과들이 나왔다. 지속적인 연구 결과, 여성들이 남성들보다 자신에게 일어난 정서적 사건들을 더 많이, 더 빠르고 더 강렬하게 기억한다는 사실을 알아냈다. 여성들은 최근에 싸운 일이나 첫 데이트, 휴가처럼 정서적으로 중요한 사건들을 더욱 생생하게 기억한다. 다른 연구들에서는, 스트레스 상황에서 여성들은 자손을 기르는 데 집중하는 경향이 있는 반면, 남성들은 위축되는 경향이 있다는 것을 보여주었다. 여성들의 이런 경향은 '보살피고 어울리는tend and befriend' 경향이라고 불리기도 한다. 누가 그렇게 부르기 시작했는지는 알려지지 않았지만, 그 이유에 대해 스티븐 제이 굴드Stephen Jay Gould(수많은 과학 저술로 유명한 미국의 유명한 고생물학자—옮긴이)는 이렇게 말했다.

"그것들을 서로 떼어놓는 것은 논리적으로, 수학적으로, 과학적으로 불가능한 일입니다."

이 말을 들으면 달라붙어서 싸워대는 우리 두 아들이 생각난다. 그러나 사실 굴드가 얘기하는 것은 오래전부터 이어져온 본성 대 양육(교육) 논쟁이다.

말로 하는 의사소통

행동과학자 데보라 탄넨Deborah Tannen은 남성과 여성이 지닌 언어능력의 차이를 연구했다. 탄넨과 다른 학자들이 지난 30년간 밝혀낸 사실을 한마디로 표현하면 '여성들의 언어능력이 더 뛰어나다.'라고 할 수 있다. 세부사항에는 논쟁의 여지가 있지만, 뇌의 병리를 포함한 많은 분야에 그런 사실을 뒷받침할 경험적 증거들이 있다. 여자아이들보다 남자아이들에게 두 배 정도 더 많은 언어와 읽기 장애가 있다는 것은 오래전부터 알려진 사실이다. 여성들은 또한 뇌졸중 때문에 생긴 언어능력 손상으로부터 남자들보다 더 빨리 회복한다. 많은 학자들은 이와 같은 위험성의 차이가 정상적 인지능력의 근본적 차이를 암시하는 것은 아닌지 의심하고 있다. 학자들은 그 차이를 신경해부학적 데이터로 설명하는 경우가 많다. 즉, 여성들은 언어로 된 정보를 말하고 처리할 때 양쪽 뇌를 모두 사용하는 경우가 있다는 것이다. 그러나 남성들은 주로 한쪽만을 사용한다. 여성들은 좌뇌와 우뇌를 연결하는 부위가 굵지만, 남자들의 경우는 상대적으로 가늘다. 마치 여자들이 남자들에게는 없는 백업 시스템을 가지고 있는 것과도 같다.

이런 임상 데이터들은 교육자들이 일찌감치 눈치 챈 사실들을 뒷받침해 준다. 학교에서 여자아이들은 남자아이들보다 더 정교하고 세련되게 말한다. 언어 기억력, 유창함, 발음 속도 등에서 여자아이들이 뛰어나다. 다 자라서도 여자아이들은 언어정보를 처리하는 데 더 능숙하다. 이런 데이터들이 사실적으로 보이지만, 사회적 맥락을 벗어나서는 의미가 없다. 그래서 앞서 인용한 굴드의 말이 유익한 것이다.

탄넨은 어린 여자아이들과 남자아이들이 상호작용하는 것을 오랫동안 관찰하고 비디오테이프에 기록해 왔다. 탄넨이 처음 알아내고자 한 것은 서로 연령대가 다른 남자아이들과 여자아이들이 친한 친구들끼리 어떻게 이야기하며, 거기에 뭔가 두드러지는 패턴이 있는가, 그리고 패턴이 존재한다면 얼마나 지속되는가 하는 것이었다. 어린아이 때 나타났던 패턴은 대학생이 된 뒤에도 나타날까? 탄넨이 밝혀낸 패턴들은 예측 가능하고 지속성이 있었으며 연령이나 지역과는 관계가 없었다. 어른이 되어서 보이는 대화 스타일은 어렸을 때 확립된 동성간의 상호작용에서 기인한다. 탄넨이 알아낸 사실들은 세 가지 영역을 중심으로 한다.

돈독해지는 관계

친한 여자아이들끼리 이야기를 나눌 때는 서로에게 몸을 기울이고 눈을 맞추며 말도 아주 많이 한다. 정교한 언어적 재능을 사용하여 관계를 돈독히 하는 것이다. 그러나 남자아이들은 그러지 않는다. 그들은 서로를 마주 보는 법이 거의 없고, 나란히 서거나 비스듬히 서서 이야기하는 걸 좋아한다. 눈은 허공을 바라볼 때가 많다. 관계를 돈독히 하려고 언어정보를 이용하지 않는 대신 남자아이들의 사회에서 가장 중요하게 통용되는 것은 '소동'인 것 같다. 남자아이들은 신체적으로 무언가를 함께하면서 관계를 견고하게 다진다.

내 아들 조시와 노아는 걸어다니기 시작할 무렵부터 '누가 더 잘하나' 게임을 했다. 그중 가장 많이 한 것은 공 던지기였다. 조시가 말한다.

"나 이 공 천장까지 던질 수 있어."

그리고 바로 공을 천장까지 던진다. 그리고 둘은 소리내어 웃는다. 그러면 노아는 공을 쥐고 "그래? 난 하늘까지 던질 수 있어."라고 말하고는 공을 더 높이 던진다. 그리고 또 둘은 소리내어 웃는다. 그리고 '은하계'나 '하느님'에 이를 때까지 게임을 계속하곤 한다.

데보라 탄넨은 이런 식의 관계가 어디서든 일관되게 나타나는 것을 관찰했다. 그러나 여자아이들의 경우는 달랐다. 여자아이들의 경우는 이렇다. 언니가 말한다.

"나 이 공 천장까지 던질 수 있어."

그리고 공을 천장까지 던진다. 그러면 동생이 공을 들고 천장까지 던진 다음 이렇게 말한다.

"나도 천장까지 던질 수 있어!"

그리고 둘 다 같은 높이까지 공을 던질 수 있다는 게 얼마나 멋진 일인지 서로 이야기를 나눈다. 남성이든 여성이든 어른이 되어서까지도 이런 스타일로 대화한다. 불행히도 탄넨의 데이터는 '남자아이들은 늘 경쟁을 하고 여자아이들은 협력을 한다'로 잘못 해석되어 왔다. 그러나 이 사례에서 보이듯, 남자아이들은 대단히 협조적이다. 그들은 단지 그들이 가장 좋아하는 신체 활동 전략을 이용하여 경쟁을 통해 협력할 뿐이다.

지위를 놓고 협상하기

초등학교에 들어가면 남자아이들은 마침내 언어능력을 이용하기 시작한다. 큰 집단에서 자신의 지위를 놓고 협상하기 위해서다. 지위가 높은 남자아이들은 집단의 나머지 사람들에게 명령을 내리면서 지위가 낮은 남자아이들을 말로 또는 신체적으로 자기 주변에 둔다. '리더'들은 명령을 내리는 것뿐만 아니라 명령이 수행되는지를 확인함으로써 지위를 유지한다. 강한 구성원들이 호시탐탐 리더에게 도전하려 하므로, 리더들은 도전을 무력화시키는 법을 빠르게 익힌다. 그렇게 하는 데 말을 사용하는 경우도 흔하다. 그 결과 남자아이들 사이에서는 위계가 명확하고, 때로는 가혹하기까지 하다. 지위가 낮은 남자들의 삶은 비참한 경우도 많다. 지위가 가장 높은 남자들에게서 전형적으로 나타나는 독자적인 행동들은 높이 평가되는 경향이 있다.

탄넨은 어린 여자아이들을 관찰하면서 남자아이들과는 매우 다른 행동들을 발견했다. 남자아이들의 경우처럼 여자아이들 사이에도 지위에 높낮이가 있었다. 그러나 여자아이들은 위계를 만들고 지키는 데 남자아이들과는 전혀 다른 전략을 썼다. 여자아이들은 대화를 나누느라 많은 시간을 보낸다. 이런 의사소통은 너무나 중요하므로 대화의 유형이 관계의 지위를 결정짓는다. 자신의 비밀을 얘기하는 상대가 '가장 친한 친구' 지위를 차지한다. 여자아이들은 비밀을 서로 더 많이 나눌수록 서로가 가깝다고 생각한다. 그리고 이런 상황에서 둘 사이의 지위를 중요시하지 않는다. 정교한 언어능력을 지닌 여자아이들은 하향식으로 명령을 내리지 않는다. 여자아이들 중 하나가 명령을 내린다면 다른 아이들은 대개 그런 스타일을 싫어한다. 그런 여자아이는 대장 행세를 하려 든다는 꼬리표가 붙고 따돌림을 당한다. 그렇다고 해서 여자아이들이 결정을 내리지 않는 것은 아니다. 집단의 다양한 구성원들이 제안을 하고 대안들을 논의한다. 그리고 마침내 합의를 도출해 낸다.

성별에 따른 차이는 말 한마디 차이로 정리할 수 있다. 남자아이들은 "이렇게 해."라고 한다. 하지만 여자아이들은 "이렇게 **하자**."라고 말한다.

그 아이들이 자라서 어른이 되면

탄넨은 시간이 지나면서 언어를 사용하는 방법이 점점 더 강화되고, 각 집단에서 서로 다르게 사회적으로 민감한 반응을 일으킨다는 사실을 알아냈다. 명령을 내리는 남자아이는 리더였다. 반면에 명령을 내리는 여자아이는 잘난 척하는 걸로 비쳤다. 대학에 들어갈 때쯤 되면 이런 스타일은 대부분 굳어진다. 그리고 직장과 결혼생활에서 문제점들이 드러난다.

갓 결혼한 20대 여자가 자신의 친구 에밀리와 함께 드라이브를 하고 있었다. 여자는 목이 말랐다. 그래서 "에밀리, 목마르니?"라고 친구에게 묻는다. 에밀리는 오랜 세월 동안 말로 협상하는 데 익숙해졌으므로 친구가 무엇을 원하는지 잘 안다. 그래서 "난 잘 모르겠어. 너 목말라?"라고 되묻는다. 그리고 차를 세우고 물을 마실 만큼 둘 다 목이 마른지 대화를 나눈다.

며칠 뒤, 갓 결혼한 여자는 남편과 함께 차를 타고 가고 있었다. 여자가 남편에게 목이 마른지 묻는다. 그러자 남편은 "아니."라고 대답한다. 그날 두 사람은 말다툼을 했다. 여자는 차를 세우고 물을 마시고 싶었기 때문에 짜증이 났고, 남자는 여자가 단도직입적으로 묻지 않아서 화가 났다. 이런 유형의 분쟁은 결혼생활이 지속되면서 점점 더 많아질 것이다.

그런 시나리오는 직장에서도 흔히 나타난다. '남자' 같은 리더십을 보이는 여자들은 잘난 체하는 것으로 오해받을 위험이 있다. 반면에 그렇게 행동하는 남자들은 대체로 결단력이 있다고 칭찬받는다. 탄넨이 가장 크게 기여한 점은 이런 고정관념들이 사회적 발달과정 중 아주 초기에 형성된다는 사실을 입증한 것이다. 그런 고정관념은 지역, 연령, 심지어 시대까지도 초월한다. 영문학을 전공한 탄넨은 몇백 년 전의 글에서도 이런 경향을 찾아냈다.

타고나는 것이냐 길러지는 것이냐

탄넨이 알아낸 사실들은 통계적 패턴일 뿐, 타협의 여지가 없는 현상은 아니다. 탄넨은 언어 패턴에 영향을 주는 요인들이 많다는 것을 밝혀냈다. 지역, 개인의 성격, 직업, 사회적 계층, 연령, 민족성, 출생 순서 등은 모두 우리가 사회적 지위를 얻기 위해 언어를 사용하는 방법에 영향을 끼친다. 남자아이들과 여자아이들은 태어나는 순간부터 사회적으로 다른 대우를 받고, 몇 세기 동안 굳어져 온 편견으로 가득 찬 사회에서 양육된다. 그런 사람들이 경험을 초월하여 평등주의적으로 행동한다면, 그것은 기적이다.

문화가 행동에 끼치는 영향을 생각할 때, 탄넨이 관찰한 사실들을 순수하게 생물학적으로 설명하는 것은 지나치게 단순한 생각이다. 그리고 두뇌가 행동에 어마어마한 영향력을 행사한다는 걸 생각한다면, 순전히 사회적인 설명만 내놓는 것 역시 지나치게 단순한 접근이다. 타고나는 것이냐 길러지는 것이냐라는 질문에 대한 진정한 대답은 '모른다'다. '그게 뭐야!' 하는 생각이 들 것이다. 모두가 세 개의 섬 사이에 다리를 놓고 싶어한다. 카힐, 탄넨, 그 밖에 수많은 학자들이 그 답을 주고자 최선을 다하고 있다. 그러나 그렇다고 해서 연결고리들이 존재한다고는 말할 수 없다. 유전자와 세포와 행동 사이에 강한 연관성이 없을 때 있다고 믿는 것은 잘못되었을 뿐만 아니라 위험한 일이다. 전 하버드대학교 총장 래리 서머스에게 한번 물어보면 알 것이다.

닥터 메디나의
두뇌 부활 아이디어!

지금까지 늘어놓은 데이터들을 실생활에서 어떻게 이용할 수 있을까?

감정에 관한 사실들을 있는 그대로 받아들여라

남성들과 여성들의 감정 생활을 다루는 것은 교육자들과 비즈니스 리더들의 역할 중 중요한 부분이다. 그들은 다음과 같은 사실을 알아야 한다.

1. 감정은 유용하다. 감정이 발생하면 두뇌는 주의를 기울인다.
2. 남자와 여자가 서로 다르게 처리하는 감정들이 있다.
3. 그런 차이점은 타고난 본성과 양육이 복잡하게 상호작용한 결과다.

교실에서 남녀 학생 비율에 변화를 주라

우리 아들의 3학년 담임선생님은 한 학년을 보내면서 더욱 심해지는 한 가지 고정관념이 있다는 것을 알아차리기 시작했다. 여자아이들은 언어 과목을 잘했고, 남자아이들은 수학과 과학에서 우수한 성적을 보였다. 겨우 **3학년**인데 말이다! 언어 과목에서 차이가 나타난 것은 어느 정도 이해할 수 있었다. 그러나 남자들이 수학과 과학을 여자들보다 더 잘한다는 것을 입증해 주는 데이터는 없었다. 그렇다면 대체 왜 그런 현상이 나타났을까?

선생님은 그 대답이 어느 정도는 학생들의 수업 참여도에 달려 있다고 추측했다. 선생님이 수업 시간에 질문을 하면 결과적으로 누가 가장 먼저 대답을 하느냐가 대단히 중요했다. 언어 과목에서는 여자아이들이 늘 먼저 대답했다. 그리고 대답하지 못한 여자아이들도 '따라하기' 본능을 발휘해 동참하는 반응을 보였다. 그러나 남자아이들의 반응에는 위계가 있었다. 여자아이들은 대개 답을 알고 있었고, 남자아이들은 몰랐다. 그래서 남자아이들은 지위가 낮은 아이들이 흔히 보이는 태도로 반응했다. 위축된 것이다. 바로 성적에서 차이가 났다. 한편, 수학 시간과 과학 시간에는 남자아이들과 여자아이들은 답을 먼저 말할 가능성이 같았다. 그러나 남자아이들은 수업에 참여할 때도 학습 능력에 따라 위계를 세우려고 하면서 '상대방을 누르려는' 대화 스타일을 보였다. 여기에는 윗자리로 올라가지 못한 아이를 몰아세우는 행동도 포함되었으며, 여자아이들도 물론 그 대상이었다. 당황한 여자아이들은 그런 수업에 적극성이 떨어지기 시작했다. 결국 성적에 또 다른 식으로 차이가 나타났다.

선생님은 여자아이들을 모아놓고 자기가 관찰한 사실을 들려주었다. 그리고 어떻게 해야 할지를 놓고 협의하게 했다. 여자아이들은 수학과 과학을 남자아이들과 따로 배우고 싶다고 했다. 이전까지는 남학생과 여학생이 함께 수업을 받아야 한다고 강하게 주장했던 터라 선생님은 여자아이들이 원하는 방식이 과연 합당한지 의심이 들었다. 그러나 여자아이들이 3학년 때부터 수학과 과학에서 남자아이들에게 뒤처지기 시작하면 나중에도 따라잡기 힘들다는 것을 알았기 때문에 선생님은 여자아이들 말대로 할 수밖에 없었다. 이어서 남학생과 여학생이 수학과 과학 수업을 따로 받기 시작하고 고작 2주가 지나자 성적 차이는 사라졌다.

이 선생님이 얻은 결과를 전 세계 교실에 적용할 수 있을까? 사실, 이 실험은 결과가 아니라 하나의 의견이다. 남녀간의 대결은 1년 동안 한 교실에서 시험해 가지고 판가름할 수 있는 것이 아니다. 여러 해에 걸쳐 수백 개 교실, 다양한 계층에 속하는 학생들 수천 명을 놓고 시험해야만 제대로 치를 수 있는 대결이다.

직장에서 성별에 따른 팀을 활용해 보라

어느 날 나는 세인트루이스의 보잉 리더십 센터Boeing Leadership Center에서 교육담당 임원들을 대상으로 성별에 대해 강연하고 있었다. 요점과 세부사항에 대한 래리 카힐의 실험 데이터를 보여주고 나서 내가 말했다.

"때로 여성들은 가정에서나 직장에서나 남성들보다 더 감정적이라고 비난받습니다. 하지만 나는 그렇지 않다고 생각합니다."

나는 여성들은 감정의 전체적인 조망을 더 많은 기준점을 거쳐 인식하고(그것이 바로 세부사항이다) 더 선명하게 보기 때문에 반응을 보일 정보량이 더 많을지 모르며, 남자들이 같은 수의 기준점을 거쳐 감정을 인식한다면 그들 역시 마찬가지로 반응할지 모른다고 말했다. 그러자 두 여성이 뒤쪽에서 조용히 눈물을 흘리기 시작했다. 강의가 끝난 뒤 나는 그들에게 혹시 나 때문에 기분이 상했는지 물었다. 그러나 나는 대답을 듣고 깜짝 놀랐다. 그중 한 사람이 이렇게 말했다.

"지금까지 직장생활을 하면서 내가 여자라는 사실을 미안해해야 한다는 기분이 들지 않은 건 오늘이 처음이었어요."

그리고 나는 생각에 잠겼다. 인류 진화의 역사를 통틀어, 스트레스 상황에서 요점을 잘 이해할 수 있는 사람들과 세부사항을 이해할 수 있는 사람들로 이루어진 '팀'이 있었다는 사실은 지구를 정복하는 데 도움이 되었을 것이다. 비즈니스 세계에서 그런 이점을 굳이 없애야 할 이유가 과연 있겠는가? 기업 합병처럼 스트레스가 많은 프로젝트를 진행할 때 감정의 숲과 나무를 동시에 이해할 수 있는 팀이 있다면 비즈니스 세계에서는 그야말로 천상의 결합일 것이다. 물론 그것은 수익에도 영향을 끼칠 것이다.

기업들은 흔히 상황 시뮬레이션을 활용해 업무관리 훈련을 한다. 남녀혼성팀과 단일성별팀을 꾸려서 한 가지 프로젝트를 수행하게 하는 시뮬레이션을 해보자. 그리고 두 개의 팀을 또 꾸려서 동일한 프로젝트를 하게 하되, 프로젝트를 시작하기 전에 지금까지 알려진 성에 따른 차이점에 대해 가르친다. 그러면 모두 네 가지 결과가 나올 것이다. 혼성팀이 단일성별팀보다 더 잘 해낼까? 교육을 받지 않은 그룹보다 받은 그룹이 더 잘 해낼까? 6개월 정도 지나도 이 결과들은 변함이 없을까? 이 실험을 통해 요점과 세부사항 사이에 균형을 갖춘 팀이 생산성에서 최선의 결과를 보인다는 사실을 알게 될 것이다. 이것은 적어도 남자들과 여자들이 의사결정 과정에서 갖는 권리가 동등하다는 것을 의미한다.

  우리는 성별에 따른 차이가 무시되고 과소평가되는 것이 아니라 주목받고 축하받는 환경을 만들 수 있다. 진작 그렇게 되었다면 오늘날 과학과 엔지니어링 분야에는 더 많은 여성들이 몸담고 있을 것이다. 여성들의 승진을 막는 그 지긋지긋한 유리 천장을 깨부수고, 기업 차원에서 큰돈을 아낄 수도 있었을 것이다. 심지어는 래리 서머스도 하버드대학교 총장 자리를 지킬 수 있었을지 모른다!

브레인 룰스 11
생각의 대결 | 남과 여

- **남자와 여자는 극심한 스트레스에 다른 방법으로 대처한다.** 래리 카힐의 연구에서, 잔혹한 공포영화를 본 남자들은 우뇌에 있는 편도체가 흥분했는데, 이는 사건의 개요를 담당하는 곳이다. 반면 여자들은 좌뇌에 있는 편도체가 흥분했는데, 이는 사건의 세부사항을 담당하는 곳이다. 인류는 스트레스가 심한 상황의 개요와 세부사항을 동시에 이해하는 팀을 이룰 수 있었기에 지구를 접수할 수 있었다.

- **남자와 여자는 같은 감정을 다른 방식으로 처리한다.** 감정을 느끼면 두뇌는 주의를 기울일 수 있기에 감정은 유용한 것이다. 그럼에도 남녀 간에 감정을 다루는 방식이 다른 것은 타고난 것과 자라면서 익히는 것 사이에서 만들어지는 복잡한 상호작용의 산물이다.

생각의 재발견 | 탐구

브레인 룰스 12
우리는 평생 타고난 탐구자로 살아간다

내 아들 조시는 세 살이라는 어린 나이에 벌에게 쏘였다. 사실 그럴 만한 일을 하긴 했다.

때는 햇볕 따스하고 평화로운 오후였다. 조시와 나는 '가리키기 놀이'를 하고 있었다. 조시가 어딘가를 가리키면 내가 그곳을 바라보면서 둘이 소리내어 웃는, 무척 단순한 놀이였다. 조시에게는 그전부터 쏘일 수도 있으니까 벌에 손을 대지 말라고 일러두었다. 그리고 아이가 벌에 가까이 가기라도 하면 "위험해!" 하고 말했다. 그날 조시는 토끼풀밭에서 몸집이 큰 털투성이 벌 한 마리가 윙윙거리는 것을 발견했다. 조시가 벌에게 손을 뻗는 순간 나는 침착하게 "위험해!" 하고 말했고, 아이는 손을 거둬들였다. 나는 얼른 멀리 있는 덤불을 가리켰고, 놀이는 계속되었다.

그러나 다음으로 아이가 가리킨 덤불을 보는 순간, 귀를 찢을 듯한 비명이 들려왔다. 내가 고개를 돌린 사이에 아이가 벌에 손을 댔고, 벌은 곧바로 아이를 쏘았다. 조시는 가리키기 놀이를 이용해서 내 주의를 딴 데로 돌렸고, 나는 세 살짜리에게 속아 넘어갔다.

"위험해!"

내가 아이를 잡으려 했을 때 아이가 흐느끼며 말했다.

"위험하다니까."

나는 아이를 안으며 서글픈 목소리로 말했다. 그리고 얼음을 가져다 아이 손을 문질러주면서, 앞으로 10년 뒤 아이가 사춘기가 되면 어떨지를 머릿속으로 그려보았다.

이 사건을 계기로 어린 아들을 둔 아빠는 이른바 '미운 세 살'의 세계에 처음 들어섰다. 나에게나 어린 아들에게나 가혹한 신고식이었다. 그러나 그 사건은 나를 미소 짓게 만들기도 했다. 아이들이 아빠를 교란시킬 때 이용하는 정신적 재능은 그들이 어른이 되어 멀리 떨어져 있는 별이 무엇으로 이루어졌는지를 알아내거나 대체에너지를 발견하는 데 쓸 재능과 똑같다. 그 재능 때문에 때때로 벌에 쏘이기도 하지만. 우리 인간들은 타고난 탐구자이자 탐험가다. 탐구하려는 경향이 너무나 강해서 우리에게 평생 배움을 멈추지 못하게 만들기도 한다. 하지만 탐구 본능은 어린아이들에게서 가장 쉽게 볼 수 있다.

아기들은 백지상태로 태어날까?

아기라는 존재를 통해 우리는 인간이 경험의 영향을 받지 않고 자연스럽게 정보를 습득하는 방법을 명확하게 관찰할 수 있다. 아기들은 여러 가지 정보처리 소프트웨어를 가지고 태어나 기막히게 구체적인 전략을 이용하여 정보를 습득하는데, 그중 많은 전략을 어른이 될 때까지 사용한다. 아기 때의 학습 방법을 이해하는 것은 곧 나이를 불문하고 인간이 학습하는 방법을 이해하는 것과 같다.

사람들이 늘 위와 같이 생각해 온 것은 아니다. 한 40년쯤 전에 활동하던 학자들에게 두뇌에 미리 회로화가 되고 어쩌고 하는 얘기를 했다 치자. 그들은 당장 "무슨 정신 나간 소리를 하는 거야?" 하고 화를 내거나, 심하면 "내 연구실에서 썩 꺼져!" 하고 고함을 지를지도 모른다. 학자들은 지난 몇십 년간 아기들의 인지 능력이 백지상태라고 생각했다. 그들은 아기가 알고 있는 것은 모두 환경과의 상호작용을 통해, 특히 어른들이 가르쳐주어 익힌 것이라고 생각했다. (이런 견해는 분명 산더미 같은 일에 치여 아이를 낳고 길러본 적이 없는 과학자들이 내놓았을 것이다.) 하지만 이제는 그 생각이 틀렸다는 것을 모두가 안다. 아기의 인식 세계를 바라보는 우리의 시선은 지금까지 엄청나게 발전해 왔다. 사실 지금 학계는 순전히 아기들 덕분에 성인을 포함한 인간이 이 세상 모든 것에 대해 어떻게 생각하는지 밝혀낼 수 있다.

자, 이제 아기의 인식 세계를 가린 덮개 아래로 눈을 돌려 아기의 사고 과정을 작동시키는 엔진과 지적인 질주를 지속시키는 연료가 무엇인지 살펴보자.

이 연료는 맑고 강력하고 꺼지지 않는 배움에 대한 욕구로 이루어져 있다. 아기들은 세상을 이해하고자 하는 깊은 욕망과 세상을 적극적으로 탐구하려는 끊이지 않는 호기심을 갖고 태어난다. 그런 욕구는 그들의 경험 속에 너무나 강력하게 새겨져 있어서 과학자들은 그것을 배고픔, 목마름, 성욕과 마찬가지로 본능적 욕구라는 의미에서 '충동drive'이라고 얘기한다.

아기들은 사물의 물리적 특성에 마음을 사로잡히는 것 같다. 만으로 한 살이 안 된 아기들은 감각이라는 무기를 총동원해서 사물을 체계적으로 분석한다. 만져보고, 발로 차보고, 찢어보고, 귀에 넣어보고, 입에 넣어보고, 부모한테 입에 넣어보라 한다. 그러면서 그 특성에 관한 정보를 열정적으로 모은다. 아기들은 그것으로 뭘 할 수 있는지 알아내기까지 질서정연하게 실험을 한다. 대부분 가정에서 이 실험은 뭔가 고장을 내고서야 끝나게 마련이다.

이런 연구 프로젝트는 점점 더 복잡하고 정교해진다. 어떤 유명한 실험에서는 아기들에게 갈고리를 주고 장난감을 멀리 떨어뜨려 놓았다. 그런데 아기들은 금세 갈고리를 이용해서 장난감을 집는 방법을 익혔다. 여기까지는 그리 놀라운 발견이 아니다. 부모들이라면 아기들의 그런 능력은 이미 충분히 알 테니까. 하지만 그다음, 학자들은 놀라운 현상을 목격했다. 몇 번의 성공적인 시도 끝에 아기들은 장난감에 흥미를 잃었다. 그러나 실험에 흥미를 잃은 것은 아니었다. 그들은 장난감을 여러 장소에 옮겨놓고 갈고리로 장난감을 집었다. 심지어 장난감을 손에 닿지 않는 곳에 놓고 갈고리가 어떻게 움직일 수 있는지를 보기도 했다. 장난감은 아기들에게 전혀 중요하지 않은 것 같았다. 중요한 것은 갈고리로 장난감을 가까이 가져올 수 있다는 사실이었다. 아기들은 물건들 간의 관계, 특히 한 물건이 다른 물건에 어떤 영향을 주는지를 실험하고 있었다.

그와 같은 가설의 검증은 세상의 모든 아기들이 정보를 모으는 방식이다. 아기들은 자체 수정되는 아이디어들을 통해 이 세상이 어떻게 돌아가는지를 이해한다. 아기들은 다분히 과학자들처럼 적극적으로 세상을 테스트한다. 감각으로 관찰하고, 현상에 대해 가설을 세우고, 그것을 검증할 실험을 설계하고, 거기서 알아낸 사실들로 결론을 도출한다.

혀를 내밀어봅시다

1979년에 앤디 멜초프Andy Meltzoff는 신생아에게 혀를 내밀어 보이고 반응을 보는 실험을 통해 유아심리학계를 뒤흔들었다. 실험 결과에 멜초프 자신마저 깜짝 놀랐다. 그 아기도 멜초프를 향해 혀를 내민 것이다! 그는 태어난 지 42분 된 아기들을 대상으로 이렇게 흉내내는 행동이 나타난다는 것을 신뢰도(동일한 상황에서 동일한 관찰 절차가 동일한 정보를 낳는 정도—옮긴이) 있게 측정해 냈다. 그 아기는 그전에 멜초프의 혀든 자기의 혀든 본 적이라곤 없지만, 자신에게 혀가 있다는 것을 알고 멜초프에게 혀가 있다는 것을 알았으며 직관적으로 흉내낼 줄 알았다. 뿐만 아니라 아기는 신경을 특정 순서로 자극하면 혀를 내밀 수 있다는 것을 알았다 (이는 아기가 백지상태로 태어난다는 견해와 일치하지 않는다).

나는 내 아들 노아에게 이 실험을 해보았다. 노아와 나는 서로에게 혀를 내밀며 둘의 관계를 시작했다. 노아가 태어나고 30분 동안 우리는 서로를 따라하는 대화를 나누었다. 태어나고 일주일이 지났을 때쯤 우리의 대화법은 완전히 자리를 잡았다. 내가 노아의 방에 들어갈 때마다 우리는 혀를 내미는 것으로 인사를 했다. 내게 그 행동은 순전히 즐거움이었지만, 노아는 그 행동에 적응한 것이었다. 내가 애초에 혀를 내밀지 않았다면, 아이도 내가 눈에 띄기가 무섭게 기다렸다는 듯 매번 그러지는 않았을 것이다.

3개월 뒤, 아내가 노아와 함께 한 의과대학에서 강의를 마친 나를 태우러 왔다. 나는 아내와 이야기를 나누면서 노아를 들어 올려서 안았다. 얘기하다 보니 노아가 기대에 찬 눈빛으로 나를 보면서 5초에 한 번씩 혀를 날름거리고 있었다. 나도 웃으며 노아에게 혀를 내밀어 보였다. 그러자 아이는 깩깩 소리를 내면서 빠른 속도로 혀를 계속 날름거렸다. 그때 노아는 관찰을 하고(아빠와 나는 서로에게 혀를 내민다), 가설을 세우고(내가 아빠에게 혀를 내밀면 아빠도 혀를 내밀 것이다), 실험을 고안해서 행하고(아빠에게 혀를 내밀어 보이자), 연구 결과에 따라 자신의 행동을 바꾸었다(더 자주 혀를 내민다). 그 누구도 노아 또는 다른 어떤 아기에게 이렇게 하라고 가르쳐주지 않았다. 그리고 이런 전략은 평생 지속된다. 오늘 아침에도 여러분은 그런 행위를 했을지 모른다. 아침에 일어났더니 안경이 보이지 않아서 안경이 화장실에 있지는 않은지 가설을 세우고 그걸 찾아보려고 아래층 화장실로 내려가면서 말이다. 두뇌과학의 관점에서 보면, 우리가 어떻게 해서 그런 일을 할 줄 알게 되는지는 설명은 고사하고 은유적으로라도 표현할 방법이 없다. 너무나 자동적으로 일어나는 일이어서, 여러분은 화장실 선반에 안경이 놓여 있는 것을 발견하고서도 스스로 실험에 성공했다는 사실을 인식하지도 못할 것이다.

노아의 이야기는 아기들이 타고난 정보수집 전략을 이용해서 태어날 때 가지고 있지 않았던 지식을 얻는 방법을 보여주는 예 중 하나일 뿐이다. 그런 예로 '사라지는 컵'도 들 수 있다.

18개월이 채 안 된 에밀리는 어떤 물건이 시야에서 사라지면 그것이 사라졌다고 믿는다. '사물의 영속성'을 아직 모르는 것이다. 그런데 이제 뭔가 달라질 때가 되었다. 에밀리는 마른 행주와 컵을 가지고 놀고 있었다. 그리고 행주로 컵을 덮더니 걱정스런 눈빛으로 잠시 행동을 멈추었다. 그리고 천천히 행주를 벗겼다. 그러자 컵이 여전히 그 자리에 있었다. 에밀리는 잠깐 컵을 바라보더니 다시 행주로 컵을 재빨리 덮었다. 그리고 30초 동안 행주로 덮은 컵을 바라보고 있었다. 그리고 다시 천천히 행주를 벗겼다. 역시 컵은 그 자리에 그대로 있었다. 아이는 기뻐서 어쩔 줄 모르며 꺅꺅 소리를 질렀다. 이제 움직임이 빨라진다. 아이는 계속해서 행주로 컵을 덮었다 벗겼다 덮었다 벗겼다를 되풀이한다. 행주를 들춰서 컵이 보일 때마다 소리내어 웃으면서. 드디어 에밀리는 컵이 영속성을 지니고 있다는 것을 알게 된 것이다. 시야에서 사라지더라도 컵은 없어지는 것이 아니다. 아이는 이 실험을 30분 동안 계속한다. 18개월 된 아이와 함께 있어본 사람이라면 아이가 30분 동안 뭐든 한 가지에 집중한다는 것이 기적이나 다름없다는 걸 안다. 그러나 그 또래라면 누구에게나 그런 기적이 일어난다.

  이것이 그저 '깍꼭놀이(수건 등으로 얼굴을 가렸다가 수건을 치우면서 아이를 놀리는 놀이—옮긴이)' 정도로 보일지 모르지만, 사실 이것은 만에 하나 실패했다면 인류의 진화에 치명타를 입혔을 수도 있을 실험이다. 초원에서 사는 사람에게 사물의 영속성 개념은 중요하다. 예를 들어, 호랑이가 잠시 키 큰 풀 뒤에 숨더라도 그 호랑이는 사라진 것이 아니다. 이런 지식을 갖추지 못한 사람은 곧 맹수의 먹잇감이 되고 말았을 것이다.

'유아신경'이 흔들리는 순간

생후 14개월과 18개월의 차이는 엄청나다. 생후 18개월은 다른 사람들이 자신과 다른 욕망을 가지고 있고 다른 것을 더 좋아한다는 사실을 배우기 시작하는 때다. 아기들은 처음에는 그렇게 생각하지 않는다. 아기들은 자기가 어떤 것을 좋아하니까 온 세상 사람들 모두가 그것을 좋아할 거라고 생각한다. 이것이 '유아신경 Toddler's Creed (幼兒信經)', 또는 내가 '아기의 관점에서 본 관리의 7

가지 법칙'이라고 부르는 것의 기원일지 모른다.

내가 갖고 싶은 것은 내 거야.
내가 너에게 뭔가 주었다가도 마음이 바뀌면 그것은 내 거야.
내가 너한테 빼앗을 수 있는 것은 내 거야.
우리가 함께 만든 것은 모두 내 거야.
내 것처럼 보이는 것은 내 거야.
내 것은 어떤 일이 있어도 영원히 내 거야.
그게 네 것이라고 해도 내 거야.

18개월쯤 되면 아이는 위와 같은 견해가 늘 정확하지는 않다는 것을 깨닫기 시작한다. 그들은 신혼부부들 대부분이 단연코 다시 배워야 하는 금언, 즉 '명백하게 보이는 것만이 명백한 사실이다'를 배우기 시작한다.

아기들은 그런 새로운 정보에 어떻게 반응할까? 역시 실험을 통해서다. 만 두 살이 되기 전에 아기들은 부모가 하지 못하게 하는 일을 수없이 저지른다. 그러나 만 두 살이 지나면 아이들은 **부모가 하지 말라고 하기 때문에** 하는 행동들이 생겨난다. 유순한 아이가 반항적인 어린 독재자로 변신하는 순간이다. 이 단계에서 많은 부모들은 자녀들이 부모에게 대놓고 반항다고 생각한다. (나도 조시가 벌에 쏘인 순간 그런 생각을 떠올렸다.) 그러나 그것은 잘못된 생각이다. 이 단계는 단지 태어날 때 시작된 정교한 연구 프로그램의 연장일 뿐이다.

아기들은 주변 세상에 대해서는 아는 게 별로 없지만 이 세상을 얻는 방법에 대해서는 많이 알고 있다. 그런 사실을 생각하면 오래된 속담이 떠오른다.

"물고기를 주면 하루를 먹지만, 물고기 잡는 법을 알려주면 평생 먹고살 수 있다."

따라하기 신동 : 거울 뉴런의 존재

아기는 왜 어른을 따라 혀를 내밀어 보일까? 지난 몇 년간, 학자들은 '따라하기'처럼 '비교적 단순한' 사고에서 비롯되는 행동 몇 가지를 놓고 신경의 로드맵을 그리기 시작했다. 팔마대학교의 연구자 세 명이 짧은꼬리원숭이를 대상으로 연구를 했다. 짧은꼬리원숭이가 실험실에 있는 물건들을 만지는 모습을 보며 두뇌 활동을 관찰한 것이다. 그들은 원숭이가 건포도를 집어들 때 원숭이 뇌 속의 뉴런들이 흥분하는 패턴을 기록했다. 그러던 어느 날, 레오나르도 포가시라는 연구원이 실험실에 들어와 그릇에 담긴 건포도를 집어들었다. 그러자 갑자기 원숭이의 뇌신경이 격렬하게 흥분하기 시작했다. 그때 원숭이의 뇌 속 뉴런들은 **원숭이가 직접 건포도를 집었을 때**와 같은 패턴을 보이며 움직였다. 그러나 사실 원숭이가 건포도를 집은 것은 아니었다. 포가시가 건포도를 집는 것을 보았을 뿐이다.

화들짝 놀란 연구원들은 그 실험을 반복하여 논문으로 발표했다. 그 획기적인 논문은 '거울 뉴런 mirror neurons'의 존재를 소개했다. 거울 뉴런은 움직임을 통해 주변 환경을 반영하는 세포들이다. 거울 뉴런의 반응을 이끌어내는 신호들은 대단히 미묘한 것으로 밝혀졌다. 원숭이가 자신이 겪어본 행동을—예를 들어 종이를 찢는다거나—누군가가 하는 소리를 들으면 이 뉴런들은 원숭이가 그 자극을 직접 경험하듯이 흥분한다. 인간에게도 거울 뉴런이 있다는 것을 밝혀낸 것은 최근 일이다. 이 뉴런들은 두뇌 전체에 퍼져 있고, 행동—아기가 사람을 따라 혀를 내미는 것과 같은 고전적인 모방행동—을 인지하는 데에 하위조직들이 관여한다. 다른 뉴런들은 다양한 운동행동들 motor behaviors을 거울처럼 비춘다.

우리는 자체 수정되는 아이디어들을 통해 배우는 능력이 두뇌의 어떤 부위와 관계가 있는지도 이해하기 시작했다. 인간은 오른쪽 전전두엽을 이용하여 실수를 예측하고, 과거로 거슬러 올라가 실수에 대한 정보를 평가한다. 전전두엽 바로 아래에 있는 전두대상피질 anterior cingulate cortex은 환경이 불리하다 싶으면 우리에게 행동을 바꾸라고 신호를 보낸다. 해가 갈수록 두뇌는 점점 더 많은 비밀을 드러내는데, 이에 앞장서는 것이 바로 아기들이다.

평생 계속되는 여행

우리는 지식에 대한 목마름에서 벗어나지 못한다. 나는 워싱턴대학교에서 박사후과정을 밟을 때 그 사실을 절실히 깨달았다. 1992년에 에드먼드 피셔Edmond Fischer는 에드윈 크렙스Edwin Krebs와 함께 노벨 생리학 및 의학상을 수상했다. 나는 운 좋게도 그들을 가까이서 볼 기회가 있었다. 그들의 방은 내 방 바로 아래층에 있었다. 내가 워싱턴대학교에 들어갔을 때 그들은 이미 70대였다. 내가 그들을 만나고 처음 느낀 것은 그들이 신체적으로도 정신적으로도 은퇴하지 않았다는 사실이었다. 은퇴 자격이 생긴 지 한참 되었는데도 두 사람은 여전히 왕성하게 연구를 계속하고 있었다. 날마다 나는 두 사람이 복도와 계단을 거닐면서 새롭게 알아낸 사실에 대해 대화를 나누고, 학술지를 바꿔서 읽고, 서로의 생각을 귀담아듣는 것을 보았다. 때로는 다른 사람들과 함께 실험 결과에 대해 열띤 토론을 하기도 했다. 그들은 예술가처럼 창의적이었고 솔로몬처럼 지혜로웠으며 아이들처럼 활기가 넘쳤다. 그들은 **아무것도 잃지 않았다**. 그들의 지적 엔진은 여전히 활발하게 돌아가고 있었다. 호기심이 그 연료였다. 나이를 먹는다고 우리의 학습 능력이 달라질 필요는 없기 때문이다. 실제로 우리는 평생 배울 수 있다.

이런 전략을 유지하는 데는 진화적 압박이 상당히 작용했을지도 모른다. 세렝게티 초원이라는 불안정한 환경에서는 문제해결 능력이 대단히 중시되었다. 그러나 아무 종류의 문제해결 능력이나 중시된 것은 아니었다. 인류가 나무 위에서 살다가 초원으로 내려서면서 "신이시여, 저에게 책을 주시고, 강의를 듣게 해주시고, 이사들을 마련해 주시어 10년간 이곳에서 살아남는 방법을 배울 수 있게 해주소서."라고 말하지는 않았다. 인류는 조직화되고 계획된 정보에 의존해서 살아남은 게 아니라, 혼란스럽고 재빠른 반응이 뒤따르는 정보 수집을 통해 살아남았다. 그래서 인류가 가진 가장 훌륭한 특성 중 하나가 자체 수정되는 아이디어를 통해 배우는 능력이다.

"빨간 몸에 흰 줄무늬가 있는 뱀이 어제 나를 물었다. 나는 거의 죽을 뻔했다."

이는 쉽게 관찰할 수 있는 사실이다. 그다음 우리는 조금 더 나아간다.

"나는 똑같은 뱀을 다시 만나면 똑같은 일이 일어날 것이라는 가설을 세운다."

그것은 인류가 말 그대로 수백만 년 동안 탐구해 온 과학적 학습 방식이다. 우리가 지구상에서 보내는 70, 80년이라는 짧은 시간 동안 그런 방식에서 벗어나기란 불가능하다.

학자들은 성인의 두뇌에서 어떤 부위는 아기의 두뇌처럼 유연한 상태를 유지해서 새로운 연결고리를 자라게 할 수 있고, 이미 있던 연결고리들을 강화시킬 수 있으며, 심지어 새 뉴런을 만들어내서 평생 학습할 수 있다는 사실을 입증했다. 사람들이 늘 그렇게 생각해 오지는 않았다. 5, 6년 전까지만 해도 인간은 태어날 때 평생 쓸 뉴런을 모두 가지고 태어나며, 성인기를 거쳐 노년에 이르는 동안 그 뉴런들은 서서히 손상되어 간다는 것이 지배적인 견해였다. 실제로 우리는 나이를 먹으면서 시냅스 연결들을 잃는다(하루에 3만 개 정도의 뉴런이 손실되는 것으로 추정된다). 그러나 어른의 두뇌도 학습을 관장하는 부위 안에서는 뉴런을 계속해서 만들어낸다. 이 새 뉴런들은 신생아들의 뉴런만큼 뛰어난 가소성plasticity(可塑性)을 지닌다. 이 말은 곧 어른의 두뇌는 평생에 걸쳐 경험을 통해 스스로 구조와 기능을 변화시키는 능력이 있다는 얘기다.

나이를 먹으면서 계속해서 이 세상을 탐구할 수 있을까? 크렙스와 피셔 박사가 이렇게 말하는 소리가 들리는 듯하다.

"뭔 소리야. 당연하지. 다음 질문!"

물론, 나이를 먹으면서 늘 호기심을 자극하는 환경에 놓일 수 있는 것은 아니다. 나는 내가 진행할 프로젝트를 직접 선정할 수 있는 일을 하고 있으니 운이 좋은 셈이다. 그리고 그보다 앞서, 나는 우리 엄마를 만나서 운이 좋았다.

공룡과 무신론을 넘어 : 마법은 계속되어야 한다

나는 네 살 때 갑자기 공룡에 관심을 가졌다. 그런데 엄마는 마치 내가 그러기를 기다렸던 것만 같았다. 바로 그날 우리 집은 쥐라기로, 트라이아스기로, 그리고 백악기 시대로 탈바꿈했다. 공룡 그림들이 벽에 걸렸고, 바닥과 소파에는 공룡에 대한 책들이 널렸다. 엄마는 저녁식사를 '공룡 음식'처럼 준비하기도 했고, 나와 몇 시간씩 공룡 소리를 내면서 웃고 떠들기도 했다. 그러던 어느 날, 별안간 나는 공룡에 대해 관심이 없어졌다. 유치원 친구 하나가 우주선과 로켓과 은하에 관심을 가졌기 때문이다. 이상하게도, 이번에도 엄마는 먼저 기다리고 있었다. 내 마음이 바뀌는 것과 동시에 우리 집은 공룡의 세계에서 빅뱅 시대의 우주로 변했다. 공룡 포스터가 붙어 있던 자리에 행성과 별들의 그림이 걸렸다. 욕실에는 작은 위성 그림들이 붙었다. 엄마는 심지어 감자칩 봉지에서 '우주 동전'을 찾아주기까지 했고, 나는 그것들을 모두 모아 스크랩북을 만들었다.

나의 어린 시절 내내 이런 일들은 계속 되풀이되었다. 내가 그리스 신화에 관심을 가지면 엄마는 집을 올림퍼스산으로 바꿔주었다. 내 관심이 기하학으로 넘어가면 집 안은 유클리드의 세계로 변모했다. 여덟 살인가 아홉 살쯤 되자 나는 직접 집을 변형시키기 시작했다.

열네 살이었던 어느 날, 나는 엄마에게 내가 무신론자라고 선언했다. 엄마는 무척 신앙심이 깊은 사람이었기에 무척 당황할 거라고 생각했다. 그러나 예상과 달리 엄마는 이렇게 말했다.

"그거 괜찮구나."

마치 내가 이제 감자칩이 먹기 싫어졌다고 말하기라도 한 것 같았다. 그 다음 날 엄마는 식탁에 나를 불러 앉혔다. 엄마의 무릎에는 포장지로 싼 물건이 놓여 있었다. 엄마는 나지막한 목소리로 이렇게 말했다.

"그래, 이제 너는 무신론자라는 거지?"

나는 고개를 끄덕였다. 그러자 엄마는 미소를 띠고 포장된 물건을 내 손에 쥐여주었다.

"이 책을 쓴 사람은 프리드리히 니체라는 사람이고, 이 책 제목은 《우상의 황혼 Twilight of the Idols》이야. 무신론자가 되려면 최고의 무신론자가 되렴. **재미있게 읽어!**"

나는 깜짝 놀랐다. 그러나 동시에 강력한 메시지 하나를 이해할 수 있었다. 호기심은 그 자체로 가장 중요하다는 것이었다. 그러므로 내가 호기심을 느껴서 관심을 가지는 대상은 **중요한 것**이었다. 그리고 나는 이런 호기심의 물길을 막을 수 없었다.

대부분의 발달심리학자들은 무언가를 알고자 하는 어린아이의 욕구란 다이아몬드처럼 순수하고 초콜릿처럼 마음을 산란하게 만든다고 믿는다. 인지신경과학에서 호기심에 대해 일반적으로 통용되는 정의는 없지만, 나는 그 생각에 동의한다. 나는 아이들이 호기심을 계속 갖도록 허용된다면 101세가 되어서까지도 타고난 발견과 탐구 성향을 십분 활용할 거라고 강하게 믿는다. 우리 엄마는 이런 사실을 본능적으로 알았던 것 같다.

아이들은 무언가를 발견하는 데서 기쁨을 얻는다. 탐구는 사람들이 중독되는 마약과도 같아서, 하면 할수록 더 많이 발견하고픈 욕구가 생겨나서 더 큰 즐거움을 맛보게 된다. 이 과정은 하는 만큼 돌려받는 정직한 보상 시스템으로 이루어져 있어서, 아이가 마음껏 활약하게 놔둔다면 그 시스템은 아이가 학교에 다니는 동안에도 지속될 것이다. 아이들은 나이를 먹으면서 학습을 통해 즐거움뿐만 아니라 전문적인 지식도 얻을 수 있다는 사실을 알게 된다. 특정 과목의 전문적 기술이나 지식을 얻고 나면 지적 모험에 뛰어들 자신감이 생긴다. 그런 확신을 지닌 아이들은, 모험을 지나치게 즐긴 나머지 응급실에 실려가지만 않는다면 장차 노벨상을 받을지도 모른다!

그러나 지적 모험이 이루어지는 과정과 아이를 모두 마비시키면 이러한 흐름은 깨지고 만다. 예를 들어, 1학년 때 아이들은 교육이 A학점을 의미한다는 것을 깨닫는다. 그리고 지식을 습득하는 이유는 재미있어서가 아니라 뭔가를 얻기 때문일 수도 있다는 걸 이해하기 시작한다. 무언가에 매료되는 마음은 '성적을 잘 받으려면 뭘 알아야 하지?'라는 생각에 밀려 부차적인 것이 된다. 그러나 또한 호기심 본능이 너무나 강력하다 보니, 지적으로 잠들어버리도록 유도하는 이 사회의 메시지를 극복하는 사람들도 종종 있다.

우리 할아버지가 그런 사람들 중 한 분이셨다. 할아버지는 1892년에 태어나 101세까지 사셨다. 할아버지는 8개 국어를 구사하셨고, 몇 번인가 재산을 탕진하셨으며, 100세까지 활기찬 모습으로 사셨다(그것도 직접 잔디를 깎으시면서). 할아버지의 100세 생일을 축하하는 파티에서 할아버지가 나에게 말씀하셨다.

"있잖니, 라이트 형제와 닐 암스트롱 사이에는 66년이라는 세월이 있었단다."

그리고 고개를 흔들며 놀랍다는 듯 말씀하셨다.

"나는 말과 마차의 시대에 태어났는데, 우주왕복선의 시대에 죽는구나."

그리고 눈을 반짝이며 덧붙이셨다.

"난 정말 잘살았어!"

그 다음 해에 할아버지는 세상을 떠나셨다.

나는 탐구라는 말을 떠올리면 할아버지 생각이 많이 난다. 그리고 엄마가 마법처럼 바꿔놓던 집과 엄마가 생각난다. 혀로 실험을 하던 작은아들과 벌에게 쏘이고 만 큰아들이 생각난다. 그리고 직장에서, 특히 학교에서, 호기심을 평생 지닐 수 있도록 더 힘껏 독려해야 한다는 생각이 든다.

닥터 메디나의
두뇌 부활 아이디어!

구글Google은 탐구의 힘을 진지하게 생각하는 회사다. 그곳 직원들은 전체 근무시간 가운데 20퍼센트 동안은 마음 내키는 대로 어디든 가도 된다. 그리고 그 효과는 결과가 보여준다. 지메일Gmail과 구글 뉴스Google News를 포함하여 구글이 내놓은 신제품의 50퍼센트는 그 '20퍼센트의 시간'에서 나왔다. 어떻게 하면 교실에서도 그런 자유를 실행할 수 있을까? 어떤 사람들은 '문제에 기반을 둔' 또는 '발견에 기반을 둔' 학습 모형을 이용함으로써 우리의 타고난 탐구자 성향을 이용하려고 시도했다. 이런 모형들을 열렬히 옹호하는 사람들도 있고 얕보는 사람들도 있다. 이런 논쟁에는 경험을 통해 그런 방식이 오랜 기간에 걸쳐 어떤 효과를 내는지를 보여주는 실제적인 결과가 빠져 있다는 데 대다수 사람들이 동의한다. 나는 한걸음 더 나아가서, 여기서 빠진 것은 두뇌과학자들과 교육자들이 일상적이고 장기적으로 연구를 실행할 수 있는 현실 속의 실험실이라고 주장하고 싶다. 그래서 그런 연구가 이루어질 수 있는 곳을 한번 그려보았다.

의과대학원이 왜 성공했나 따져보자

20세기에 존 듀이 John Dewey(기능심리학을 주창한 미국의 철학자, 심리학자이자 교육운동가—옮긴이)는 시카고대학교에 대학부속 실험학교를 만들었다. 그 이유 중 일부는 실제 환경에서 실험하는 학습을 해야 한다고 생각했기 때문이었다. 그런 학교는 1960년대 중반에 인기를 잃었지만, 거기에는 그럴 만한 이유가 있었다. 그리고 21세기에는 가장 성공적인 교육 모형 중 하나인 의과대학원(메디컬스쿨)으로 눈을 돌릴 수 있을 것이다. 존 듀이의 동료 중 한 사람인 윌리엄 H. 페인 William H. Payne은 이렇게 말했다.

"심리학과 교육의 관계는 사실, 해부학과 의학의 관계와 같다."

나는 그것을 이렇게 바꿔 말하고 싶다.

"두뇌과학과 교육의 관계는 해부학과 의학의 관계와 같다."

최선의 의과대학원 모형은 세 가지 요소로 이루어진다. 의과대학원 부속병원, 학생들을 가르칠 뿐 아니라 현역으로도 활동하는 교수진, 훌륭한 연구 실험실. 이는 사람들을 치료하는 데 놀라울 정도로 성공적인 방법이다. 그것은 또한 한 사람의 두뇌에서 다른 사람에게로 복잡한 정보를 전달할 때에도 기가 막히게 성공적인 방법이다. 나는 의학을 전공하지 않은 똑똑한 학생이 의과대학원에 입학하여 4년 뒤에 훌륭한 의사이자 뛰어난 과학자가 되는 것을 여러 번 보았다.

의과대학원이 건강과 양질의 훈련을 한꺼번에 제공할 수 있는 이유는 무엇일까? 나는 구조의 힘이라고 생각한다.

1) 현실 세계와의 접촉

책을 통한 전형적인 학습에 실습 교육이 이루어지는 병원을 결합하면, 학생은 자신이 배우는 것을 **직접 경험해 보면서** 자신의 경험에 대해 열린 시각을 가질 수 있다. 대부분의 의과대학원 학생들은 훈련을 받는 동안 날마다 수업을 받으러 가면서 병원 이곳저곳을 다니게 된다. 그리고 그들이 의과대학원을 선택한 이유와 정기적으로 마주하게 된다. 3년째가 되면 대부분의 학생들은 강의를 듣는 시간이 절반밖에 되지 않는다. 나머지 절반 동안은 부속병원이나 제휴 병원의 현장에서 공부를 한다. 강의보다 현장 경험이 더 중시되는 것이다.

2) 일선에서 일하는 사람들과 접촉

의과대학원 학생들은 가르치는 내용을 직접 '직업'으로 삼는 사람들로부터 배운다. 최근 들어 이 사람들 가운데는 의사만이 아니라 의학자로서 첨단의학 연구 프로젝트에 참여하는 사람들도 있다. 그리고 의대생들은 그런 프로젝트에 참여할 기회를 얻는다.

3) 실질적 연구 프로그램과 접촉

다음은 흔히 겪는 상황이다. 의사이자 교수인 사람이 전형적인 교실에서 강의를 하다가 강의 내용을 설명하기 위해 환자를 하나 데려온다. 의사는 말한다.

 "이분은 환자입니다. 이 환자는 X라는 질병을 앓고 있고 그 증상은 A, B, C, D입니다."

그리고 교수는 X라는 질병에 대해 강의하기 시작한다. 모두들 필기를 하고 있는데 한 똑똑한 학생이 손을 들고 말한다.

"증상 A, B, C는 알겠습니다. 그런데 증상 E, F, G는요?"

교수는 조금 낭패라는 표정을 지은 뒤 대답한다.

"E, F, G에 대해서는 아직 알려진 바가 없습니다."

이때 강의실은 쥐죽은 듯 조용해진다. 그리고 학생들의 머릿속에서 속삭이는 소리가 들릴 듯하다. '그럼 같이 알아내봐요!' 위대한 의학 연구들 중 대다수는 바로 이 말로부터 시작되었다.

그것은 그야말로 탐구의 마법이다. 실제 사회에서 요구하는 것과 책으로 배우는 학문을 나란히 둠으로써 하나의 연구 프로그램이 탄생한다. 이런 탐구의 마법은 강의실에서 벌어지는 토론을 굳이 중단시켜서 아이디어가 생겨나는 것을 적당히 제어해야 할 정도로 강력하다. 하지만 대다수의 의과대학원 프로그램에서는 그런 토론을 굳이 중단시키지 않는다. 그리고 대다수 미국 의과대학원들이 막강한 연구 인력을 보유하고 있는 것은 바로 그 결과다.

이런 모델을 통해 우리는 의학계를 다채로운 시각으로 바라볼 수 있다. 사람들을 치료하는 일이 직업인 사람들로부터 교육을 받을 뿐 아니라 의학의 미래에 대해 생각하도록 훈련받은 사람들도 만날 수 있다. 이 과학자들은 똑똑하기로 전국에서 내로라하는 사람들이다. 또한 이 모델을 통해 우리는 인류의 탐구 본능을 가장 자연적으로 이용할 수 있다.

두뇌를 연구하는 교육대학을 세워라

나는 프로그램이 온통 두뇌의 발달에 관한 것으로 구성되어 있는 교육대학을 머릿속에 그려본다. 그 교육대학은 의과대학원과 마찬가지로 세 부분으로 나뉜다. 우선 이 대학에는 전형적인 강의실이 있다. 이 대학은 일종의 지역사회학교(커뮤니티 스쿨)로 세 유형의 교수진이 교육을 담당한다. 하나는 전형적인 교육자, 또 하나는 어린아이들을 전문적으로 가르치는 교사들, 또 하나는 두뇌과학자들이다. 두뇌과학자들은 한 가지 목적을 추구하는 연구실에서 강의를 한다. 바로 인간의 두뇌가 교육 환경에서 어떻게 학습하는지 연구하고, 이어서 교실에서 가설로 세운 아이디어들을 본격적으로 테스트하는 것이다.

학생들은 이 대학에서 교육 이학사 Bachelor of Science 학위를 받는다. 미래의 교육자는 인간의 두뇌가 정보를 습득하는 방법에 대해 깊이 있는 지식을 받아들인다. 이 대학에서 다루는 주제는 두뇌 구조해부학에서 심리학까지, 분자생물학에서 인지신경과학에 이르기까지 다양하다. 그러나 교과과정은 시작에 불과하다. 1년 과정을 마친 학생들은 학교 현장에 적극적으로 뛰어든다.

한 학기는 십대의 두뇌 발달을 이해하는 데 할애한다. 인턴 기간에는 중학교와 고등학교에서 선생님들을 보조한다. 또 한 학기는 주의력결핍 과잉행동장애 ADHD, Attention Deficit Hyperactivity Disorder 같은 병리행동을 학습하고, 특수학교에서 실습을 한다. 또한 가정생활이 학습에 끼치는 영향을 공부하면서 학부모연합회 모임에도 참가하고 학부모-교사 회의를 참관하기도 한다. 이런 쌍방향 상호작용에서 학자들의 식견과 현역 종사자들의 식견이 한데 어우러질 기회를 갖는다. 거기서 활기찬 R&D(연구 개발) 프로그램이 나온다. 현역 종사자는 연구의 방향을 설정하는 데 적극적으로 도움을 주는 파트너이자 동료로 그 역할을 업그레이드하고, 학자는 현역 종사자들이 연구 결과를 구체적으로 파악하는 데 도움을 준다.

이 모델은 탐구를 갈망하는 우리 인류의 진화적 요구를 찬미한다. 두뇌의 발달에 대해 잘 알고 있는 선생님들을 만들어낸다. 그리고 두뇌의 법칙들이 우리의 삶에 정확히 어떻게 적용돼야 하는지를 알아내는 데 꼭 필요한 연구를 현실 속에서 이루어내는 곳이다. 다른 학문 분야에도 이러한 모델을 적용할 수 있다. 경영대학원에서 중소기업을 운영하는 방법을 가르칠 때에도 이러한 프로그램을 시행할 수 있을 것이다.

호기심이 우리를 살린다

최초의 서양식 대학교 중 하나인 볼로냐대학교의 과거로 돌아가 생물학 실험실에 들어가본다면, 여러분은 껄껄 웃고 말 것이다. 오늘날의 기준으로 보면 점성술의 영향과 종교의 힘, 죽은 동물, 화학물질 냄새가 뒤섞여 있는 11세기의 생물학은 장난처럼 보일 것이다.

그러나 복도를 내려가서 그 대학의 일반 강의실을 들여다보면,

박물관에 와 있는 기분이라기보다는 편안함이 느껴질 것이다. 가운데 강의대가 있고, 그 주위를 둘러싼 의자에 학생들이 앉아서 열변을 토하는 교수의 강의를 그대로 흡수하고 있다. 오늘날의 대학 강의실과 비슷하다. 그렇다면, 이제 강의실을 바꿔야 할 때가 온 것일까?

내 아들들은 분명히 '그럼요!'라고 대답할 것이다. 우리 엄마와 내 아들들은 나의 가장 훌륭한 선생님들이다.

내 아들 노아가 세 살이던 해의 어느 날, 아이와 나는 유치원으로 걸어가고 있었다. 갑자기 아이가 콘크리트 바닥에 반짝이는 자갈 하나가 박혀 있는 것을 발견했다. 아이는 가던 길 한가운데 멈춰 서서 그것을 잠깐 내려다보았다. 그리고 뭐가 그리 즐거운지 소리내서 웃었다. 곧이어 아이는 바로 옆에 작은 식물이 있는 걸 알아챘다. 작은 잡초가 아스팔트 틈을 뚫고 나와 있었다. 아이는 그 잡초를 가만히 만지더니 또 소리내서 웃었다. 잡초 뒤로 개미들이 줄을 지어 이동하고 있었다. 아이는 구부리고 앉아서 개미들을 바라보았다. 개미들은 죽은 벌레 한 마리를 옮기고 있었다. 노아는 신기해하며 박수를 쳤다. 그 밖에도 아이는 먼지 뭉치, 녹슨 못, 반짝이는 기름 자국 등을 이어서 발견했다. 15분이 지났지만 우리는 6미터 정도밖에 나아가지 못했다. 나는 스케줄이 바쁜 어른처럼 아이를 데리고 가려 했다. 그러나 아이에게 스케줄 같은 건 없었다. 결국 나는 멈춰 서서 나의 꼬마 선생님을 지켜보았다. 그리고 내가 6미터를 가는 데 15분씩 걸렸던 게 언제 일인지를 생각했다.

지금까지 소개한 브레인 룰스, 즉 두뇌의 법칙들 가운데 무엇이 가장 위대한지는 내가 증명하거나 정할 수 없는 것이다. 하지만 내가 온 마음을 다해 가장 위대한 법칙이라고 믿는 것은 있다. 내 아들이 나에게 알려주었듯이, 그것은 호기심의 중요성이다.

아이를 위해, 그리고 우리 모두를 위해, 학교와 기업들이 두뇌를 염두에 두고 설계되면 좋겠다. 우리가 처음부터 다시 시작하게 된다면, 파괴를 하는 팀이나 다시 건설하는 팀이나, 호기심이 가장 중요한 부분일 것이다.

나는 이 꼬마 선생님이 아빠에게 배움이란 무엇을 의미하는지 가르쳐준 그 순간을 잊지 못할 것이다. 아이에게 고맙기도 하고, 조금 당황스럽기도 했다. 무려 47년 만에, 마침내 나는 거리를 걷는 법을 배우고 있었다.

브레인 룰스 12

생각의 재발견 | 탐구

- **교실과 사무실 칸막이가 제아무리 우리를 옥죈다 해도 인간의 탐구욕은 결코 사라지지 않는다.** 아기들은 우리가 어떻게 학습을 하는지 보여주는 모델이다. 우리는 환경에 수동적으로 반응하는 것이 아니라 관찰, 가설, 실험, 결론에 이르는 능동적인 실험을 통해 학습한다. 예를 들면, 아기들은 사물들이 어떻게 작동하는지 알기 위해 체계적으로 실험을 한다.

- **구글은 탐구의 힘을 진지하게 받아들였다.** 구글의 직원들은 근무시간의 20퍼센트에 해당하는 시간 동안 마음 내키는 대로 어디든 갈 수 있다. 그 시험을 거친 결과를 요약하면 이렇다. 지메일과 구글 뉴스를 포함하여, 구글이 내놓은 신상품 중 총 50퍼센트가 이 '20퍼센트의 자유시간'에서 나왔다.

■ 찾아보기

10분 법칙 137
4F 70
A2i 107
ADHD → 주의력결핍 과잉행동장애
BDNF → 뇌유래 향신경성 인자
CLA → 언어를 관장하는 아주 중요한 부분
DNA → 디옥시리보 핵산
ECS → 감정이 결부되는 사건들
H.M. 148, 152~54, 200~202
IBM 126
IQ 검사 100, 104
LTP → 장기 시냅스 강화
MGF(Medina Grump Factor) 19
PSE → 그림 우월성 효과
REM 수면 217, 233
SRY 유전자 343
X 비활성화 344
X 염색체 342, 344, 345, 349, 350
Y 염색체 342~44
fMRI → 기능성 자기공명영상

〈ㄱ〉

가드너, 랜디 Randy Gardner 214, 215, 217
가드너, 하워드 Howard Gardner 100, 101
가멜 243
가소성 381

가정 상담 273
가트맨, 존 John Gottman 268~70, 272, 274
각성 116
감각 마케팅 304, 305
감각정보 198, 205, 281, 282, 284, 291
감각통합 283, 284, 286, 315
　미국군 모형 286
　영국군 모형 286
감정 15, 70, 114, 119, 122~24, 139,
　260, 270, 299, 301, 304, 346, 347,
　351, 360, 362, 363
감정이 결부되는 사건들(ECS) 122~24,
　139
개인 내 지능 100
거울 뉴런 377, 378
건강한 불면증 233
게이지, 피니어스 Phineas Gage 69
결합문제 158, 163, 287
결혼생활 중재 프로그램 268~70, 272, 274
경계 120, 121
경계와 자극의 네트워크 120
경험 의존적 두뇌회로 95, 97
경험으로부터 독립적인 회로 95, 99
고바야시 다케루 40
골디락스 효과 64
골딘, 클로디아 Claudia Goldin 274
공간 지능 100
공간적 근접성의 원칙 296

찾아보기 395

공감각 280, 281, 290, 294, 295
광자 162, 314, 315
교육 17, 19, 48, 108, 109, 114, 124, 150, 164, 175, 188, 209, 236, 268, 271, 273, 292, 297, 303, 307, 308, 363, 384, 387~90
    교육 시스템 272
    교육의 질 77
    두뇌를 연구하는 교육대학 390
구(舊)포유류 뇌 70
구글 130, 386
구달, 제인 Jane Goodall 100
구조적 부호화 160
국면적 경계 121
굴드, 스티븐 제이 Stephen Jay Gould 353, 354
그리피 주니어, 켄 Ken Griffey Jr. 83
그림 우월성 효과(PSE) 327
기능성 자기공명영상(fMRI) 191, 291, 349
기능적 조직화와 재조직화 91
기억상실 153, 200, 201
기억심상 → 기억흔적
《기억의 7가지 원죄 The Seven Sins of Memory》 206
기억흔적 163, 166, 175, 181, 184, 190, 200, 202, 204
길들여진 동물의 뇌 92
김진석 245, 275

〈ㄴ〉

나지도르프, 미구엘 179, 180
낮잠, 낮잠시간 15, 216, 221, 224~27, 237, 238
내재적 경계 121
노르에피네프린 37
노왁, 리사 Lisa Nowak 263
노화 32, 35, 230
논리/수학 지능 100
논리적 추론능력 231
뇌간 70
뇌유래 향신경성 인자(BDNF) 45, 252
뇌질환 35
뉴런 13, 42, 44, 45, 57, 70, 72, 86~91, 96, 97, 115, 131, 162, 167, 169, 194, 195, 198, 199, 204, 216, 220, 232, 253, 254, 300, 301, 314, 315, 320, 335, 380, 381
뉴로트로핀 254
느린 형성 196

〈ㄷ〉

다윈, 찰스 Charles Darwin 92, 239
다이아몬드, 데이비드 David Diamond 245, 275
다이아몬드, 재러드 Jared Diamond 115, 116
다중감각 정보 293, 302
다중감각 학습 294
다중감각 환경 292, 293, 307

다중신호 302
다중양상 강화 292
다중지능 99, 100
단기기억 33, 72, 153, 178, 179, 181, 252, 294, 326
단일감각 293
대뇌 변연계 198, 346
대뇌피질 72, 73, 99, 102, 154, 161, 162, 167, 168, 198~200, 203, 204, 346
대립과정 모형 218
대상이랑 123
데먼트, 윌러엄 William Dement 214, 215, 217~19, 221, 225
도마뱀 뇌 70
도서관 모형 185, 186
도파민 37, 123, 296
동시실인증 163
두 번째 뇌 285
두뇌의 개별성 98, 103
두뇌의 삼위일체론 70
두뇌의 지도 73, 101~103, 152
두뇌의 통합 본능 292
두뇌의 회로화 83, 97~99, 104, 106, 109, 370
두정엽 163, 288
듀이, 존 John Dewey 387
들로치, 주디 Judy DeLoache 57, 59, 67, 77
등측 흐름 319
디옥시리보 핵산(DNA) 41, 61, 85, 86, 331, 341, 342
따라하기 361, 377

떠돌이 기억 202

〈ㄹ〉

라란느, 잭 Jack LaLanne 26, 27, 30, 32
라마찬드란, 빌라야누르 Vilayanur Ramachandran 321
라이트, 프랭크 로이드 Frank Lloyd Wright 30~32, 34
랜더스, 앤 Ann Landers 221
랭험, 리처드 Richard Wrangham 28
〈레인맨 Rain Man〉 147, 158
로즈킨드, 마크 Mark Rosekind 238
루터, 마르틴 Martin Luther 348
르두, 조셉 Joseph LeDoux 202

〈ㅁ〉

마음이론 76, 106~109
〈마이크로 결사대 Fantastic Voyage〉 86
만성 스트레스 250, 252~54, 257
말/언어 지능 100
말라카르네, 빈센초 Vincenzo Malacarne 91
망막 301, 314~16, 320~23
망막 뉴런 320
매큐언, 브루스 Bruce McEwen 257, 258
맥거크 효과 283
맥락 의존적인 학습 307
맹점 319~21
머캐덤, 존 루든 John Loudon McAdam 43, 44

멀티미디어의 원칙 296
멀티태스킹 114, 122, 129~33, 138, 142
메술람, 마르셀 Marcel Mesulam 119
메이어, 리처드 Richard Mayer 293, 294, 296
메트로냅스 237
멘델레예프, 디미트리 이바노비치 Dimitri Ivanovich Mendeleyev 227, 228
멜초프, 앤디 Andy Meltzoff 372, 373
면역반응 250, 251
면역체계 48, 250, 251, 263, 264
모듈방식 318
모로우, 배리 Barry Morrow 147
〈몬도가네 Mondo Cane〉 134
몸, W. 서머셋 W. Somerset Maugham, 288, 289
무의미 철자 148
'문제에 기반을 둔' 학습 모형 386
문제해결 능력 15, 33, 38, 50, 52, 265, 293, 379
문화 59, 97, 105, 114, 116, 359
미니 동면 217
미지의 요인 342
밀너, 브렌다 Brenda Milner 154

〈ㅂ〉

'발견에 기반을 둔' 학습 모형 386
발린트 증후군 163
방심 206
배들리, 앨런 Alan Baddeley 180
변이성 선택 이론 65~67

'보살피고 어울리는' 경향 352
보잉 사 19, 51, 119
복습휴가 208, 209
복측 흐름 318
볼로냐대학교 391
볼린, 앤 343
부신 247, 253
부호화 79, 97, 113, 128, 131, 148, 155~64, 166, 168~72, 175, 187, 190, 200, 302, 303
불안장애 37, 263, 350
브랜스포드, 존 John Bransford 129
블레어, 스티븐 Steven Blair 36
비REM 수면 216, 217, 233
비서술기억 152, 155
비셀, 진 Gene Bissell 36
비올스트, 주디스 Judith Viorst 304
비즈니스 환경에서 학습의 역할 306
비즈니스와 관련한 일화 141
빠른 형성 195

〈ㅅ〉

《사람은 어떻게 배우는가 How People Learn》 129
사물의 영속성 374, 375
산소 41~44, 50
산화질소 44
삼위일체 모형 120
상징추론 58~60, 64
상향식 처리과정 286, 288

색스, 올리버 Olive Sacks 118, 155, 287
생산성 13, 15, 142, 222, 235, 236, 265~67, 274, 364
생태적 지위 62, 65
샤피로, 앨리슨 Alyson Shapiro 269, 270
서머스, 래리 Larry Summers 348, 359, 364
서술기억 148, 152, 154, 155, 204, 206, 252, 299, 303, 307
서파수면 233
설단현상 206
성 염색체 342, 346
성능범위 18, 57
성별 18, 224, 340~43, 347, 350, 357, 362, 364
성적 편견 341
세로토닌 37, 347
세부사항 126~29, 137, 138, 185, 231, 326, 351~53, 362~64
세포 40, 41, 45, 84~90, 94, 98, 101, 154, 194, 195, 226, 253, 301, 320, 331, 344~46, 350, 359, 378
세포질 85
셀리그먼, 마틴 Martin Seligman 243, 266, 276
셜록 홈스 모형 185~87
셰레셰프스키, 솔로몬 Solomon Shereshevskii 205, 206, 294, 295
쇼, 조지 버나드 George Bernard Shaw 329
수면 부족 229, 231, 235, 236, 269
수면시간 유형 221, 235, 236
수상돌기 86, 89
순응 네트워크 121

쉑터, 댄 Dan Schacter 190, 206
스코빌, 윌리엄 William Scoville 153
스트레스 13, 18, 48, 78, 85, 230, 243~57, 260~67, 269~71, 274~76, 299, 351, 352, 363
스트레스 관리 프로그램 266
스트레스의 3요소 정의 245, 275
스트레스 호르몬 230, 253, 254, 260
스팽겐버그, 에릭 Eric Spangenberg 305
슬립팟 237
시각 18, 119, 162, 163, 180, 281, 284, 285, 288, 291~93, 297, 301, 313~21, 324~26, 328~31, 335
시각포착 효과 325
시각피질 317, 318, 320, 331
시간 근접성의 원칙 296
시공간 잡기장 180
시교차상핵 219
시냅스 89~91, 194~96, 204, 381
시냅스 전 뉴런 89
시냅스 틈 88, 89
시냅스 후 뉴런 89
시상 72, 285, 287, 288, 300, 316
시상하부 219, 247
시스템 형성 196, 197, 200, 202
시신경 314, 316
시신경 원판 320
시카고대학교 실험학교 387
신경세포 13, 86, 218, 220, 265, 347
신경전달물질 37, 88~90, 123, 347
신경형성 45
신체/운동 지능 100

실행 네트워크 121, 131
실행기능 69, 123, 139, 231

〈ㅇ〉

《아내를 모자로 착각한 남자 The Man Who Mistook His Wife for a Hat》 118
아드레날린 247, 250
아리스토텔레스 Aristoteles 281, 282, 348
아시모프, 아이작 Isaac Asimov 86
아인슈타인, 알버트 Albert Einstein 272, 273
아침형 221, 222, 235
안와전두 피질 301
알로스타시스 257
알로스테틱 부하 258, 260
알츠하이머병 35~37, 51
암스트롱, 랜스 Lance Armstrong 45
애덤스, 스콧 Scott Adams 222
〈애들이 줄었어요! Honey, I Shrunk The Kids〉 86
애디슨병 249
앤서니, 윌리엄 William Anthony 237
야생동물의 뇌 92
얀시, 앙트로네트 Antronette Yancey 38, 39, 49
양상성의 원칙 296
양적 추론 255, 265
억제 89
언어를 관장하는 아주 중요한 부분(CLA) 103, 104
에릭슨, K. 앤더스 K. Anders Ericsson 127, 128
에빙하우스, 헤르만 Hermann Ebbinghaus 150~54, 181, 190
역치 292, 293
역행성 기억상실 200
연합피질 288
염색체 17, 342~46, 349, 350
오귀인 206
오웰, 조지 George Orwell 126
오즈만, 조지 George Ojemann 101~103
올빼미형 221, 223, 235, 236
와그너, 로버트 Robert Wagner 191, 208
외상후 스트레스 증후군(PTSD) 297
우뇌 118, 119, 154, 347, 351, 354
우울증 35, 37, 255, 263~65, 269, 347, 350
운명 공동체의 법칙 330
월레스, 마이크 Mike Wallace 30, 31
유동적 지능 33, 38, 255, 265
유산소 운동 34~36, 49, 50
유아신경(幼兒信經) 375
〈유에스에이 투데이〉 334, 335
유전자 17, 57, 65, 85, 114, 125, 195, 223, 235, 248, 254, 257, 331, 343~46, 349, 350, 359
유지시연 188
음소론적 부호화 160
음악/리듬 지능 100
음운론적 고리 180, 188
의과대학원 모형 387
의미론적 기억체계 182
의미론적 부호화 160

의사결정에서 냄새의 역할 301
의사소통 72, 198, 286, 327, 347, 357
    그림을 통한 의사소통 334
    말을 통한 의사소통 353
의식 77, 96, 101, 117, 118, 185, 289, 316
이산화탄소 41
이중표상 이론 58
인간 게놈 345
〈인간의 굴레Of Human Bondage〉 289
인간의 임신 73
인셀, 토마스Thomas Insel 350
인식 117, 118, 147~49, 151, 152, 157, 158, 164, 166, 173, 245, 284~86
인지능력 29, 33~35, 37, 38, 45, 47, 49, 50, 56, 58, 69, 101, 226, 230, 243, 252, 272, 273, 345, 353, 370
인지질 87
인출 148, 149, 151, 155, 184~87, 190, 191, 202, 204, 205, 298, 327
일주기 각성 시스템 220, 221
일화적 기억 182
일화적 완충장치 180
《잃어버린 시간을 찾아서A la recherche du temps perdu》 298

〈ㅈ〉

자동처리 159
자연선택 60
자전적 기억 182, 299

작동기억 179, 180, 182, 184, 188, 189, 207, 231, 294, 296, 326
장기 시냅스 강화(LTP) 194, 195
장기기억 15, 33, 72, 153, 181~84, 188, 189, 198, 204, 252
재생인출 185
재인기억 325
재형성 184
재흡수 89
저녁형 인간 222, 223, 226
저장 148, 149, 155, 157~59, 166~69, 173, 185, 187, 191, 200, 202, 204, 205, 326
적자생존 28
전기자극 맵핑 101, 103
전두엽 68
전전두엽 69, 70, 123, 131, 191, 192, 288, 346, 378
전향성 기억상실 200
정교화 시연 190
《정신의 틀: 다중지능이론Frames of Mind: The Theory of Multiple Intelligence》 100
제니퍼 애니스톤 뉴런 84, 95~97
제닝스, 켄Ken Jenrfings 127
젠더 341
조던, 마이클Michael Jordan 82, 83
존슨, 린든 베인스Lyndon Baines Johnson 224, 225
종달새형 223, 235
좌뇌 118, 119, 154, 346, 351, 354
주의(력) 15, 18, 33, 39, 113~27, 129, 131~34, 139~42, 158~60, 174,

찾아보기 401

231, 305, 330, 333, 335, 360, 369
주의력결핍 과잉행동장애(ADHD) 390
중뇌 측두엽 198, 204
중앙 집행부 180
직립보행 68
직장-가정 갈등 267

〈ㅊ〉

차폐 206
찰스 버넷 증후군 321
청각정보 180, 291
청각피질 291
초(超)부가적 통합 293
초기 LTP 194
《총, 균, 쇠 Guns, Germs, and Steel》 115
축색 86
축색말단 86
충동 371
측두엽 153, 154, 198, 288
치매 35, 36
치명적 가족성 불면증 215
치아이랑 44
친숙함 325

〈ㅋ〉

카힐, 래리 Larry Cahill 351, 352, 359, 362
칸델, 에릭 Eric Kandel 90, 91, 98
컴퓨터 애니메이션 333

코너, 캐롤 맥도널드 Carol McDonald Connor 107, 108
코티솔 247, 251, 253, 264
크렙스, 에드윈 Edwin Krebs 379, 381
클라이너, 해리 Harry Kleiner 86
클라이트만, 나다니엘 Nathaniel Kleitman 218, 219, 221
키로가, 키안 Quian Quiroga 96

〈ㅌ〉

타이밍 114, 122, 142, 170, 173, 190, 192, 197, 207, 219, 221
탄넨, 데보라 Deborah Tannen 353~59
탐구 18, 369, 371, 381, 383, 385, 386, 389, 391
통일성의 원칙 296
통제처리 159
팀워크 75, 290

〈ㅍ〉

파워포인트 15, 335, 336
팟츠, 리처드 Richard potts 65
페이지, 데이비드 C. David C. Page 343
페인, 윌리엄 H. William H. Payne 387
편도체 70, 123, 300, 301, 346, 347, 351, 352
편향 206
포가시, 레오나르도 Leonardo Fogassi 377

포도당 40~42, 230
포스너, 마이클 Michael Posner 119~122, 131
프로세스 C 220, 221, 226, 235, 237
프로프라놀롤 352
프루스트 효과 298~300, 306
피셔, 에드먼드 Edmond Fischer 379, 381
피암시성 206
피크, 킴 Kim Peek 146, 147, 158

〈ㅎ〉

하향식 처리과정 288, 289
학습된 무기력 243, 244, 246, 254, 266
항상성 수면욕구 220, 221
해마 44, 45, 72, 87, 90, 98, 154, 155, 194, 198~204, 251, 253, 254
핵 85
헤스턴, 찰턴 Charleton Heston 203
헤이든, 스티븐 Stephen Hayden 125
헤이즐틴, 플로 Flo Haseltine 349
혀 내밀기 실험 372
호건, 벤 Ben Hogan 46
호기심 173, 281, 371, 379, 381, 383~85, 391, 393
호모 사피엔스 28, 29, 62
호모 에렉투스 28
화이트헤드, 바버라 Barbara Whitehead 262
환영사지 현상 324
활성산소 41
후각망울 300
후각상피 300
후두엽 162, 317